“低慢小”航空器协同防控技术概论

辛振芳　白鹏英　邱旭阳　苏成谦
申　研　韩书永　贾彦翔　张秦岭　编著
杨静伟　何春涛　卞伟伟　黄魁华

INTRODUCTION TO LOW-SLOW-SMALL AIRCRAFT COLLABORATIVE PREVENTION AND CONTROL

北京理工大学出版社
BEIJING INSTITUTE OF TECHNOLOGY PRESS

图书在版编目（CIP）数据

“低慢小”航空器协同防控技术概论 / 辛振芳等编著. --北京：北京理工大学出版社，2021.5
ISBN 978-7-5682-9884-1

Ⅰ. ①低…　Ⅱ. ①辛…　Ⅲ. ①航空器–空防–研究
Ⅳ. ①E926.4

中国版本图书馆 CIP 数据核字（2021）第 108796 号

出版发行 / 北京理工大学出版社有限责任公司
社　　址 / 北京市海淀区中关村南大街 5 号
邮　　编 / 100081
电　　话 /（010）68914775（总编室）
（010）82562903（教材售后服务热线）
（010）68944723（其他图书服务热线）
网　　址 / http://www.bitpress.com.cn
经　　销 / 全国各地新华书店
印　　刷 / 三河市华骏印务包装有限公司
开　　本 / 710 毫米 × 1000 毫米　1/16
印　　张 / 17.25
彩　　插 / 6
字　　数 / 330 千字
版　　次 / 2021 年 5 月第 1 版　2021 年 5 月第 1 次印刷
定　　价 / 86.00 元

责任编辑 / 孙　澍
文案编辑 / 国　珊
责任校对 / 周瑞红
责任印制 / 李志强

图书出现印装质量问题，请拨打售后服务热线，本社负责调换

编写委员会

序

“低慢小”航空器成本低廉、操控简单、携带方便、易于获取，具有起飞要求低、升空突然性强、发现处置困难等特点。随着低空空域管制的逐步开放和“低慢小”航空器技术的飞速发展，“低慢小”航空器违规飞行和用于恐怖袭击事件的案例日益增多，关于“低慢小”航空器非法测绘、抵近侦察、扰乱正常航空秩序的报道频频见诸报端，造成了较大的负面影响和经济损失，严重影响社会安全和政治经济的正常发展。

为了提高对“低慢小”航空器的防控能力，各国都十分重视“低慢小”防控装备的发展，经过近几年的发展，各防控手段在信息化、精确化、模块化、自主化等方面都达到了较高的水平。为打破各单一预警探测和处置拦截的技术壁垒，“低慢小”航空器协同防控平台基于体系研究将指控系统、探测装备和拦截装备进行科学的集成，集综合压制、精确打击、实时侦察和效能评估于一体，为复杂环境下“低慢小”航空器的防控提供了重要保证。

“低慢小”航空器防控装备技术的发展已经进入一个新的更高阶段，仰之弥高，钻之弥坚，需要有完整的集成设计技术支撑，需要有新的技术和新的装备不断的突破与创新。未来防控装备整体作战效能不仅依赖于各型骨干装备的战术技术性能，更取决于统一体系框架下各型装备准确的功能定位、合理的信息交互、优化的作战过程、标准的接口设计、统一的时空基准和准确的目标识别。目前，相比单项装备研制和专项技术发展进度，技术体系明显滞后，不同理念、体制下研发的技术和装备能否确保体系能力的形成令人担忧。因此，需要深化“低慢小”航空器目标协同防控平台总体技术的研究和实践工作，对各单项技术进行整合、提升和重组，集中优势力量，以形成协同防控能力为目标，改变研制力量分散、系统性解决方案不足的局面，以满足协同防控平台顶层技术架构搭建和匹配协调、高效运行需求。

北京机械设备研究所是我国“低慢小”航空器防控总体技术与应用方面科学研究和知识传承的一个重要单位，所研制的“低慢小”航空器防控装备，积极参与了各大重要赛事和活动的安防任务，其防控装备体系和技术经验在实践中均得到了有效检验。

本书从体系结构入手，较为全面地阐述了“低慢小”航空器防控平台实装系统的装备与技术现状以及协同防控技术。基于已经开展的装备与技术研究，着重对“低慢小”航空器防控平台的基础研究和工程化研究的创新性成果进行了提炼。该书对培养一批更专业、更全面、高层次的专业人才，推进专业技术人才储备和提升，推动防控技术的不断自主创新，促进“低慢小”防控装备发展具有一定意义。

相信在各级机关的支持下，在广大科研人员的共同努力下，“低慢小”航空器防控技术和装备将更加适应新生目标的打击需求，在未来无人化、智能化和信息化的“低慢小”航空器或其他无人目标防控任务中发挥更重要的作用。

邱旭阳

2021 年 2 月 23 日

前言

“低慢小”航空器协同防控平台是实现“低慢小”航空器装备协同防控的集成平台。为迎合未来防控需求，适应防控装备快速发展以及无人防控装备体系的建设，本书结合工程实践以及“低慢小”航空器防控领域相关装备与技术的发展，对“低慢小”航空器协同防控平台进行总结。作者围绕体系结构设计、协同防控平台实际装备和技术、协同防控技术三个维度的研究成果进行总结形成了此书，同时收集了国内外“低慢小”航空器防控相关技术和装备材料，尽可能覆盖已有的装备形态和成熟的应用技术，以期为读者提供系统性的协同防控装备和技术信息，以指导具体的工程设计和科学研究。

为此，作者怀着这个目标和愿望，在工程实践过程中，采各家之长，系统归纳总结了工程实践过程中的关键点，融入科学研究中的体会，按照自己的研究思路，综合撰写本书。

本书由以下 8 章组成。

第 1 章，绪论，阐述了“低慢小”航空器协同防控的基本概念，包括“低慢小”航空器、“低慢小”航空器协同防控平台体系结构、“低慢小”航空器协同防控平台，并介绍了本书编写的总体思路。

第 2 章，“低慢小”航空器概况，对“低慢小”航空器的定义、分类、特点、潜在威胁、危害性、防控难点进行了系统性说明。

第 3 章，“低慢小”航空器协同防控平台体系结构，重点阐述了协同防控平台体系结构设计的总体思路和设计方案。设计方案包括体系结构的需求与能力分析、协同防控平台体系结构设计、基于体系结构底层数据的可执行模型构建和体系结构建模与效能评估模型设计，并据此介绍了部分“低慢小”

航空器协同防控平台体系结构设计应用。

第 4 章，“低慢小”航空器协同防控平台，包括平台的装备现状和技术现状，并对已有的“低慢小”航空器协同防控平台进行了介绍。

第 5 章，“低慢小”航空器协同防控平台预警探测装备，首先对“低慢小”航空器的目标特性进行了描述，并系统性地介绍了雷达装备、光电装备和声学装备以及相关技术的现状，并结合平台相关装备做了说明。

第 6 章，“低慢小”航空器协同防控平台处置拦截装备，介绍了激光拦截装备、网式拦截装备和电子干扰装备以及相关技术的现状，并结合平台相关装备做了说明。

第 7 章，“低慢小”航空器协同防控平台指挥控制系统，针对指挥控制技术现状，对“低慢小”航空器协同防控平台指挥控制系统进行介绍，并对流程中的重要问题做了详细说明，具体包括装备部署问题、协同探测问题、综合识别问题、威胁评估问题、复合拦截问题以及效能评估问题。

第 8 章，“低慢小”航空器协同防控平台通信网络，概括性地介绍了现代通信技术和现代通信网络，并对光纤通信子系统和无线数据传输子系统的工作原理进行了阐述，最后对防控平台的网络架构进行了说明。

本书在编写过程中，参考了许多国内外文献资料，在此对这些文献作者深表谢意。

本书由邱旭阳负责审稿，提出了许多宝贵意见，给予作者很大帮助，在此深表谢意。

由于水平有限，书中如有不妥之处请多提宝贵意见。在此对提供过各种帮助的同人表示感谢。

编著者

2021 年 2 月 23 日

目 录

第1章
绪　论

1.1 意　　义

立足于反恐安防的迫切需求，着眼于"低慢小"航空器协同防控技术的长远发展，"低慢小"航空器协同防控平台对于保障国民经济正常发展、提升国家反恐维稳能力、构建"低慢小"航空器协同防控体系、开展未来防控装备研发部署、加速领军人才培养、形成军工核心能力具有重要意义。

2010 年，国务院、中央军委发布了《国务院 中央军委关于深化我国低空空域管理改革的意见》，确定了深化低空空域管理改革的总体目标、阶段和主要任务，作为战略性新兴产业重要组成部分的通用航空业，有望成为经济新增长点。但是，随着低空空域的逐渐开放，"低慢小"航空器的不规范飞行已给维护日常低空飞行秩序和保障城市建设带来巨大挑战，并对国民经济的正常发展构成威胁。开展"低慢小"航空器协同防控技术研究，辅以政策和法规，对于促进低空空域开放、维护航空安全、保障国民经济的正常发展具有重要意义。故此，"低慢小"航空器协同防控平台的研发有利于我国逐步实施低空空域开放政策，维护航空安全，保障国民经济的正常发展。

随着我国综合国力和影响力的不断提升，国内外局势愈加错综复杂；另外，随着国家各项改革逐步进入深水区，各类社会矛盾相互交错，极为复杂。一旦"低慢小"航空器被不法分子、恐怖分子加以利用，针对重大活动区域、重要核心场所进行破坏活动，后果不堪设想。开展“低慢小”航空器协同防控技术研究，对于提高“低慢小”航空器防控技术水平、维护城市低空安全、快速提升国家反恐维稳能力具有重要意义。同样，“低慢小”航空器协同防控平台的研发有利于提高“低慢小”航空器防控技术水平、维护城市低空安全、提升国家反恐维稳能力。

“低慢小”航空器的整体防控效能不仅依赖于各型防控装备的战术技术性能，更取决于“低慢小”航空器协同防控体系框架下各型装备合理的功能定位、迅捷的信息交互、优化的防控流程、标准的接口设计、统一的时空基准、精确的目标识别和高效的支援保障。目前，相对于防控装备的研制进度，协同防控体系建设明显滞后。因此，开展“低慢小”航空器协同防控平台研发以及相关协同防控关键技术研究，在整合和继承现有成果的基础上，突破总体架构、指挥控制、预警探测、处置拦截等领域的瓶颈问题，对于形成和完善“低慢小”航空器协同防控体系，加快未来“低慢小”航空器协同防控装备的研发部署具有重要意义。

“十二五”期间，国内相关科研单位在“低慢小”航空器防控领域做了大量卓有成效的工作。但是，由于顶层技术人才相对匮乏、各科研单位之间没有统一规划、对“低慢小”航空器协同防控的认识和理解不足，多数技术方案不够系统和深入，形成的装备存在不同程度的缺点和局限，无法有效解决城市复杂环境下“低慢小”航空器协同防控问题。通过实施“低慢小”航空器协同防控平台及关键技术研究，从顶层设计入手，系统开展技术研究，可以培养一批更专业、更全面、高层次的专业人才。对于实施人才战略、推进专业技术人才储备和提升相关单位军工核心能力具有重要的战略意义。

1.2 基本概念

1.2.1 “低慢小”航空器

“低慢小”航空器是指高度低（1 000 m 以下）、飞行速度慢（小于时速 200 km/h）、雷达反射面积小（小于 2 m^2）的航空器具，主要包括轻型和超轻型飞机（含轻型和超轻型直升机）、滑翔机、三角翼、动力三角翼、滑翔伞、动力滑翔伞、无人机、航空模型、飞艇、载人气球（热气球）、无人驾驶自由气球、系留气球等 12 类。

1.2.2 “低慢小”航空器协同防控平台体系结构

“低慢小”航空器协同防控平台体系结构就是“低慢小”航空器协同防控平台组成单元的结构及其关系，以及指导系统设计和演进的原则和指南。

1.2.3 “低慢小”航空器协同防控平台

“低慢小”航空器协同防控平台由指控系统、探测装备、拦截装备、基础通信网络和辅助资源组成，主要是用来对“低慢小”航空器进行探测、识别、跟踪和处置，使其对防控平台所防护的区域不形成特定程度的危害。

立足现有“低慢小”航空器防控技术和装备，防控平台主要由预警探测装备、指挥控制系统、处置拦截装备和基础通信网络组成，防控平台各要素以处置拦截为核心在作战过程中紧密交联、有机结合，共同形成体系作战能力。由“低慢小”航空器特点、城市环境下的防控复杂性可知，需要进一步发展联合防控的技术体系，在未来“低慢小”航空器防控平台的试验、训练和作战中，还可以将市政监控系统的信息、安保人员主动监控信息作为预警探测系统的有力补充。“低慢小”航空器防控平台组成要素如图 1.1 所示。

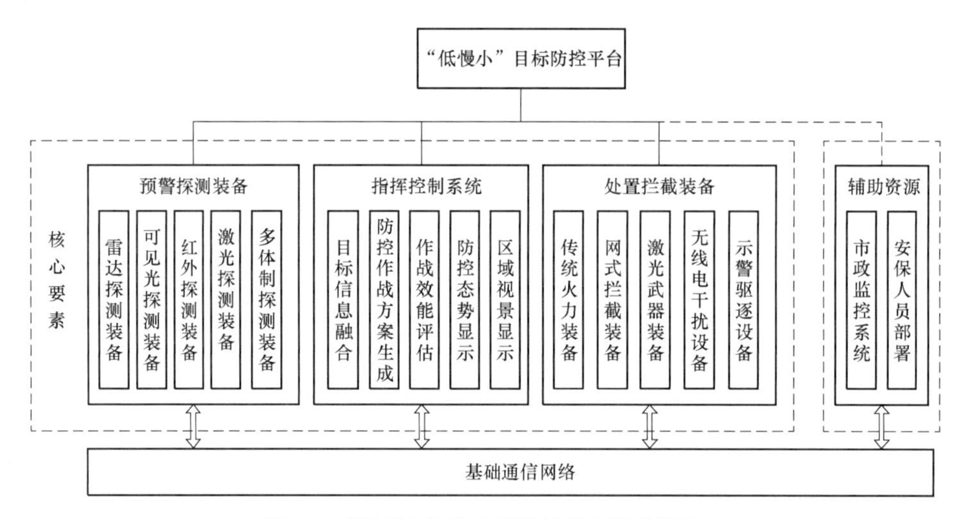

图 1.1 “低慢小”航空器防控平台组成要素

预警探测装备功能定位：作为“低慢小”航空器防控平台作战的来袭目标信息支持系统，在指控系统的统一组织下，各型预警探测装备实施预警探测。平时，按计划担负日常预警监视任务，开展预警探测训练，参与平台训练和作战预案制订，保障装备科研试验和预警探测活动，积累基础资料和目标特性数据；战时，在指控系统的统一指挥下，对重点方向和区域进行预警监视，向指控系统发布“低慢小”航空器发现告警、航向告警、来袭告警等预警信息；在指控系统组织下，多种预警探测装备协同运用，对目标进行跟踪识别，实时生成准确、连续的目标预警情报和预警态势，为指挥决策、防控作战等提供来袭目标信息支持。

指挥控制系统功能定位：作为“低慢小”航空器防控平台作战的“大脑”，是平台作战效能的“倍增器”，能够将分散部署的预警探测、处置拦截和支援保障资源有效聚合。平时，组织开展平台训练，规划装备部署，制订作战预案，下达协同防控探测任务，开展情报收集和分析。战时，统筹协调空域、装备等资源，向预警探测系统下达预警任务，发布“低慢小”航空器来袭预警，生成作战态势，进行威胁评估，制订处置拦截作战计划，动态分配作战任务，评估作战效果，统一组织各种预警探测装备、处置拦截装备、市政监控资源、安防人员等资源遂行防控作战任务。

处置拦截装备功能定位：作为“低慢小”航空器防控平台作战的打击力量，是平台防控作战能力的最终体现。在指挥控制系统的统一组织下，各型处置拦截装备对来袭目标实施多层次、多手段拦截。平时，担负日常防控战备值班，开展处置拦截作战训练，参与防控平台训练和作战预案制订，积累基础资料和目标特性数据。战时，在指挥控制系统的统一指挥下，完成防控等级转进，执行处置拦截计划，完成目标截获跟踪、目标识别、拦截参数解算、火力分配、处置拦截和杀伤效果评估等任务。

基础通信网络功能定位：作为“低慢小”航空器防控平台的基础要素，是实现平台作战的前提，能够为预警探测装备、指挥控制系统、处置拦截装备以及多个区域防控平台之间提供信息传输支撑。

辅助资源功能定位：市政监控系统可以作为预警探测装备的补充资源接入防控平台，在指挥控制系统的协同下，具备对指定区域的日常监控、对目标航迹预判区域进行联合监控、对目标航迹来源区域进行回看判断等功能，有助于实现多种处置拦截方案的并行实施。在重要场所或重要活动现场，安保人员的监控信息和处置能力也可以作为补充资源接入防控平台，既可以在指控系统协同下执行防控任务，又能够按照部署预案灵活机动开展防控，完成防控区域的目标监控和处置。

1.3 本书编写的总体思路

本书围绕“低慢小”航空器协同防控平台进行阐述，包括防控平台体系结构与防控平台实际装备两个方面，本书撰写总体思路如图 1.2 所示。

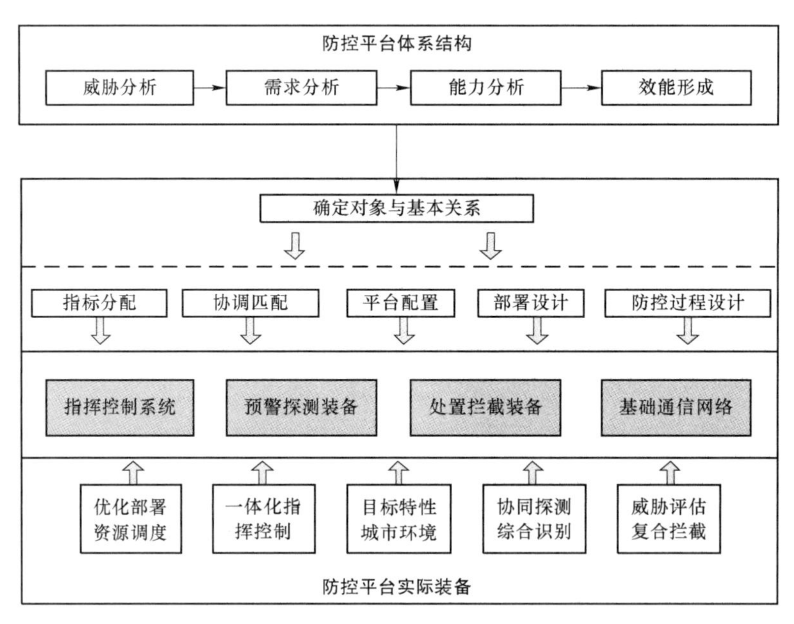

图 1.2 本书撰写总体思路

1.3.1 防控平台体系结构

基于体系研究的现状，本书论述了防控平台体系结构的通用技术手段与发展历程。通过对“低慢小”航空器的威胁分析，对防控平台的使命任务、作战能力需求、装备需求进行一体化分析，给出“低慢小”航空器防控平台的作战能力框架和作战任务清单，明确“低慢小”航空器防控平台作战能力需求、装备体系结构以及防控使用要求。采用基于 DoDAF 1.0，构建了“低慢小”航空器防御系统体系结构框架，可为辅助设计人员设计规范化、标准化、流程化的“低慢小”航空器防控体系结构提供技术支持。

1.3.2　防控平台实际装备

防控平台实际装备根据体系结构设计所形成的输入，本书重点围绕指挥控制系统、预警探测装备、处置拦截装备和基础通信网络开展阐述。通过解决平台指标分配、防控过程、平台配置、部署设计、防控过程设计等几个方面问题，为各实际装备的设计或集成提供输入。首先通过平台要素分析明确平台组成对象与基本关系，其次围绕防控效能生成与提升，形成指标、部署与防控过程协调匹配的设计方案。

同步阐述各装备的关联技术以及基于防控流程的关键技术，包括结合目标特性和城市环境所开展的部署和防控过程研究，协同探测与综合识别技术研究，威胁评估研究以及复合拦截等技术研究。在此技术研究的基础上，形成服务于防控过程的核心算法与防控流程策略，使平台具备针对“低慢小”航空器的协同防控能力。

第2章

“低慢小”航空器概况

2.1 “低慢小”航空器的定义

一般地，可从雷达探测能力和相关专业术语角度对其归纳如下：“低慢小”航空器是指最大飞行高度不大于 1 000 m（参见国务院、中央军委发布的《国务院 中央军委关于深化我国低空空域管理改革的意见》），最大飞行速度不大于 0.3 Ma（参见航空航天专业术语），雷达散射截面积较小（目前没有统一定义），不易被常规雷达侦测发现与识别，具有一定载重能力，不易管控，易被利用于实施破坏活动的通用航空器。对于“低慢小”航空器的分类，业界还没有形成统一的规范，一般根据当地常见或威胁较大的“低慢小”航空器，有针对性地直接禁止，如：

2010 年广州亚运会期间，防空部队定义“低慢小”航空器包括三角翼、热气球、动力伞、飞艇、空飘气球、航模、风筝、滑翔机、滑翔伞、无人机、轻型直升机、轻型飞机、动力三角翼、系留气球、孔明灯和航天模型等 16 种。

2013 年沈阳全运会期间，政府公告禁止的“低慢小”航空器包括轻型和超轻型飞机、轻型直升机、滑翔机、三角翼、动力三角翼、滑翔伞、动力伞、热气球、飞艇、航空模型、空飘气球及系留气球、孔明灯、风筝等 14 种。

2021 年两会期间，北京市公安局对“低慢小”航空器的定义为：“低慢小”航空器是指高度低（1 000 m 以下）、飞行速度慢（小于时速 200 km/h）、雷达反射面积小（小于 2 m²）的航空器具，主要包括轻型和超轻型飞机（含轻型和超轻型直升机）、滑翔机、三角翼、动力三角翼、滑翔伞、动力滑翔伞、无人机、航空模型、飞艇、载人气球（热气球）、无人驾驶自由气球、系留气球等 12 类。

2.2 “低慢小”航空器的分类

根据“低慢小”航空器用途、环境适应性、目标特征，“低慢小”航空器可分为轻型飞机类、滑翔机类、气球风筝类、无人机类和航空模型类五种类型，如图 2.1 所示。

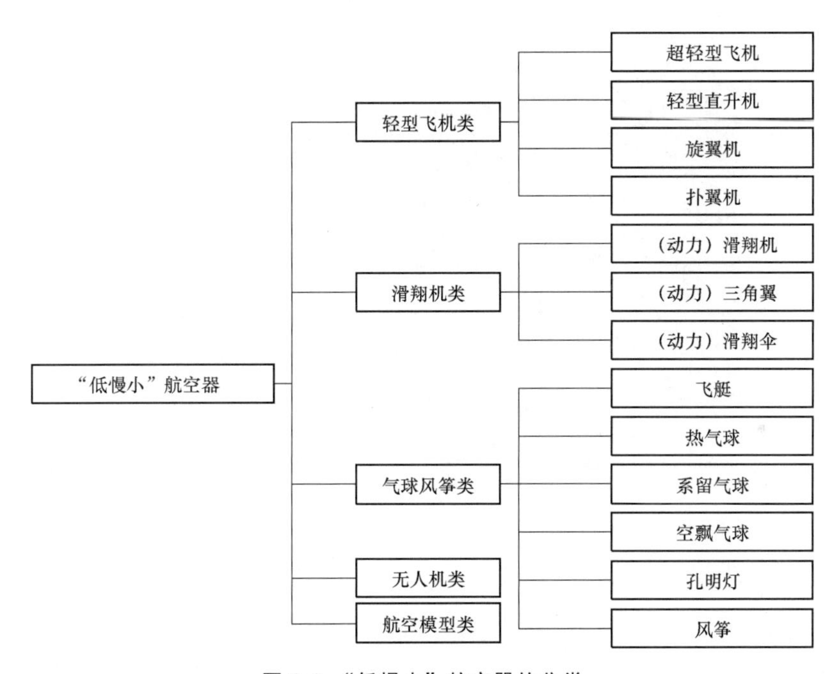

图 2.1 “低慢小”航空器的分类

2.2.1 轻型飞机类

轻型飞机类“低慢小”航空器一般为有人驾驶，主要包括固定翼飞机、直升机和旋翼机等，是我国低空开放的主要实施对象，但是该类航空器飞行活动受民航局管辖，驾照由民航局颁发，申请较为困难。光学特性可见光较强，红外较强，雷达特性较强。

1. 超轻型飞机

中国民用航空总局航空器适航司《初级类航空器适航标准——超轻型飞机》（AC-21-06）规定，超轻型飞机应由螺旋桨驱动、乘员不超过 2 人、最大起飞质量单座不超过 285 kg，双座不超过 480 kg、最大平飞速度 190 km/h、静态极限过载系数向上 3g、向前 9*g*、侧向 1.5*g*。

超轻型飞机一般由铝合金、尼龙布、轻木和硬泡沫等材料组成，有人驾驶，属于民用航空类，可低空飞行，但是飞行活动受民航局管辖，驾照由民航局颁发，申请较为困难。如 J-160 超轻型飞机（图 2.2），巡航速度 207 km/h，实用升限约 4 000 m，翼展约 10 m，最大起飞重量约 540 kg。其主要用途为驾驶培训、体验飞行、广告宣传、航拍摄影、播种撒药等，具有结构简单、容易操纵、价格低廉、起降距离短、跑道要求低等特点。此类目标受所属行业严格管制，常规手段较容易发现，不易被个人利用，对低空安全威胁不大。

图 2.2　J-160 超轻型飞机

2. 轻型直升机

轻型直升机，GJB 3209—98、GJB 5962—2007 中指以动力驱动的旋翼作为主要升力和推进力的来源，能垂直起落的重于空气的航空器。如 Z-11 轻型多用途直升机（图 2.3），有人驾驶，最大飞行速度约 278 km/h，最大飞行高度约 6 000 m，最大起飞重量约 577 kg，广泛用于执行飞行训练、空中侦察、通信指挥、边防巡逻、治安防暴、人员运输、医疗救护、地质勘探、护林防火、飞播灭虫、旅游观光等任务。其可垂直起降、空中悬停、原地旋转或平移飞行，具有低空低速、飞行灵活等特点。

图 2.3 Z－11 轻型多用途直升机

轻型直升机用于军事用途受到了严格的军事管理。在民用的领域，在直升机购置、驾驶员培训、飞行计划审批等环节也有严格的管理制度。此类目标受所属行业严格管理，且数量有限，常规手段较容易发现，不易被个人利用，对低空安全威胁不大。

3. 旋翼机

自转旋翼机简称旋翼机（图 2.4），介于飞机和直升机之间，大多以尾桨提供动力前进，用尾舵控制方向。它的旋翼没有动力装置驱动，仅依靠前进时的相对气流吹动旋翼自转以产生升力，须像飞机一样滑跑加速才能起飞，机身的常见材料是铝合金管材和复合材料。

图 2.4 旋翼机

旋翼机的特点：安全，发动机空中停车时，据惯性继续维持前飞，像降落伞一样逐渐减低速度和高度；环保，没有动力驱动旋翼系统带来的较大的振动和噪声；易降落，着陆滑跑距离大大地短于起飞沿跑距离，可在旅游船顶篷或甲板上降落；有较好的陀螺效应，稳定性较高，抗风能力较高；性价比强，价格约为同量级直升机的 1/5 到 1/10。

此类飞行器属于俱乐部管理，常规手段较不易发现，较容易被人利用，对低空安全威胁较大。

4. 扑翼机

扑翼机指机翼像鸟和昆虫翅膀那样上下扑动的重于空气的航空器，又称振翼机。扑动的机翼不仅产生升力，还产生向前的推动力。

从原理上可以分为仿鸟扑翼和仿昆虫扑翼，以微小型无人扑翼为主，也有大型载人扑翼机试飞。仿鸟扑翼的扑动频率低，翼面积大，类似鸟类飞行，制造相对容易；仿昆虫扑翼扑动频率高，翼面积小，制造难度高，但可以方便地实现悬停。

载人“雪鸟”扑翼机（图 2.5）在加拿大安大略省试航，重量 42.6 kg，翼展 32 m，平均速度 7 m/s，仅飞行了 19.3 s，由飞行员在驾驶舱里蹬车轮提供动力。

“蜂鸟”扑翼机（图 2.6）由美国研发。其长度不超过 7.5 cm，速度 10 m/s，可抵抗 2.5 m/s 的微风，体积小、重量轻，有很强的隐形效果。该类飞行器处于发展阶段，应用较少。

图 2.5　载人“雪鸟”扑翼机

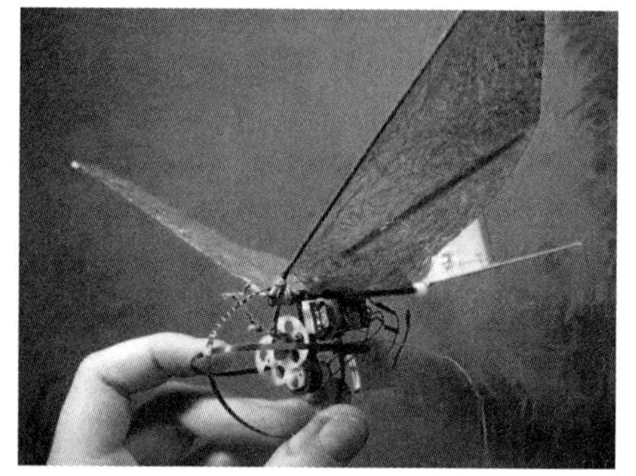

图 2.6　“蜂鸟”扑翼机

2.2.2 滑翔机类

滑翔机类“低慢小”航空器一般为有人驾驶，主要包括滑翔机、三角翼、滑翔伞等。滑翔机类航空器可携带爆炸物、传单、条幅等，可人为驾驶，有意实施袭击或干扰；操作失误时，其也会危害低空安全。此类飞行器光学特性可见光较强，红外特性较弱，雷达特性较弱。

1.（动力）滑翔机

滑翔机是指不依靠动力装置飞行，重于空气的固定翼航空器，起飞后仅依靠空气作用进行自由飞行。中国民用航空总局航空器适航司《初级类航空器适航标准——滑翔机与动力滑翔机》（AC－21－07）规定：滑翔机的最大重量不超过 750 kg；动力滑翔机的最大重量不超过 850 kg；乘员不得超过 2 人（含飞行员）；空中最大设计速度不小于 200 km/h；应急着陆极限过载系数上下 4.5g、向前 9g、侧向 3g。

滑翔机分为高级滑翔机（图 2.7）、悬挂式滑翔机（图 2.8）、动力滑翔机（图 2.9）。其构成材料一般为木材、层板、织物、铝合金、玻璃钢和碳纤维等。滑翔机在无风情况下，在下滑飞行中依靠自身重力的分量获得前进动力，这种损失高度的无动力下滑飞行称滑翔。在上升气流中，可像老鹰展翅那样平飞或升高，通常称为翱翔。高级滑翔机，无动力装置，具有大展弦比的狭长机翼、光滑细长的机身，有很强的留空能力，滑翔比可达到 50:1。悬挂式滑翔机，飞行员通过吊带悬挂在翼体下方俯式飞行，身体外包着一个像虫蛹似的吊袋，通过移动重心位置，改变飞行速度和方向。动力滑翔机，带有动力装置，能够自己起飞，动力装置关闭后，仍能继续滑翔和翱翔，可以再次起动动力装置。动力源可以是内燃机、电动机等。

图 2.7 高级滑翔机

图 2.8　悬挂式滑翔机

图 2.9　动力滑翔机

滑翔机主要用于体育运动，此类飞行器结构简单、拆装方便、价格低廉，常规手段较不易发现，较容易被人利用，对低空安全威胁较大。

2.（动力）三角翼

三角翼也叫悬挂式滑翔机，配备发动机后，即为动力三角翼。《动力三角翼飞行器通用规范》（HB 7880—2008）规定：最大航速不超过 150 km/h；有效使用高度 1 000 m；抗风能力不小于 4 级；起飞距离不大于 80 m，降落距离不大于 100 m。

动力三角翼（图 2.10）可以折叠，易于运输和存放。起降地面滑跑距离在 30～80 m 之间，飞行高度 50～4 000 m，飞行速度 45～110 km/h，加上浮筒可以在水面起降。其主要用于农林作业、查线、探矿、水文测量等。此类目标虽受所属行业严格管理，但由于价格低、结构简单，易组装、拆卸，对起降场地要求低、起降距离短等特点，常规手段较不易发现，较容易被人利用，对低空安全威胁较大。

图 2.10　动力三角翼

3.（动力）滑翔伞

滑翔伞原理与滑翔机一样，重力使其下降的同时会获得向前的飞行速度。伞翼的上下表面被伞肋分割、连接成 40～70 个气室。前沿有进气孔，后沿是封闭的。飞行中部分流过的空气填充了气室维持了伞翼的翼形，大部分空气从伞翼的上下表面经过提供了上升力。增加螺旋桨，即为动力滑翔伞。动力滑翔伞（图 2.11）最大飞行速度约 50 km/h，飞行高度一般不超过 2 000 m，主要用途和特点与动力三角翼类似，较容易被人利用，对低空安全威胁较大。

图 2.11　动力滑翔伞

2.2.3 气球风筝类

气球风筝类“低慢小”航空器一般依靠空气浮力飞行，有人或无人驾驶，主要包括飞艇、热气球、系留气球、空飘气球、孔明灯等，具有一定的载重能力，可通过悬挂爆炸物、传单、条幅等，有意实施袭击或干扰，其在失误操作下，也可能造成干扰。这类航空器光学特性可见光中等，红外特性较弱（热气球较强），雷达特性（风筝、孔明灯、空飘气球）较弱（飞艇、热气球、系留气球较强）。

1. 飞艇

飞艇是一种利用轻于空气的气体来提供升力的航空器，分有人和无人两类，有拴系和未拴系之别。一般都使用安全性更好的氦气来提供升力，发动机主要用在水平移动以及艇载设备的供电，提供部分的升力。有人驾驶飞艇（图 2.12）的主要用途、特点与热气球类似，但具有动力，可控制速度和方向，受所属行业严格管制，常规手段较易发现，不易被个人利用，对低空安全威胁不大。

图 2.12 飞艇

2. 热气球

热气球（图 2.13）是用热空气作为浮升气体的气球，气囊底部有大开口、喷灯和吊篮，通过控制喷油量操纵气球的上升或下降。其为有人驾驶，通常体积为 2 000～6 000 m^3，飞行高度可达 10 000 m，最大上升速度 5 m/s，巡航速度受空中气流影响较大。其主要用途为竞赛表演、观光旅游、时尚体验、广告宣传、极限运动、航拍摄影等，受所属行业严格管制，加之价格昂贵、准备工作复杂、体积较大易于发现等特点，不易被个人利用，对低空安全威胁不大。

图 2.13　热气球

3. 系留气球

系留气球是使用缆绳将其拴在地面并可控制其在大气中飘浮高度的气球。升空高度 2 km 以下，一般由球体、系缆、锚泊设施、测控设施、供电设施等组成。上海世博会时，一套小型系留气球监测系统主要指标：长度 15 m；体积 200 m^3；升空高度 200 m；任务载重 30 kg；抗风能力空中 15 m/s，地面 20 m/s；滞空工作时间 3 d；带 1 个标清摄像头，有应急通信设备，如图 2.14 所示。系留气球主要用途：监视，应急通信。其应用领域较多，易被利用，对低空安全威胁较大。

图 2.14　系留气球

4. 空飘气球

空飘气球（图 2.15）是用氢气或氦气充满气球，用绳索固定在地面或物体上，一般用于庆典场面挂条幅标语，军事上用于瞭望或安装无线电发射天线。其直径一般 1～5 m，材料主要有橡胶、塑料、涂层布等。空飘气球管理不善易造成爆炸，具有一定威胁。

图 2.15　空飘气球

5. 孔明灯

孔明灯又叫许愿灯（图 2.16），多用于祈福，灯上写下祝福的心愿，象征丰收成功、幸福年年。孔明灯大都以竹篦、棉纸或纸糊成灯罩，呈圆柱体或长方体，底部的支架盛放燃烧物。晴朗无风的夜晚，其上升高度可达 1 000 m 左右。孔明灯无人操控，种类较多，材质有纸质、布质、塑料等，并喷有各种涂料，大小不等，起飞后不受控制，对空中安全具有一定威胁。

图 2.16　孔明灯

6. 风筝

风筝（图 2.17）发明于中国东周春秋时期。在竹篾等的骨架上糊纸或绢，拉着系在上面的长线，趁着风势可以放上天空。主要用于群众性娱乐活动，价格低、制作简单，可搭载空中标语等物体。风筝靠地面人员线控，通过控制住地面人员或切断绳索，控制风筝。管控难度较大，易被利用，对低空安全威胁较大。

图 2.17 风筝

2.2.4 无人机类

无人机类"低慢小"航空器主要用于军事领域，光学特性可见光较弱，红外中等，雷达特性较弱，主要包括靶机、无人侦察机、无人干扰/诱饵机及无人直升机等。表 2.1 给出了美军常用的无人机划分。

表 2.1 美军常用的无人机划分

任务	分类	航程/km	飞行高度	续航时间/h
战术	微型无人机（μ）	< 10	250 m	1
	小型无人机（MINI）	< 10	350 m	< 2
	近程无人机（CR）	10～30	3 km	2～4
	短程无人机（SR）	30～70	3 km	3～6
	中程无人机（MR）	70～200	3～5 km	6～10
	中程续航无人机（MRE）	> 500	5～8 km	10～18
	低空突防无人机（LADP）	> 250	50 m～9 km	0.5～1
	低空续航无人机（LAE）	> 500	3 km	> 24

续表

任务	分类	航程/km	飞行高度	续航时间/h
战略	中空长航无人机（MALE）	>500	5～8 km	24～48
	高空长航无人机（HALE）	>1 000	15～20 km	24～48
特殊任务	攻击型无人机（UCAV）	400	30 m～4 km	3～4
	诱饵（DEC）	500	50 m～5 km	—

用于军事用途的无人机，种类繁多、形式多样、用途各异，其飞行的空域宽广，当其在中高空空域时，可由防空武器探测处置。如捕食者无人机（图 2.18），无人驾驶，最大飞行速度约 240 km/h，实用升限约 8 000 m，翼展约 15 m，最大起飞重量 952 kg，机动性强，航程较远，载重能力强，此类飞行器属军事目标，已受到军方的重点监控。

而对于微型、小型、近程军用无人机，如图 2.19 所示在低空超低空空域时，可将其纳入航空模型的防控范围。

图 2.18　捕食者无人机

图 2.19　微型、小型、近程军用无人机（MicroDrones, Germany）

2.2.5　航空模型类

航空模型属于一项体育运动项目，国际航联的竞赛规则里规定“航空模型是一种重于空气，有尺寸限制的，带有或不带有发动机的，不能载人的航空器”，其最大飞行重量为 25 kg，如果装有活塞式发动机，其最大工作容积 250 mL。航空模型类航空器光学特性可见光较强，红外中等，雷达特性较弱，其分类如下。

（1）按照飞行方式划分：固定翼航模（图 2.20）、多旋翼航模（图 2.21）、直升机类航模（图 2.22）。

（2）按照体育运动项目划分：自由飞行、线操纵、无线电遥控、仿真和电动。

（3）按照动力方式划分：活塞、喷气、橡筋动力等。

航空模型飞行高度一般在 1 000 m 左右，螺旋类最大飞行速度约 180 km/h，喷气式最大飞行速度约 400 km/h，主要用途为运动竞赛、科学实验，航拍摄影和娱乐活动等。航空模型类“低慢小”航空器具有价格低、体积小、易操作、制作简单、起飞要求低等特点。其生产、销售渠道较多，且升空突然、速度较快，发现和处置困难，售后管制困难较大，容易被敌对人员所利用，对低空安全威胁很大。

图 2.20 固定翼航模

图 2.21 多旋翼航模

图 2.22 直升机航模

2.3 "低慢小"航空器的特点

"低慢小"航空器包含的类型较多，其总体特点是飞行高度低、目标特征小、不易被常规探测手段探测发现。具体而言，各种"低慢小"目标由于其用途、环境适应性、目标特征各不相同，在空中飞行时可能引起的威胁性有所不同，故对其的探测、识别、跟踪和处置手段也不尽相同。航空模型和气球类目标，由于价格低、容易获得，操作简单，数量多，管控难，因此，是敌对分子主要利用的"低慢小"航空器，同时也是防控的重点目标。其特点如下。

（1）种类形式多。外形方面有飞机状、伞状、球状；构成方面有的无翼、有的固定翼、有的旋转翼；操纵方面有的载人操纵、有的地面人为遥控操纵、有的随大气漂移；动力特征方面有的无动力、有的电驱动、有的燃油驱动。

（2）体积小，可探测特征低。飞行器飞行的声音特性、可见光特性、红外特性、雷达特性的特征不明显，外观特征不明显。

（3）成本低，易获得，市场保有量大。部分飞行器成本低、价格便宜，仅需数千元到数万元，作为民间运动器材，其市场保有量大，应用范围较广。

（4）操作简单，使用方便。从教学、科研到运动训练，除了部分飞行器受行业管制较严外，大多数操作使用简单、方便，航空模型甚至配有飞行驾驶模拟器，模拟训练在街边、道路、楼顶等各种工况的起降操作。

（5）机动灵活，可导航飞行。航空模型有的可人为操控、有的可预置航迹飞行，可低空超低空飞行穿梭于城市建筑之间。

（6）航程远，携带载荷大。轻型和超轻型航空器航程可达上千公里，航空模型的航程可达上百公里，可携带多种载荷。

2.4 "低慢小"航空器的潜在威胁

由于"低慢小"航空器的管理控制难度大、探测发现难度大、处置拦截难度大，敌对势力可能借助"低慢小"航空器进行破坏活动，带来诸多潜在威胁和实质性破坏，另外，普通民众在操作"低慢小"航空器过程中出现误操作引起的危害事件也在逐年增多。

闯入军事设施、政治场所等核心机密地带进行拍摄、测绘等探测活动。例如 2014 年 4 月，韩国接连发现多架小型无人机，韩国当局发射了机关炮，但未击中目标，后自行坠毁，内有青瓦台总统府地形照片；2013 年 9 月，德国总理默克尔出席竞选活动现场，一架多旋翼模型飞机驻留在主席台上空盘旋，现场安保人员无法有效阻止；2013 年 5 月，穆斯林武装分子计划利用自行研发的模型飞机袭击美国驻开罗大使馆，现场发现了 22 磅的爆炸材料和炸弹制造说明书，以及计划使用的火箭和飞机模型；2011 年 9 月，美国东北大学的一名研究生，计划通过 GPS 导航，用三个装满炸药的长度为 1.5～2 m 的航模遥控袭击五角大楼和国会大厦，机上安装约 2.25 kg 炸药，速度超过 160 km/h。

进入人口密集区、大型活动、重要集会等场所，抛撒、悬挂反动宣传品，扰乱正常飞行秩序，投放生化毒剂、爆炸袭击等，危害人民生命安全，制造社会恐慌、制造“轰动效应”。例如，2013 年 6 月，德国警方挫败了两名突尼斯男子，试图使用 GPS 进行导航，用装满炸药的遥控模型飞机实施恐怖袭击的阴谋；2002 年 8 月，哥伦比亚反政府游击队组织“哥伦比亚革命武装力量”企图利用 9 架装载炸药的遥控航模对阿劳卡省的陆军十八营和位于该省的全国最大的卡诺–利蒙油田实施攻击，后被查获。

闯入机场、油库、核电站、大型水利工程、国家及城市地标建筑、历史文化标志等场所，制造恐怖气氛、进行破坏活动。例如，2013 年 12 月，一架经航模改装的无人机在首都机场以东飞行，严重干扰机场航班秩序，此次飞行活动没有履行报批程序申请空域，导致首都机场十余班次飞机延误起飞，多个班次实施空中避让；2013 年 3 月，景德镇市机场工作人员在净空巡视过程中发现有一架动力伞在机场跑道南面进行低空飞行，机场公安分局及时制止事态发展；2011 年 9 月，奉贤海湾地区上空发现滑翔伞违规飞行，军地迅速启动应急处置预案，及时控制了组织违规飞行的 9 名人员和 3 架滑翔伞，这次滑翔伞违规飞行直接影响了 39 架次民航航班正常飞行；2011 年 8 月，江苏南通机场上空发生动力伞干扰航班事件。上午 10 时左右，一架动力伞系着悬挂物体，在空中来回游荡，直至在警方干预下动力伞最终飞离了机场区域。

当无人机、“低慢小”航空器主要用于军事领域后，可彻底改变现在战争的作战模式。2020 年爆发的纳卡战争中，在阿塞拜疆的“贝拉克塔”无人机以及“哈洛普”反辐射无人机对亚美尼亚防空武器系统 S300 的毁伤之前，无人机均未在近距离之处被发现，这与无人机的特性以及结合电子战的作战模式相关，随后阿塞拜疆无人机就开始追击装甲车辆、火炮和后勤车辆。视频显示，有几十辆坦克、大炮和补给卡车被“贝拉克塔”无人机发射的滑翔炸弹和自杀式“哈洛普”无人机击中，如图 2.23 所示。

图 2.23 战场中的无人机

在国境边境采用“低慢小”航空器偷运毒品等违禁品。墨西哥有驾驶小飞机在边境偷运毒品的案例，随着“低慢小”航空器的迅猛发展，这种新型偷运方式会越来越多。

综上，“低慢小”航空器的违法违规、恐怖袭击等活动具有典型的随机突发性和连锁破坏性，安全情报部门很难在事发前获得全面的、准确的事态预警；一旦发生，极易被他人效仿，形成连锁反应，对社会稳定甚至国家安全造成极大的危害。

2.5 “低慢小”航空器的危害性

经过对“低慢小”航空器的种类、特点、危害模式以及目标的威胁程度情况分析可知：

航空模型（无人机）类，由于其自带动力，无人驾驶，可自主导航飞行，其细分种类多、销售渠道广、行业监控难、技术门槛低、成本低、体积小，容易被个人利用，对复杂的城市环境的威胁最突出，是最常用于恐怖袭击或非法破坏的手段，对现阶段低空安全威胁很大。

动力滑翔机、动力三角翼、动力滑翔伞和旋翼机，其自带动力，有人驾驶，目的性强，可自主导航飞行，由协会俱乐部管理，作为体育项目，其销售渠道广、行业监控难、技术门槛低、容易被个人利用，对现阶段低空安全威胁大。

滑翔机、三角翼、滑翔伞、空飘气球、系留气球、风筝、孔明灯等虽然其使用受环境气象条件影响大，但由于民间应用范围广，军方对其侦察能力、处置能力有限，对低空安全有威胁。

轻型超轻型飞机、轻型直升机、热气球、飞艇、扑翼机等由于需要人员驾驶，所属行业受到严格管制，军方对其具备一定的侦察发现和处置能力，对现阶段低空安全威胁不大；部分军用无人机虽满足“低慢小”目标的特征，但是属于军用装备，受到严格管制，在非战时状态下有低空安全威胁，“低慢小”航空器特点及威胁程度分析见表 2.2。

表 2.2 “低慢小”航空器特点及威胁程度分析

序号	目标类型	自主动力、目的性强	灵活、移动速度快	受气象条件影响小	保有量大、难以控制	易被个人利用	威胁程度
1	航空模型	√	√	√	√	√	很大
2	无人机	√	√	√	√	×	有
3	扑翼机	√	√	√	×	×	有
4	超轻型飞机	√	√	√	×	×	有
5	滑翔机、三角翼、滑翔伞	×	×	×	×	√	有
6	动力滑翔机、动力三角翼、动力滑翔伞	√	√	√	×	√	大
7	风筝	×	×	×	√	√	有
8	小型直升机	√	√	√	×	×	有
9	旋翼机	√	√	√	×	√	大
10	飞艇	√	×	×	×	×	有
11	热气球	×	×	×	√	×	有
12	系留气球	×	×	×	√	×	有
13	空飘气球	×	×	×	√	√	有
14	孔明灯	×	×	×	√	√	有

2.6 “低慢小”航空器的防控难点

“低慢小”航空器的探测和拦截是一个世界性的难题，突出表现在以下几点。

一是管控难。大部分“低慢小”航空器结构简单、易于掌握、来源渠道多、使用分布范围广、个人拥有量大，严格管理控制困难。

二是侦测难。由于“低慢小”航空器体积小、雷达发射面积小、升空突然性强、可低空超低空飞行，加之城市众多高楼遮蔽、环境复杂，及时侦测发现困难。

三是处置难。动用航空兵、地面防空兵火力打击进行处置，直接命中难度大，同时会在人口密度较高的城区造成较大附带损伤。

2.6.1 “低慢小”航空器的飞行管控难点

目前，我国对小型航空器飞行的管理，主要依据《中华人民共和国飞行基本规则》《中华人民共和国民用航空法》、国务院和中央军委《通用航空飞行管制条例》《国务院关于通用航空管理的暂行规定》等法律法规，由国务院、中央军委空中交通管制委员会统一协调，参与的部门和单位有 10 余家。

小型航空器飞行管理工作存在的主要问题有：一是管理处罚工作缺乏法律支撑、各部门间缺乏衔接配合，导致不经批准擅自修建临时起降点和组织飞行的问题时有发生；二是在小型航空器的研制、生产、销售等环节上缺乏有力的管控措施。

2.6.2 “低慢小”航空器的探测跟踪难点

“低慢小”航空器的低可探测性是其最显著的特点。航空器大多采用非金属材料、低噪声发动机甚至于电动机，其雷达反射截面和红外、声信号很小，再加上低空超低空飞行，航空器的复杂背景光电干扰信号影响了目标识别和跟踪。

1. 雷达探测技术

一般情况下，防空雷达的主要探测目标为飞机，由于其速度快、高空飞行，金属成分高、雷达散射截面积（RCS）较大，背景相对干净，比较容易被发现和跟踪。“低慢小”航空器的雷达散射截面积小，不易被发现；飞行高度低，导致探测盲区大，容易被地物杂波和噪声所淹没，雷达回波信号的信杂比或信噪比低；慢速目标的回波信号多普勒频率低，容易受汽车地面移动目标、鸟群的慢动杂波、植物受风摆动的随机多普勒分量干扰，增加检测难度。

雷达探测技术，可以通过增大发射功率、天线孔径和增益降低接收机噪声系数等方法，补偿由于目标 RCS 的减小导致雷达灵敏度的降低，同时开展信号处理的方法实现对弱小目标的检测与跟踪。综合运用多普勒滤波、超低副瓣、匹配滤波、数字波束形成、低截获概率、相参积累与非相参积累、大动态范围检测、恒虚警检测、极化信息处理、多种发射波束设计等，充分利用目标与背景杂波、噪声、干扰等在某些特性上的差异以及雷达在时域、频域、空域中提供的信息等识别发现目标。除了对回波信号进行检测以完成对目标的监测与跟踪外，还应能够对目标类型进行分类和识别，解决常规雷达分辨率较低的缺陷。

2. 红外探测技术

红外探测技术是利用目标与背景之间的红外辐射差异所形成的热点或图像来获取目标和背景信息的技术。其利用目标发动机热源、旋转翼与空气的摩擦等不同于背景天空热辐射特征发现目标。

相比于可见光，红外探测具有低信噪比、低对比度、边缘模糊、易受雨雪天气影响等难点，复杂背景中弱小目标探测技术的难点主要体现在以下几方面。

（1）目标的尺寸小。目标的尺寸通常小于一个像素，由于衍射效应表现为一个模糊的小斑点，难以发现。

（2）信号弱，信噪比低。目标的红外辐射经大气衰减、湍流等影响，到达成像系统的能量极低，常包含在背景噪声中，图像的信噪比低。

（3）背景复杂，干扰大。云层和地物是最主要的干扰，目标的强度不是图像中最高的，但目标强度在局部上是突出的。

（4）小目标在运动过程中可能偶尔被遮挡，或者其他因素造成目标的暂时丢失。

目标探测技术分为两大类：第一类，根据目标形状、强度等特性，通过单帧图像探测出候选目标，根据目标灰度和运动的连续性来实现目标的确认和识别，即所谓的先探测后跟踪（detect before track，DBT）技术。第二类，根据目标的运动连续性特征，累积所有可能的运动轨迹上目标灰度值，然后根据目标的短时灰度特性判别各条轨迹的后验概率，从而探测出真实的目标，即所谓的先跟踪后探测（track before detect，TBD）。

3. 可见光探测技术

可见光探测也是探测“低慢小”目标的重要手段。可见光探测器探测距离比红外探测器要远，图像更清晰，加之近年来可见光探测器件制造工艺的改进，可见光电视探测技术应用愈加广泛。

小目标也分为两类：低对比度的目标，即灰度小目标；像素少的目标，即能量小目标。噪声会严重干扰帧与帧之间目标的强度，单从灰度难以同杂波区别开来，基于目标强度信息的检测方法常常无法采用。

检测关键在于如何抑制噪声，有效累加目标能量。当前常用的基于单帧图像小目标检测方法有门限检测法、峰值检测法、空间差分法，纹理分析法、非线性背景对消法等；基于多帧图像弱运动目标检测方法有时间差分法、三维匹配滤波器法、多级假设检验法、最优原理的动态规划法、投影变换法、细胞神经网络法、光流法等。

4. 声学探测技术

声音是信息的主要载体之一，利用声信号的目标识别技术在军事上已经有了很长的历史，至今针对地面移动目标和超低空目标仍是最重要的识别方法。声音的大小、频谱特性等特征能够反映声源运动、结构的许多特性，而且声音无处不在，测量获取数据较为容易。

被动声探测技术是一种无源探测技术，它接收并识别飞机发动机、直升机旋翼以及和大气摩擦所产生的特征声信号，适合用于探测无人机。探测系统的基阵采用结构简单的线列阵和各向波束均匀的圆弧阵，组合成半圆柱形传声器阵列对飞机噪声进行接收，考虑无人机螺旋桨噪声的频率特点，优化阵元数、阵列长度、频率响应等参数，可用于沿海、浮标或海岛雷达站的防护预警。

声探测技术和其他电子、雷达探测技术相比，具有以下特点：被动式的工作原理，隐蔽性强；技术构造简单，成本低廉，能够全天候工作；适合于低空或者地面目标，弥补雷达盲区。

随着无人机的噪声水平逐年降低，声学探测设备探测距离难以满足探测无人机的要求。另外部分目标如果出现在复杂的闹市环境，受城市环境噪声影响，将增加探测虚警率。

5. 无线电信号探测技术

无线电侦测技术是对无线电信号侦察、监测和监听以及对非法无线电信号查处技术的一种综合性技术的统称。各种低截获率通信技术广泛应用，电磁环境日趋复杂，特别是城区范围内的信号高度密集，使无线电侦测难度越来越大。

无线电信号密度越来越大，频谱资源越来越稀缺，无线电侦测系统应具有宽频带的侦测截获能力、快速捕获能力和高分辨率信号分选能力。这种技术主要包括信号检测技术、宽带多信号调解识别技术、信息解密技术和高效处理算法实现技术等。

无线电信号探测主要适用于利用无线电遥控的“低慢小”飞行器，如果目标自主航行，或者活动时保持无线电静默，也很难及时有效发现、处置目标。

2.6.3 “低慢小”航空器的处置难点

1. 目标体积小、飞行机动性高

“低慢小”航空器进行低空飞行，机动性高、目标体积小，准确预测航迹的难点突出，枪炮难以瞄准、射击，在城市楼群中，容易受建筑遮挡，难以攻击。

2. 处置系统反应速度要求快

由于目标飞行速度快、飞行高度低、发现时间短，要求系统反应迅速、快捷。

3. 城市环境中处置手段安全性要求高

传统的防空武器、高能定向武器需要重点考虑对城市环境的毁伤小，避免对周边人员设施造成二次毁伤威胁。

防空兵力和地面防空火力是对“低慢小”航空器实施跟踪、警告、外逼、迫降和击落。地面防空兵力如果在城区部署，可在短时间内对指定目标实施跟踪监视和射击，但面临阵地选择余地小，兵器装备难以展开，进行处置可能造成较大附带损伤等问题。

第 3 章

“低慢小”航空器协同防控平台体系结构

3.1 引　言

3.1.1 必要性与意义

“低慢小”航空器协同防控平台主要面向当前城市环境重要区域“低慢小”航空器非法闯入且无有效监管手段的难题，平台因集成了多种探测装备与拦截装备，构成要素较多，信息铰链耦合性高，指挥协同相对复杂，需要从体系结构的角度进行顶层设计。要保证由不同单位、不同时期、采用不同方式分别研制的系统能够综合集成，并发挥最大效能，必须在建设初期，对这些系统进行科学规划，加强系统顶层设计。体系结构作为信息系统顶层设计的重要组成部分，对系统的建设与开发、系统的综合集成有着积极的促进作用。为保证信息系统对“低慢小”航空器防控平台作战的支持作用，应该描述“低慢小”航空器防控的使命、任务和模式，以全面指导实装的建设。

体系结构设计可为“低慢小”航空器防控平台提供一个可长期使用的总体论证和设计支撑平台，厘清“低慢小”航空器防控平台设计的标准规范，使“低慢小”航空器防控平台体系能够持续优化，为下一阶段实装研制提供技术支撑。

3.1.2 基本思路

如图 3.1 所示，协同防控平台体系结构设计基本思路为：首先，以“低慢小”航空器防控平台的使命任务为根本出发点，结合该系统的特点，通过对“低慢小”航空器防控平台的作战任务、作战能力与防控需求进行分析，给出“低慢小”航空器防控平台的作战任务清单和“低慢小”航空器防控平台的能力需求。其次，通过规范的体系结构产品设计，针对典型应用场景，分析并建立“低慢小”航空器防控平台的全视图（all view，AV）、系统视图（system view，SV）、技术视图（technical view，TV）与作战视图（operational view，OV），并设计防控平台体系结构的技术标准规范和技术演进描述，形成标准视图。再次，根据设计的“低慢小”航空器防控平台体系结构，利用 UPDM 工具，将作战活动流程、作战规则、作战状态转换描述等产品转换为可执行模型的形式，进而对所设计的“低慢小”航空器防控平台设计方案的验证与评估。然后，构建系统作战效能评估的指标体系，从“作战构想设计模块、作战体系结构设计模块、可执行模型生成模块、体系方案仿真分析模块、应用演示模块”五个方面，对“低慢小”航空器防控平台体系进行效能

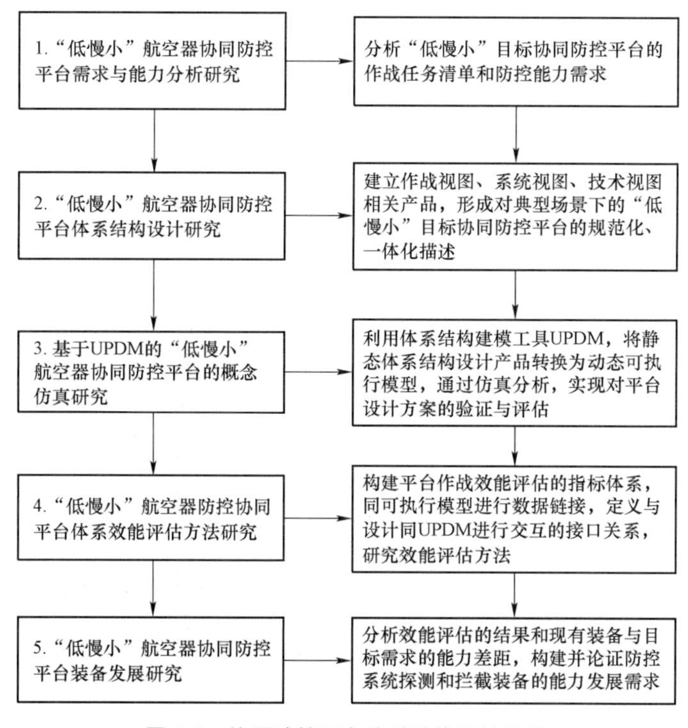

图 3.1 协同防控平台体系结构设计思路

评估。最后，通过分析效能评估的结果和现有装备与目标需求的能力差距，构建并论证防控系统探测和拦截装备的能力发展需求，以指引协同防控平台的装备发展研究。

3.2 研究现状

自美军于 1996 年 6 月发布 C⁴ISR 体系结构框架 1.0 版以来，C⁴ISR 体系结构研究成为 C⁴ISR 系统理论研究的一个热点。美国 C⁴ISR 理论界和工程界在体系结构框架、体系结构设计方法、验证方法、开发工具等方面开展了大量的研究工作，取得了较大的进展。美国的 C⁴ISR 体系结构框架提供了根据作战使命和功能有效性，描述信息系统及其性能的统一方法，有助于其国防部内的组织按照“信息技术管理改革法案”和“政府性能和效果法案”的要求，测定现有的和已计划的信息系统的性能，使体系结构能最有效地用于建立可互操作的和费效比合理的军事系统。

纵观美军 C⁴ISR 体系结构框架的发展过程，有学者认为它大致经历了三个阶段，即试用阶段、改进阶段和完善阶段，并逐步走向成熟，如图 3.2 所示。

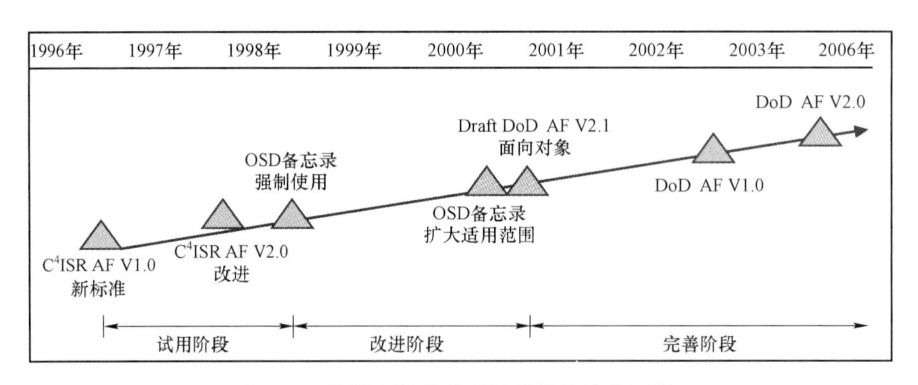

图 3.2 美国 C⁴ISR 体系结构框架演化历程

试用阶段始于 1996 年 6 月公布由 C⁴ISR 集成任务委员会（ITF）开发的 C⁴ISR 体系结构框架 1.0 版。该框架建立在当时已有的各种体系结构开发实践基础上，首次统一了美军 C⁴ISR 系统体系结构的描述方法。其主要内容是规定用作战体系结构视图、系统体系结构视图和技术体系结构视图描述系统的体系结构，并提供了一系列产品分别描述这3个视图，而只有很少一部分涉及体系结构开发指南、通用参考资源（如术语的统一、互操作等级的定义）等方面的内容。试用阶段结束的标志是，C^4ISR体系结构工作组（AWG）在框架1.0版开发使用经验的基础上，于1997年12月发布C^4ISR体系结构框架2.0版。

改进阶段开始于框架2.0版的发布以及负责采办和技术的国防部副部长（USD A&T）、负责C^3I的助理国防部长（ASD/C^3I）和联合参谋部C^4系统处（JS/J6）处长于1998年2月共同签署的题为“国防部体系结构框架的战略方向”的备忘录。该备忘录要求：“所有正在建设的或计划中的C^4ISR系统或相关系统的体系结构都将根据2.0版本来开发。现有的C^4ISR系统体系结构也将在一定的修订期内，依据2.0版本重新表述。并且，审查框架使之发展成为国防部内所有功能域的唯一体系结构框架。”框架2.0版在1.0版的基础上增加了若干系统视图（system view，SV）产品、描述系统行为的产品和通用参考资源，提供了更多的产品示例，将体系结构产品分为基本产品和支持产品，给出了体系结构开发的六步过程。框架2.0版由四部分组成，即体系结构视图（包括作战、系统和技术体系结构视图）及其之间的关系、通用产品模板和通用数据、通用指南以及通用参考资源，已经比较全面。但是，它和框架1.0版中的产品描述模板都是基于系统工程方法的，容易使人误以为它排除了其他方法学（如面向对象），不能体现其与方法学无关的思想。并且，框架2.0版没有为评价比较多个不同的体系结构提供指导，没有提供评价指标和评价方法。

在改进阶段，框架2.0版得到了广泛的应用，如被用来开发联合作战体系结构（JOA）、陆军企业体系结构（AEA）、全球作战支持系统（GCSS）作战体系结构等，并且，针对框架2.0版进行的体系结构设计方法、验证方法的研究也取得了很大的进展。2000年3月发布的备忘录将C^4ISR体系结构框架的适用范围扩大到整个DoD领域，事实上成为DoD体系结构框架，它标志着改进阶段的结束。

2000年3月发布的备忘录和紧随其后开始的DoD体系结构框架2.1版的制定工作使得框架进入完善阶段。但是，DoD体系结构框架2.1版并没有正式公布，而是以草案的形式存在。根据国防部首席信息官（CIO）的指示，美军于2002年2月启动了新版DoD体系结构框架的开发，编号为1.0版，其草案已于2002年9月完成，并于2003年1月公布。

英国国防部成立了国防部体系结构框架（MODAF）小组，制定英国国防部体系结构框架，以便严格规范，复杂系统的采办，科学地分析现有作战系统，更好地实现新、旧系统的集成。《英国国防部体系结构框架》1.0 版已于 2005 年 8 月 31 日通过项目评审委员会的评审，正式发布。

英国国防部体系结构框架借鉴了美军《国防部体系结构框架》的主要成果，所不同的是，增加了“战略能力视图”和“采办视图”，并对作战视图和系统视图做了若干修改。该框架既注重与盟军的兼容互通，又考虑了本国的作战任务和经济基础。

为提高欧洲盟军司令部与大西洋盟军司令部之间以及北约各成员国之间 C3 系统的互操作性，北约 C3 委员会制定了一系列的政策，如“北约 C3 互操作性政策”“北约互操作性管理计划”（NIMP）。其中，“北约互操作性管理计划”提供了开发 C3 系统体系结构框架的有关指南。2003 年 10 月，经北约 C3 委员会批准，北约开始实施 C3 系统体系结构框架（NAF）。该框架是参考美国的国防部体系结构框架制定的，提供了描述和开发体系结构所需的规范和模板，确保各同盟国在理解、比较和整合体系结构时采用通用的原则，是北约强制要求 C3 系统执行的体系结构框架。

以往我国学术界和工程界没有对体系结构的研究和开发予以足够的重视，体系结构研究存在很多不足，主要表现在以下几方面。

（1）对体系结构的概念、设计内容等没有一个统一的认识。

（2）体系结构设计者依靠“个人技艺”、凭借个人经验和想象来开发，开发过程没有科学的、公认的方法论指导，也缺少规范化的管理机制。

（3）体系结构设计完成后没有检验设计结果的正确性的方法。

（4）体系结构设计中使用的术语不一致。

（5）体系结构设计文档不规范，描述体系结构的随意性较大。

（6）体系结构开发过程中缺乏有效的辅助工具支持。

当前，随着对体系结构重要性认识的不断加深，我国在系统的研制实践中也开始强调体系结构的设计，并采取了一些措施以保证不同系统之间的互操作。例如，某个大型项目的总体设计采用使用总体和研制总体两部分，在其研制过程中还制定和推广了一些标准和规范，开发了一些共性软件。

目前，我国体系结构方面的研究正处在起步阶段，各项工作已经全面展开。有关研究人员正在立足我国国情，总结已有的 C^4ISR 系统工程实践经验，借鉴美国体系结构框架的思想，制定我国的体系结构框架。

3.3 体系结构设计技术途径

3.3.1 体系结构的需求与能力分析

1. 设计思路

通过对“低慢小”航空器防控平台的使命任务、作战能力需求、装备需求进行一体化分析，给出“低慢小”航空器防控平台的作战能力框架和作战任务清单，明确“低慢小”航空器防控平台作战能力需求与装备需求。按照“作战使命驱动、自顶而下分析、逐层递进归纳”的研究总思路，其分为分析阶段和归纳阶段两个阶段，同时将分析结果按照规范格式描述，形成需求分析和作战任务清单，如图 3.3 所示。

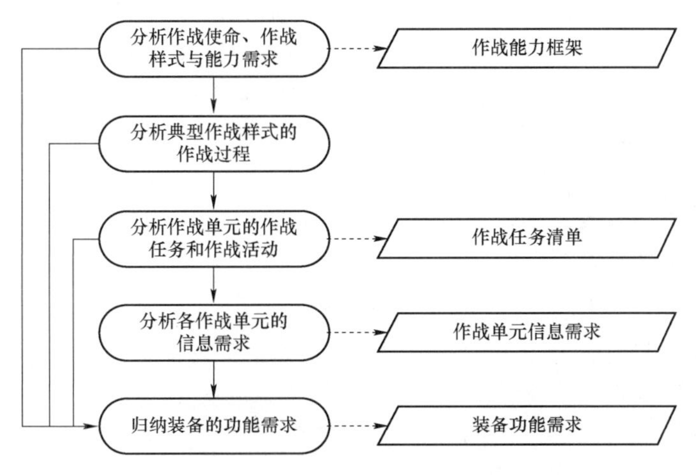

图 3.3 “低慢小”航空器防控平台需求与能力分析研究思路

第一步到第三步是分析阶段，第四步为归纳阶段。第一步，分析“低慢小”航空器防控的作战使命、作战样式，分析作战过程中涉及的能力需求，得到作战能力框架。第二步，分析典型作战样式的作战过程，作战过程中每个作战单元的作战任务以及作战活动，得到作战单元任务清单。第三步，分析所有作战活动中各作战单元需要哪些信息，信息需求应包含具体的属性及信息质量要求，得到作战单元信息需求模型。第四步，根据作战单元的作战活动和信息需求，归纳并提出装备应该具备哪些功能来满足作战单元的信息需求，找出所有的装备功能需求。每个步骤结束时，可按照规范格式产生相应的需求与能力分析产品。

2. 设计方法

“低慢小”航空器防控平台需求与能力分析主要包括作战能力框架设计、作战任务清单构建、作战单元信息需求获取和装备功能需求获取四个方面的内容，最终通过规范的产品描述。

1）作战能力框架设计

分析当前“低慢小”航空器防控形势和面临威胁的类型，提出“低慢小”航空器防控平台今后将要面临的使命任务，分析“低慢小”航空器防控平台的作战使命下的作战样式、作战能力，明确“低慢小”航空器防控平台装备体系能力目标的具体内涵以及其对“低慢小”航空器防控的支持机制，并提出每项能力的关键指标及其量化描述，得到“低慢小”航空器防控平台的能力目标的形式化描述。能力需求分析过程是自顶向下、逐步分解细化的过程。通过分析作战使命与作战任务，提出“低慢小”航空器防控平台需要哪些作战能力，为了实现这些作战能力，又可以进一步提出每种作战能力需要哪些子能力的支撑，从而归纳出“低慢小”航空器防控平台的能力构成和能力框架，并建立能力分级列表，对各项能力进行有效度量。

2）作战任务清单构建

作战任务清单体现了对当前主要作战任务的规范化的描述，可以帮助指挥员确立正确作战思想和行动指南；可以为指挥员、参谋人员提供一种通用、科学地描述主要作战任务的语言和参考标准。作战使命通过作战任务来表现，作战活动是作战任务的具体化。作战任务较之于使命来说，具有可分解的特性。将高层作战任务分解为一系列离散的、相互关联的、更加详细的低级的子任务，直至底层任务，并分析它们之间的关系。底层任务比较具体，可以反映出作战单元的某些特性。因此，底层任务也就是活动。由作战任务的可分解性，通过语用分析得到使命—作战任务—子作战任务—活动的层次结构，如图 3.4 所示。

作战任务需要进行规范化描述，以达到一致性理解和使用。研究使用任务需求模型对任务进行规范化统一化的描述。任务需求模型是对用户任务需求的抽象化描述，目的是规范和统一各类用户对任务需求的描述方法和描述结构，方便用户需求的快速提交，以及用户与技术人员的交流。任务模板是对应用任务的抽象化描述，它包括对任务描述结构的定义、任务描述参数的选择，以及数据类型的规定。采用任务模板的形式，建立各类任务模板，使其具有形式简单，描述方便、快捷的特点，满足应用任务需求建模的要求。

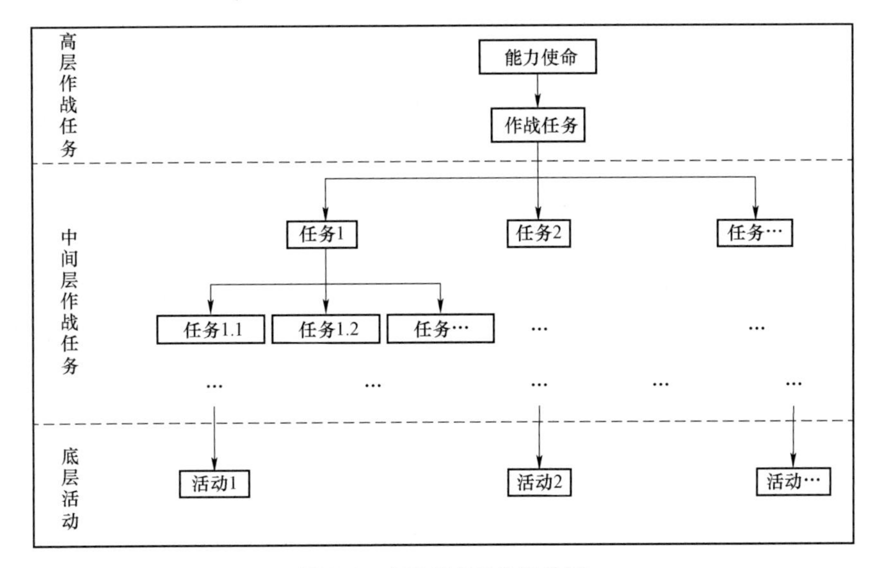

图 3.4 应用任务层次结构图

3）作战单元信息需求获取

从用户方来看，为了支持各种行动，需要信息系统干些什么，称为任务需求。需求任务形成的特点是：与作战任务相关，与参战单元相关，与作战过程相关，与作战活动相关，不关心信息系统的组成、结构、完成方式等，要求信息系统最大限度地支持作战。分析典型作战样式的作战过程，厘清主要作战单元在各个作战阶段的作战任务和作战活动，其目的是为提出主要作战单元的信息需求做准备。根据主要作战单元在作战各个阶段的作战任务和作战活动，可以得到作战单元的信息需求，包括信息种类、性能需求估计和使用方式等。

4）装备功能需求获取

从作战任务和作战单元的角度，根据主要作战单元信息需求，提出支持各作战单元的装备应该具备的功能需求，包括侦察预警功能、通信功能、拦截功能等方面。建立装备需求列表。

经过需求分析，得到一系列描述应用需求的产品，见表 3.1。

表 3.1 “低慢小”航空器防控平台应用需求与能力分析产品

编号	规范名称	规范说明	形式
RP－1	使命任务	“低慢小”航空器防控平台的使命任务的宏观描述	文字、表格
RP－2	作战任务清单	类似于美军联合作战任务清单，描述“低慢小”航空器防控平台的作战任务的规范化描述	表格
RP－3	能力需求	描述“低慢小”航空器防控平台的能力目标和目标度量	图形、文字
RP－4	信息需求	描述作战单元的信息需求，包括信息种类、性能需求估计和使用方式等	文字、表格
RP－5	装备需求	描述支持作战单元的装备的功能需求	文字、表格

3.3.2 协同防控平台体系结构设计

1. 设计思路

面向多源探测的“低慢小”航空器防控平台体系结构采用以数据为中心体系结构设计的方法，基于 UPDM 建模语言，针对“低慢小”航空器拦截的具体作战样式的需求，构建典型应用场景下的体系结构设计方案，建立作战视图、系统视图和技术视图。具体研究思路如图 3.5 所示。

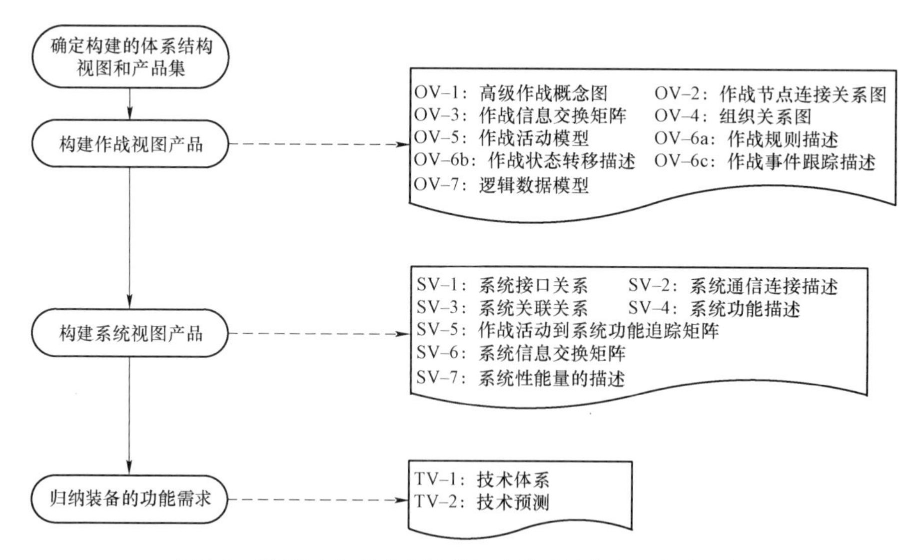

图 3.5 “低慢小”航空器防控平台体系结构产品构建过程

根据分析的“低慢小”航空器防控平台的作战使命任务，确定作战组织间的关系，分解作战任务、确定体系的作战活动流程、明确作战要素的组织编成，构建作战节点、作战活动、作战角色之间的关系映射，在此基础上得出体系的作战信息交换关系和信息要求，确立作战规则描述、作战状态转换与作战时序关系。根据构建的“低慢小”航空器防控平台的作战活动流程，明确支持作战活动完成需要的系统功能和系统组成，分析系统之间的接口关系和数据交换关系。构建“低慢小”航空器防控平台的技术体系和技术预测。

2. 设计方法

1）作战视图产品的开发

作战视图一般要从作战条令出发，它表示的关系一般是符合作战条令的。当受外部的力量迫使、不能按作战条令作战时，必须明确表示出来。这种情况下，通常要描述这些组织机构实际的运作情况，以便分析出是作战适应作战条令还是改变条令的方法。作战视图一般不描述采用什么技术实现手段和方法。

作战视图有 10 种产品，主要描述作战使命、指挥关系、作战节点的基本活动、作战节点之间的信息交互关系和作战过程等内容。

OV－1 是高级作战概念图。它通常由节点（用图标表示）和连线构成。图标表示组织、设施装备、使命或任务。连线表示信息流或连接。高级作战概念图还能表示设施装备和任务的相对地理位置。

OV－2 是作战节点连接关系图。它是有向图，节点表示作战节点，弧称为需求线，表示节点之间必要的连接和信息交换关系。对每个节点，注明它要执行的活动；对每条需求线，注明从一个作战节点到另一个作战节点的信息交换名称。

OV－3 是作战信息交换矩阵。它描述 OV－2 中的每一个信息交换，对每个信息交换元素，采用表格形式列出了产生和消耗该信息交换元素的作战节点和活动，以及一般信息，包括说明、大小、组成、发生频率、时间需求、吞吐量、安全级别和互操作性需求等。

OV－4 是组织关系图。它描述体系结构所支持的作战概念的主要组织结构方面的问题，主要目的是用于解释体系结构中组织单元间的指挥关系、控制关系和协同关系，这些关系是形成体系结构中的某些连接需求的基础。

OV－5 是作战活动模型。它包括 OV－5a 作战活动分解图和 OV－5b 作战活动模型。它描述与体系结构相关的作战活动、活动之间交换的数据或信息、与模型之外的其他单位交换的数据或信息。活动模型采用分层结构，对活动进行逐级分解，直到达到体系结构的目标要求为止。

OV－6 是作战活动序列和时序描述。它由三个产品组成：作战规则描述（OV－6a）、作战状态转移描述（OV－6b）和作战事件跟踪描述（OV－6c）。这些产品一起用来描述作战活动的动态属性。作战规则描述捕捉业务需求和作战概念信息，规则必须与活动、逻辑数据模型、作战状态转移描述相一致。作战状态转移描述描述体系结构对特定刺激的反应。作战事件跟踪描述跟踪作战节点间的事件顺序。

作战视图产品开发建议按照图 3.6 所示的顺序进行。其中，没有连接关系的产品可以以任意顺序开发。在具体设计中，根据实际情况确定。

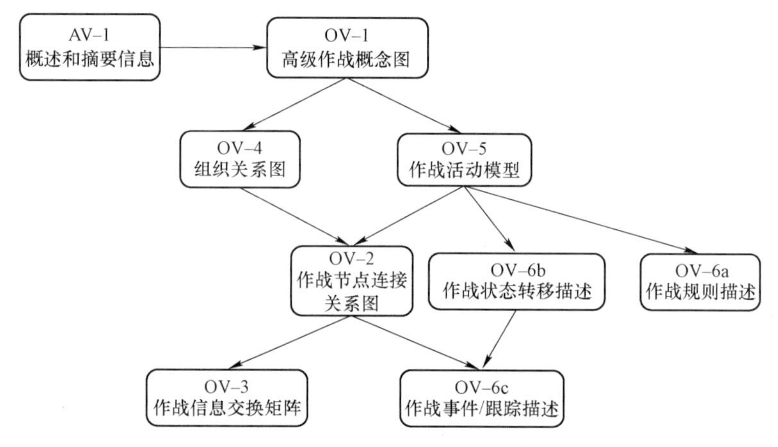

图 3.6 作战视图产品开发顺序图

（1）建立与系统相关的作战概念。该作战概念反映体系结构对应系统的基本使命、任务，以及完成任务的主要资源和关键过程。这个层次的作战概念是高层次的，以此为基础，形成高级作战概念图（OV－1）。

（2）在完成 OV－1 后，开发组织关系图（OV－4）和作战活动模型（OV－5）。分析作战任务的执行过程，建立 OV－5。对高层作战概念进行分析，用一系列相互关联的活动来描述这个概念，并构造作战过程或活动模型。该模型不仅反映作战过程、支持各过程的活动以及活动的组成关系，而且要确定活动之间的信息交换关系。虽然在进行活动动态特征分析时，作战活动模型还可能修改和完善，但在开发其他作战视图产品之前，必须形成较完整的活动模型，以支持后续产品的设计。

确定参战单元及其指挥关系。根据高级作战概念，确定执行所指派任务的作战力量及其指挥结构。指挥结构的关键元素是组织之间存在的指挥与协同关系，这就是开发 OV－4 所需要的数据。

（3）在完成 OV－5 后，可以开发作战规则描述（OV－6a）、作战状态转换描述（OV－6b）、作战节点连接关系图（OV－2）等产品，这些产品之间没有紧密的依赖关系，所以，它们可以在 OV－5 之后以任意顺序进行开发。

（4）在作战活动模型的基础上，设计约束作战活动模型的规则，并描述作战活动执行过程中作战状态的转换规则，形成 OV－6a 和 OV－6b。这两个产品的开发可以进一步完善作战活动模型，发现活动模型中存在的问题，及时补充、完善 OV－5。

（5）OV－2 必须在 OV－4 和 OV－5 开发之后开发。将作战活动分配到完成活动的单元，建立作战节点，同时建立作战节点与指挥组织之间的对应关系。根据作战活动的信息交换关系，建立作战节点连接关系，即需求线。需求线表示两个作战节点之间的信息流集合，这些聚合的信息交换都有类似的信息类型或共同的特征。根据这些信息生成 OV－2。利用 OV－2 的信息，定义 OV－5 中各作战活动的完成节点。

（6）OV－2 和 OV－6b 完成后，开发作战事件跟踪描述（OV－6c）。结合 OV－5、OV－6b 和 OV－2 中定义的作战事件、作战节点以及作战活动模型，基于一定的想定或背景，描述作战事件跟踪信息，生成 OV－6c。

（7）OV－2 开发后，确定信息交换需求。根据 OV－5 中描述的信息交换关系、OV－2 中定义的需求线，定义产生和消耗信息交换的活动、组织信息交换的作战节点以及它们所交换的信息元素，生成作战信息交换矩阵（OV－3）。

2）系统视图的开发

系统视图是作战视图中描述的信息交换的进一步详细描述，它把节点到节点的交换转换成系统至系统的传输、通信能力要求、安全防护需求等，或把这些系统至系统的信息交换分解为特定数据的产生和传送。系统视图一般需要一个详细程度一致的数据模型，描述数据的属性及关系。

系统视图主要描述系统节点以及系统节点之间的相互关系（包括通信关系和信息交互等）、系统功能、系统功能对作战活动的分配关系等。

SV－1 是系统接口关系。它由节点和连线组成。节点被称为系统节点，映射到 OV－2 中的作战节点。系统节点表示一个或多个作战节点的物理实现。SV－1 确定系统节点之间的接口、系统节点内的系统之间的接口和系统部件之间的接口。接口的形式是通信链路或路径。系统接口描述有四种变体：节点间透视图—节点边界到节点边界的接口、节点间透视图—系统到系统的接口、节点内透视图和系统内透视图，设计者根据体系结构的具体需要选择变体种类。

SV－2 是系统通信连接描述。它提供对系统接口的更详细的描述，着重表示 OV－2 中的需求线的物理实现，并描述关于通信元素和服务的相关信息。它有两类变体，一类是节点间透视图，另一类是节点内透视图。

SV－3 是系统关联关系。它描述在 SV－1 的节点间和节点内透视图中定义的系统之间的关系。它是 $N \times N$ 矩阵，所有系统被列为矩阵的行和列，假如两系统之间存在接口，那么与之对应的矩阵元素上就有接口描述。接口的特征包括状态（已有的、计划中的等）、类别（C2、情报等）、保密等级和方法（具体的网络）。

SV－4 是系统功能描述。它描述系统节点上的功能以及功能之间的数据流。系统功能实现 OV－5 中描述的作战活动。

SV－5 是系统功能与作战活动对应关系。它将系统体系结构与作战体系结构相关联，反映了将作战视图中的作战活动分配给系统视图中的系统功能的结果。作战活动和系统功能之间可以是“多对多”的关系，即一个活动可以由多个系统功能支持，一个系统功能通常可以支持多个活动。

SV－6 是系统信息交换矩阵。它与作战信息交换矩阵（即 OV－3）类似，是 OV－3 的实现。采用表格的形式描述一个节点内的系统之间和不同节点的系统之间的信息交换。与每个系统信息交换元素相关的是系统功能，它产生或接收系统信息元素。该产品描述信息元素的典型特征，如内容、媒体、格式、安全等级、交换频率、时间需求等。

作战视图产品开发后，就可以开发系统视图产品。系统视图产品的开发顺序如图 3.7 所示。

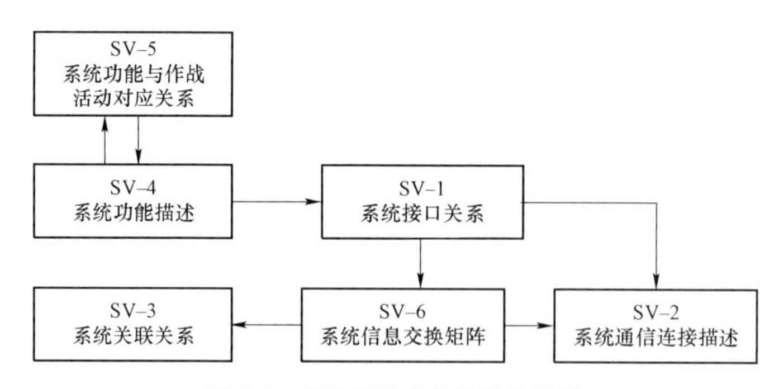

图 3.7 系统视图产品的开发顺序

系统视图产品设计首先要进行系统功能分析，开发系统功能与作战活动对应关系（SV－5）和系统功能描述（SV－4）。SV－4 和 SV－5 的开发顺序分为两种情况来讨论。

对于现有（As-Is）体系结构，先开发 SV－4，后开发 SV－5。对现有系统进行功能分析，确定现有系统所提供的系统功能，确定功能和有关子功能之间的逻辑关系，开发 SV－4；建立现有的系统功能与它们所支持的作战活动的对应关系。利用 SV－4 和 OV－5，将现有的系统功能映射到它们所支持的活动上，建立系统功能与作战活动对应关系（SV－5）。根据二者的映射关系，发现系统功能的不足和需要修改、完善的内容，修改 SV－4，完善 SV－5。

对于未来（To-Be）体系结构，先开发 SV－5，后开发 SV－4。根据 OV－5 中定义的作战活动以及相互关系，确定为支持活动完成系统所需要的系统功能，明确各系统功能对作战活动的支持作用，建立 SV－5；确定系统功能之间的关系：根据 SV－5 中确定的系统功能，分析这些系统功能，确定各系统功能的组成以及相互关系，建立 SV－4。分析作战节点的结构、各节点完成的活动，以及系统功能对作战活动的支持作用，对系统功能进行分配，建立系统节点、系统以及相互关系；根据功能之间的信息交换关系，确定系统接口关系，以建立 SV－1。

在得到 SV－1 之后，针对 SV－1 定义的数据交换以及系统功能之间的信息交换关系，详细设计与数据交换的相关信息，开发 SV－6。进而开发 SV－3 系统相关矩阵。

完成 SV－6 后，根据 SV－1 中定义的系统接口关系，以及 SV－6 中提出的数据交换要求，选择合适的通信方式实现系统接口关系，开发 SV－2。

3）技术视图产品开发

技术体系视图提供技术方面的系统执行标准，这些标准是工程规范、通用建设模块、产品线开发的基础。技术体系视图包括两个产品：技术体系（TV－1）和技术预测（TV－2）。

技术视图产品的开发步骤如下。

（1）确定可运用的服务领域：在开发 TV－1 技术标准配置文件的初始阶段，用 OV－5 作战活动模型来确定可运用的服务领域。确定体系结构所用的针对这些服务领域的标准。我们可以从已有的标准源[如 ISO（国际标准化组织）、IEEE（电子电气工程师学会）、DII-COE（国防信息基础设施通用操作环境）等]中确定标准。随着 SV 产品开发的进行，利用 SV－1 中的系统接口信息来确定其他的服务领域，从而确定要包含到 TV－1 中的相应标准。

（2）确定没有公认标准的领域：将 SV－4/SV－5 中所确定的系统功能与 TV－1 中所确定的服务领域进行比较，从而确认还没有形成标准的领域。将这些领域记录到 TV－2 技术预测中。

（3）确认正在形成的标准：对于还没有公认标准的服务领域，确定出正在形成的标准以及采用新标准的预期时间。将这些信息添加到 TV－2 中。在某些情况下，正在形成的标准可能已经用于一些接口，并因此在 SV－1 中有所反映。如果出现这种情况，这些正在形成的标准也应该作为经过实践的标准而存入 TV－1 中。

3.3.3 基于体系结构底层数据的可执行模型构建

执行可执行体系结构时，先启动 OV－5。在 OV－5 中，各对象按照各自的行为特性进行执行，当该对象的事件发生时，触发相应作战活动时序图 OV－6c 的执行。作战活动时序图会对相应作战活动节点包含的作战活动进行执行，作战活动的执行会触发相应的作战活动模型的执行。由相应行为单元触发各自对应的系统功能时序图，表示支持该行为单元的系统功能是如何进行执行的。在系统功能执行时，会进行系统数据交换，此时会将相应的系统数据交换对应到具体的通信描述中，即由更具体的通信网络、通信系统等来完成通信任务。通信系统完成通信任务后，会把数据传输的结果以及统计信息返回给调用的系统功能，并由系统功能决定此次数据传输是否有效以及可用。系统功能将执行情况返回给调用的行为单元，并由它决定系统功能执行的有效性以及可用性。作战活动模型最终将运行结果信息返回给作战活动时序图，由作战活动确定作战活动过程模型执行的有效性以及可用性，将最终运行结果信息返回给作战活动模型，以确定事件的处理情况并对任务的完成情况进行评估。可执行体系结构执行过程如图 3.8 所示。

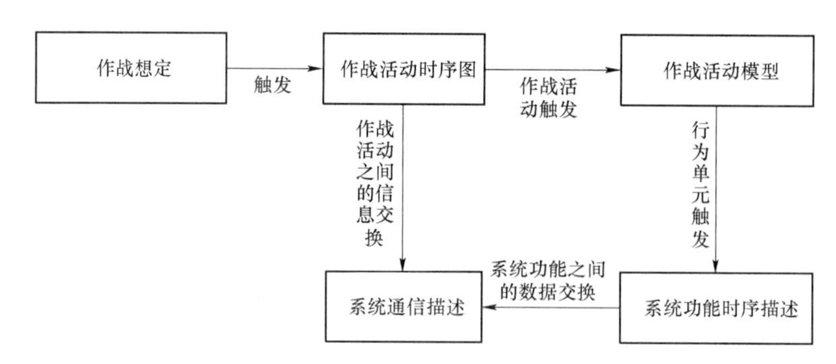

图 3.8 可执行体系结构执行过程

设计体系结构执行框架的目的是将所有可能执行的体系结构产品串起来，形成一个统一的执行环境，便于可执行体系结构进行可执行产品扩展。体系结构执行框架由两部分组成：主执行程序和事件处理。

1. 主执行程序

主执行程序是可执行体系结构开始执行的地方，它主要是初始化各种运行参数信息，根据配置信息加载各种动态库，并将启动 Application 当前的 Project 的所有任务想定图的执行，为每个任务想定图分配一个执行线程，进行独立执行。

2. 事件处理

主执行程序初始化所有参数、启动任务想定图的执行后，将进入事件处理状态。事件处理是对事件队列上的事件进行处理，按照“先进先出”的原则，逐个处理事件。事件处理来自各个可执行体系结构产品，如任务想定图中对象上的事件发生时，就会产生相应的事件，并挂到事件处理队列上，等待进行处理。作战活动时序图中的作战活动触发对应作战活动过程模型的执行，会产生相应事件，行为单元的执行也会产生相应事件，系统功能进行数据交换时也会产生相应事件，并由系统通信描述来执行数据传递。事件的格式见表 3.2。

表 3.2 事件的格式

字段名称	类型	说明
Event_Type	Int	事件类型，如对象触发作战活动时序图类型，作战活动触发作战活动过程模型类型，行为单元触发系统功能时序图类型，系统数据交换触发系统通信描述类型
Trigger_Object_Name	String	触发事件对象的名称，如任务想定图中的预警机
Trigger_Object_Type	Definition	触发事件对象的类型，如任务想定图中对象(Task Object)，或者作战活动时序图中的作战活动 (Business Activity) 等
Event_Process_Name	String	事件处理的名称，如“拦截时序图”
Event_Process_Type	Diagram	事件处理的类型，即是由哪种类型的图来处理这个事件的，如处理任务想定图中的对象上发生的事件的类型为“作战活动时序图”
Param_Object	Definition	参数对象，根据事件类型可以确定传递的参数对象的类型和内容

事件定义格式主要说明由谁触发事件以及事件类型，并由谁处理，以及处理事件的类型、传递的参数对象是什么。事件处理从事件队列上按照“先进先出”的原则获取事件，并对事件进行解析，获取事件处理的名称和类型，然后将参数对象传递给该事件处理。如果该事件处理图未加载，事件处理将

加载该图，并为该图分配一个线程，进行独立执行。事件处理过程如图 3.9 所示。

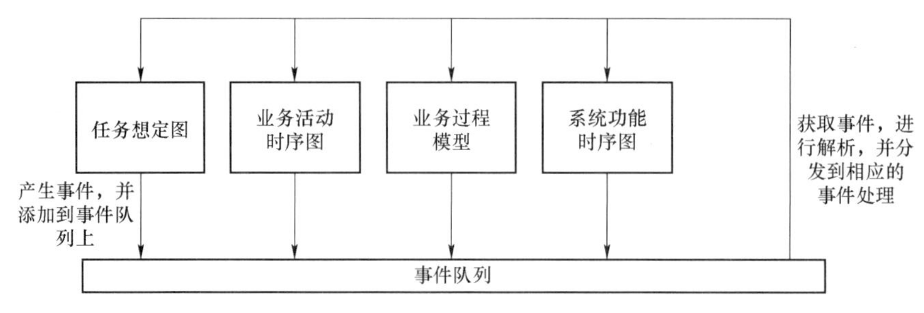

图 3.9　事件处理过程

3.3.4　体系结构建模与效能评估模型设计

1. 体系效能评估

在“低慢小”航空器防控平台体系模型的基础上，对其效能进行评估是支撑体系结构优化设计的重要途径，为此需要构建完善的效能评估指标体系，找到并建立效能指标与体系模型要素之间的映射关系，通过模型的仿真运行评估“低慢小”航空器防控平台总体设计的合理性。

1）效能评估指标体系构建

对于不同的防控应用场景，其所需要考虑的能力评估指标也各不相同。从总体上来说，各种场景下的能力评估指标可以分为性能指标和效能指标两类，通过分析性能指标对效能指标的影响，可以为设计和优化不同场景下的能力指标提供指导。

性能 MoP：包括不同想定下，探测系统、拦截系统、指挥控制系统、基础通信网络以及关键保障要素的核心战技指标。

效能 MoE：主要系统的可靠性，目的是分析流程时间的可靠性，具体从两个量化指标进行衡量：一是“低慢小”航空器来袭的实际范围；来袭“低慢小”航空器的预警时间，二是“低慢小”航空器防控平台实际执行拦截行动的可靠性。

“低慢小”航空器防控平台体系效能评估指标体系包括单项能力指标体系和总体效能指标体系，其中单项能力指标体系主要表征协同防控平台各实体要素的客观能力，设计上必须覆盖“低慢小”航空器防控平台三类系统，即预警探测、复合拦截、指挥控制系统，单项能力指标一般是静态的，主要基于各分系统的使用要求和战技指标进行设计；总体效能指标主要表征“低慢小”航空器协同防控平台作为一个整体的总体能力，这个能力是动态的，会随着单项能力指标的变化而演化，因此还必须分析构建总体指标与单项指标的关联模型。

2）效能评估方法研究

在进行体系效能评估时，重点要评估三方面的内容：一是要针对具体的防控场景，分析在已有体系要素支持下，能否实现预定的目标、实现的程度如何，并进而在此基础上，评估各关键体系要素对实现预定目标的影响程度；二是要验证分析防控体系运转过程中，其业务流程执行的正确性、合理性，即分析业务流程在执行过程中是否会存在冲突、死锁、重复循环以及资源紧缺等现象；三是要对防控平台的体系设计方案中关键指标进行综合评估，包括对拦截预案的合理性、可靠性、完成拦截任务的能力等进行综合分析，为体系优化提出意见建议。

通过可执行模型编辑，可以对不同设计指标的防控平台体系模型进行仿真演示，对仿真结果进行统计分析等处理，可以更加准确地找到单项能力指标与总体效能指标之间的关联关系，这一处理过程必须依靠科学的效能评估方法，目前常用的方法包括 AHP（层次分析法）模型、多属性效用评估模型、线性回归模型、统计处理模型、灵敏度分析模型等。

2. 体系建模与效能评估原型软件框架设计与研制

“低慢小”航空器防控体系仿真应用系统是在商用软件 UPDM、应用演示工具的基础上，通过对“低慢小”航空器防控平台典型应用场景下作战体系结构的设计，再辅以仿真实验配置模块与体系效能评估模块，实现对协同防控平台作战体系设计方案的分析以及相关效能指标的分析评估。“低慢小”航空器协同防控平台体系建模与效能评估软件包含三个模块，依次为体系设计、应用展示以及效能评估。从总体上看，该软件的设计实现的流程主要包括作战构想设计、作战体系设计、可执行模型生成与编辑、体系方案仿真分析以及应用演示等五项主要内容，具体如图 3.10 所示。

作战构想设计：以 STK 工具为基础，结合“低慢小”航空器防控平台典型应用场景的具体需求，对“低慢小”航空器防控平台作战体系的要素构成、信息交互关系、作战流程以及能力需求等内容进行初步设计，采用三维场景的方式进行展现，初步明确典型场景下“低慢小”航空器防控平台体系作战的总体构想。

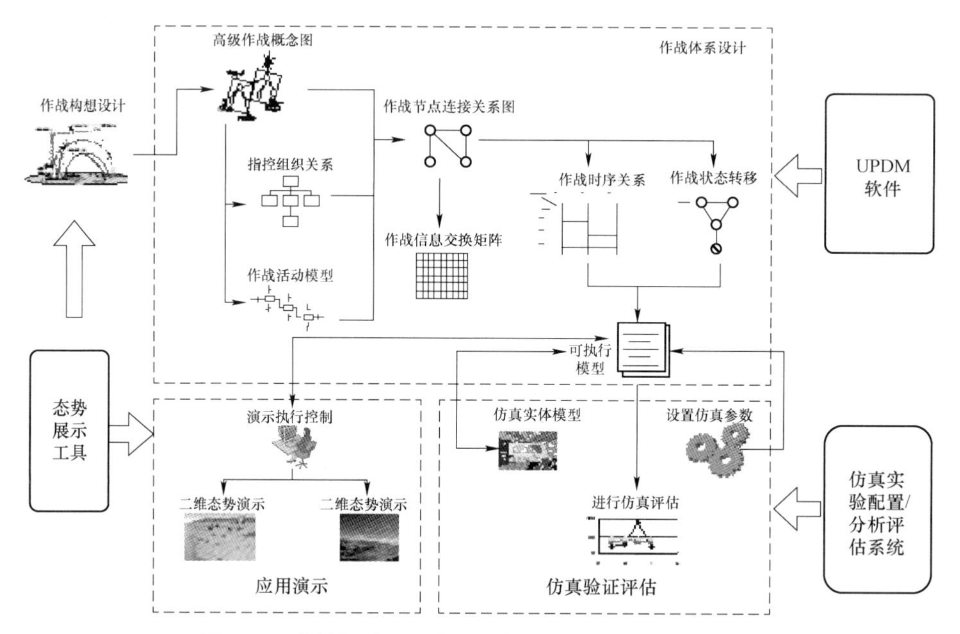

图 3.10 软件设计开发的总体技术思路（书后附彩插）

作战体系设计：在作战构想设计成果的指导下，运用武器平台论证工具UPDM，对典型场景下“低慢小”航空器防控平台作战体系的体系结构进行详细设计，设计的内容包括高级作战概念图、作战节点连接关系图、作战信息交换矩阵、指控组织关系、作战活动模型、作战状态转换和作战事件时序等核心体系结构产品。在 UPDM 的设计中，可以包含对现阶段各作战节点的逻辑模型进行分析，可通过加载对应逻辑模型的 dll 动态链接库，完成对作战节点的具体仿真。

可执行模型生成与编辑：在“低慢小”航空器防控平台作战体系体系结构设计成果的基础上，利用武器平台论证工具 UPDM 提供的转换机制，将作战活动模型、作战状态转换以及作战事件时序等状态图和时序图产品设计的内容，转换为动态的可执行模型，并在此基础上，根据具体需求，编写调用仿真实体模型以及应用演示程序的函数与代码。

体系方案仿真分析：以体系结构设计方案中生成的可执行模型为基础，利用开发的仿真实验配置模块与体系效能评估模块，对可执行模型中的初始参数以及仿真实体模型的输入参数进行配置，并通过可执行模型的运行，采集仿真实验数据，实现对体系设计方案中的作战流程以相关效能指标的分析评估。

应用演示：在可执行模型的运行过程中，应用演示软件根据接收到的仿真实验方案以及视景驱动数据，分别进行不同应用场景的展示，以实现仿真场景的可视化。

“低慢小”航空器防控平台体系建模与效能评估软件的主要设计框架如图 3.11 所示。红色虚线框内表示项目需要完成的设计部分，包含仿真方案配置界面、STK 展示平台、UPDM 体系结构设计工具以及体系效能评估软件。计算模型的动态链接库研究不在本项目的设计范围内，UPDM 同计算模型进行数据交互的接口可设计好，留待下一步工作研究。

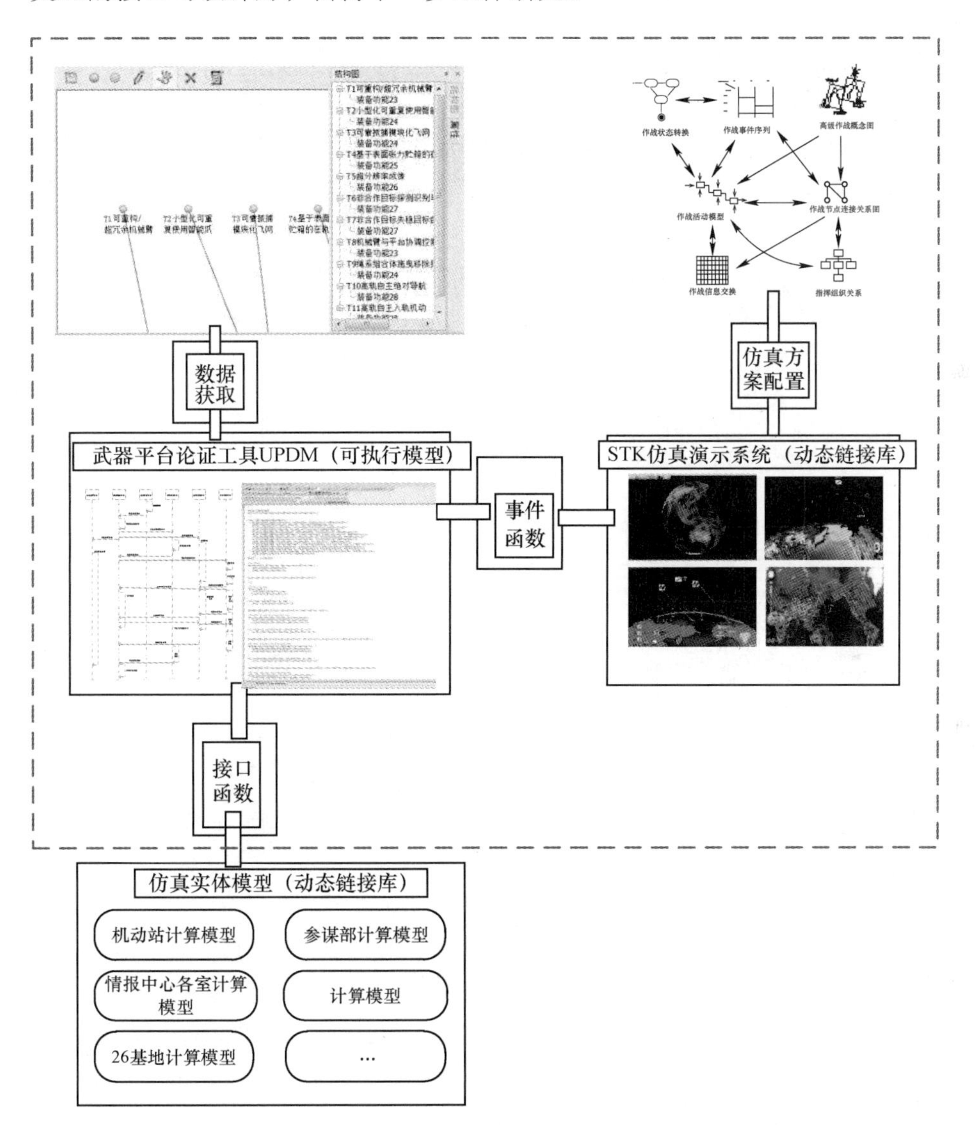

图 3.11　体系建模与效能评估软件设计框架（书后附彩插）

3.4 “低慢小”航空器协同防控平台体系结构设计应用

3.4.1 “低慢小”航空器协同防控平台体系结构框架

框架是描述事物的规范。体系结构框架是对体系结构描述内容和描述形式的规范。在民用领域，Zachman 最早提出了信息系统体系结构的框架，国际开放组织（The Open Group）提出了适用于企业的 TOGAF（开放组架构框架），美国国防部先后提出 DoDAF1.0、DoDAF2.0，英国、挪威、北约等国家和组织也提出了适合自己使用信息系统的体系结构框架。这些国家和组织的体系结构都是针对特定领域信息系统设计而建立的。对于“低慢小”航空器协同防控平台，其核心的内容是作战流程、系统组成、技术发展等方面，基于这些方面的需求，我们可以采用基于 DoDAF1.0 框架的三视图架构，将“低慢小”航空器协同防控平台从全视图、作战视图、系统视图、技术视图方四个方面进行描述。建立相应的体系结构框架和框架产品，见表 3.3。

表 3.3 “低慢小”航空器协同防控平台框架视图产品组成

序号	视图	产品代号	名称	概要描述
1	全视图（AV）	AV－1	概述和摘要信息	介绍与“低慢小”目标防御系统架构设计相关的整体性、概要性信息，主要包括针对的用户、提出经过、使命、任务、设计目的、使用要求、使用单位，与设计相关的视图产品等内容
2		AV－2	综合词典	“低慢小”目标防御系统体系结构采用的全部术语及其定义
3	作战视图（OV）	OV－1	高级作战概念图	顶层作战概念的图形和文本描述
4		OV－2	作战节点连接图	作战节点及节点间信息交换连接关系描述
5		OV－3	作战信息交换关系	节点间交换的信息及其相关属性描述
6		OV－4	组织关系图	组织体系构成及组成部分之间的关系
7		OV－5a	作战活动分解树	描述使命任务、作战活动分解关系

续表

序号	视图	产品代号	名称	概要描述
8	作战视图（OV）	OV－5b	作战活动模型	描述作战活动之间的输入和输出关系
9		OV－6a	作战规则模型	描述作战活动的执行规则
10		OV－6b	作战状态转移描述	响应作战事件的作战过程
11		OV－6c	作战事件跟踪描述	跟踪作战想定或事件序列中的活动
12		OV－7	逻辑数据模型	信息需求文档和作战视图的结构化作战过程规则
13	系统视图（SV）	SV－1a	系统组成描述	系统、系统组件的层次关系
14		SV－1b	系统连接关系图	系统节点、系统、系统组件之间的连接关系
15		SV－2	系统通信连接描述	系统节点、系统、系统组件之间的通信连接关系
16		SV－3	系统关联关系	确定系统间的相互关系
17		SV－4	系统功能描述	系统的功能和系统功能之间的数据流
18		SV－5	系统功能与作战活动对应关系	描述系统功能对作战活动的支撑
19		SV－6	系统数据交换关系	系统间交换的系统数据元素及相关属性
20		SV－7	系统性能参数描述	系统在某一时间段内的性能特征
21	技术视图（TV）	TV－1	技术体系	定义管理、设计和研制“低慢小”目标防御体系，需要遵循的各种技术、作战和日常作战技术，以及相关的指南、政策条文等规范
22		TV－2	技术预测	对TV－1中列出的技术的期望改变，对新生技术进行详细描述

作战视图从“低慢小”目标防御系统作战使用过程中的各种要素配置及其信息关系的角度，描述作战概念、作战使命任务、作战节点及连接关系、作战信息交换关系、组织关系、作战活动、作战流程和逻辑数据模型等。

系统视图从系统各组成要素及其关系的角度，描述“低慢小”目标防御系统组成、连接关系、通信关系、接口特征、系统功能、功能与作战活动对应关系、系统与能力对应关系、数据交换关系、性能参数、系统演进、关键技术发展设想、系统规则模型和物理数据模型等。

技术视图是从管理、设计和研制“低慢小”目标防御体系的角度，描述相关的作战、日常作战、技术、工业标准、工程实施约定、规则准则等标准规范及其发展设想。

三类视图相互关联，具有导出和支撑关系，构成完整的体系。此外，全视图概括性描述整个体系结构开发的目的、范围、背景和有关词汇，为以上三类视图的描述提供必需的信息。

3.4.2 “低慢小”航空器协同防控平台体系结构核心要素关系分析

不同的“低慢小”航空器协同防控平台体系结构要素在体系结构中起着不同的作用，其中，起着关键作用的要素称为“低慢小”航空器协同防控平台体系结构核心要素，即使命、任务、作战流程、作战活动、信息、组织、系统功能、系统、技术等，它们之间的关系如图 3.12 所示。

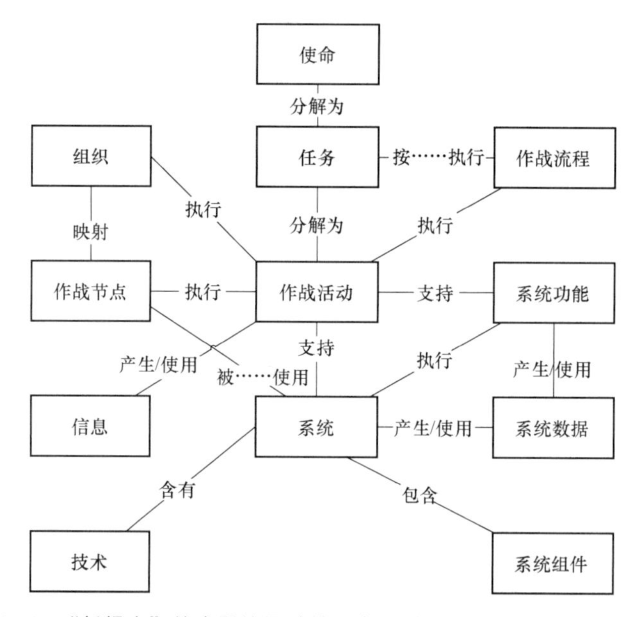

图 3.12 “低慢小”航空器协同防控平台体系结构核心要素之间的关系

（1）使命描述了当前或未来要达成的目标，可以分解为任务，任务又分解为作战活动，可以按一定作战流程把作战活动组织起来。

（2）组织执行作战活动，作战节点是执行特定作战活动的逻辑实体，组织与作战节点是映射关系，如指挥所是组织，指挥所也可以看作作战节点，执行指挥决策的作战活动。组织在作战流程中使用并达成作战效果，作战活动执行过程中需要使用和产生信息。

（3）系统通过系统功能支持作战活动的执行，系统运行或系统功能执行中会产生或使用数据。

（4）系统包含系统组件，组成系统的可以是装备或者软件系统，它们在组成系统时都需要遵循一定的技术或标准。

在以数据为中心的“低慢小”航空器协同防控平台体系结构设计过程中，这些核心要素在不同的体系结构产品中被唯一定义，并被其他产品引用。如作战活动在作战活动模型产品（OV－5a）中定义，而在 OV－5b、OV－2，OV－4，OV－6a 中使用。

3.4.3 “低慢小”航空器协同防控平台体系结构作战视图设计

“低慢小”航空器协同防控平台体系结构作战视图描述了作战行动或业务活动参与者的关系和信息需求，包括高级作战概念图（OV－1）、组织关系图（OV－4）、作战活动分解树（OV－5a）、作战活动模型（OV－5b）、作战节点连接关系图（OV－2）、作战事件跟踪描述（OV－6c）、作战信息交换矩阵（OV－3）、作战规则描述（OV－6a）、作战状态转移描述（OV－6b）、逻辑数据模型（OV－7）共 10 类模型。

1. “低慢小”航空器协同防控平台体系结构作战视图开发步骤分析

“低慢小”航空器协同防控平台体系结构作战视图产品的开发顺序如图 3.13 所示，具体如下。

第一步：分析“低慢小”航空器协同防控平台系统的基本使命、任务，以及完成任务的关键过程。以此为基础，建立作战构想，形成高级作战概念图（OV－1）。

第二步：根据 OV－1，确定指挥组织单元及结构关系，建立指挥体系描述主要组织单元的内部职能构成，建立组织关系图（OV－4）；对“低慢小”航空器协同防控平台使命进行分解，梳理明确达成使命需要完成的作战任务，并将任务以合适的力度分解，形成作战活动分解树（OV－5a）。

第三步：在作战活动分解树（OV－5a）基础上，开展作战活动分析，分析作战活动之间的执行顺序、同步、分支、选择等关系，建立作战活动模型（OV－5b）。

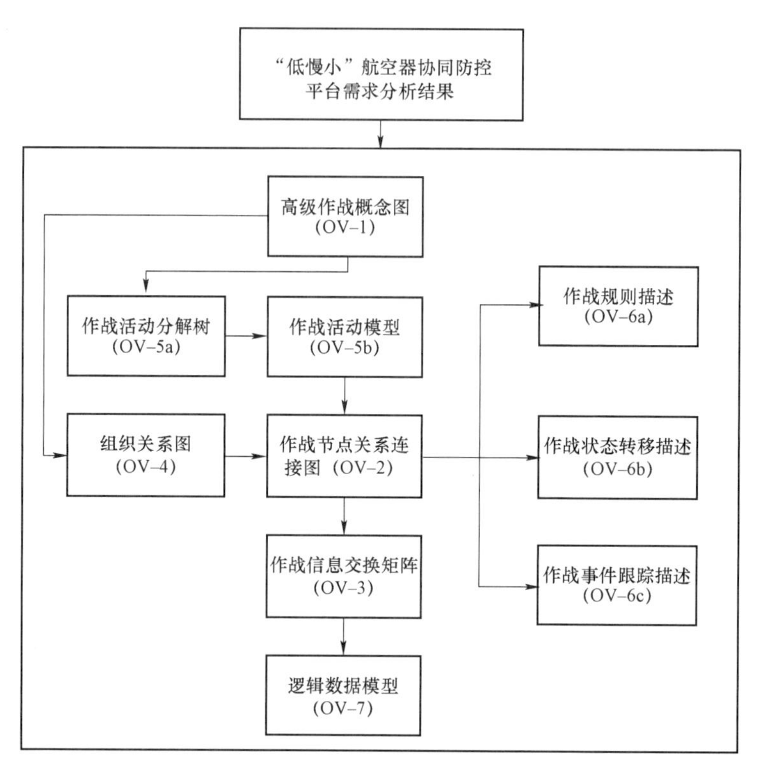

图 3.13 作战视图产品的开发顺序

第四步：将作战活动分配到组织机构和作战单元，建立作战节点。根据作战节点完成的作战活动，分析目标体系结构各个节点的信息交换需求，明确开展作战活动时所需传递、处理信息的类型和要求，形成作战节点关系连接图（OV–2）。

第五步：对作战节点间需求线上的信息交换进行细化完善，补充信息元素、传输特征、安保特征等内容，形成作战信息交换关系矩阵（OV–3）。

第六步：在完成作战节点关系连接图（OV–2）和作战信息交换关系矩阵（OV–3）后，设计作战规则描述（OV–6a）、作战状态转移描述（OV–6b）和作战事件跟踪描述（OV–6c）。

第七步：对作战信息交换关系矩阵（OV–3）中的信息，设计相关属性并建立起它们之间的关系，形成逻辑数据模型（OV–7）。

2. 高级作战概念图（OV–1）

OV–1 的具体描述为：指控系统负责整个“低慢小”航空器防控过程的指

挥控制。指挥控制系统指挥雷达装备、光电装备搜索和巡逻，后者发现“低慢小”航空器后，向指挥控制系统报告。指挥控制系统进行信息融合、判断决策后，制订拦截方案，指挥网弹拦截装备、激光拦截装备、无线电拦截装备、无人机拦截装备对“低慢小”航空器实施拦截。同时，雷达装备、光电装备收集目标态势信息，实时地向指挥系统汇报。并且，雷达装备、光电装备将侦察的信息传递给网弹拦截装备、激光拦截装备、无线电拦截装备、无人机拦截装备，以引导其瞄准“低慢小”航空器，对其实施拦截防御。图 3.14 中，蓝线表示侦察链，红线表示打击链。

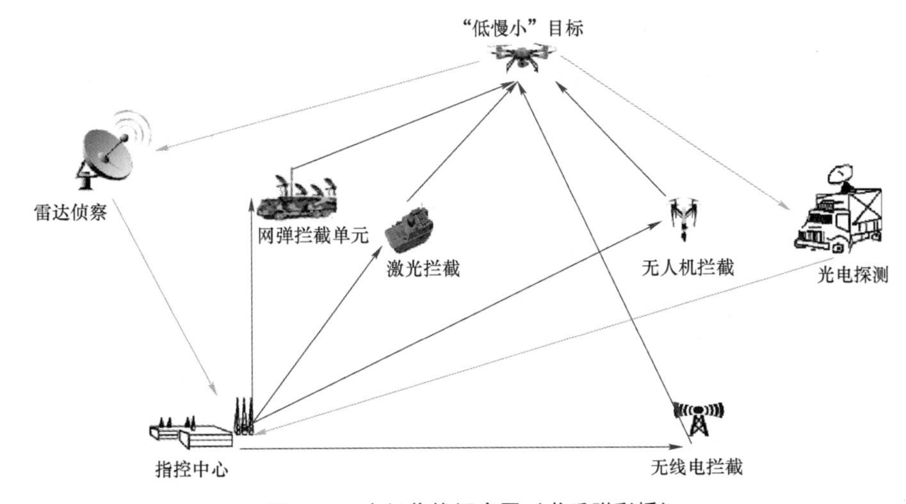

图 3.14 高级作战概念图（书后附彩插）

3. 作战节点连接关系图（OV－2）

作战节点连接关系图（OV－2）说明了“低慢小”航空器协同防控平台作战节点以及它们之间交换的信息交换需求。该模型在高级作战概念图（OV－1）的基础上，进一步细化重要的作战节点以及它们之间的信息交换需求。作战节点是在作战视图中产生、使用、处理信息的单元，作战节点不完全是实际物理设施，可根据作战任务或使命建立虚拟的或逻辑节点。需求线描述节点间进行的信息交换需求，用箭头表示信息流的方向，并用标识和文本注释交换的主要信息类型。作战节点连接关系图中作战节点完成的作战活动来自作战活动分解树（OV－5a）中的作战活动。“低慢小”航空器协同防控作战指挥中心的作战节点连接描述的部分产品设计如图 3.15 所示。指控中心向探测设备下达探测命令，向各拦截节点下达拦截命令，各探测节点向指控中心上报探测信息，各拦截节点向指控中心上报实施态势。各探测节点向拦截节点传递目标信息，以达到即探测、即拦截的防御总体目标。

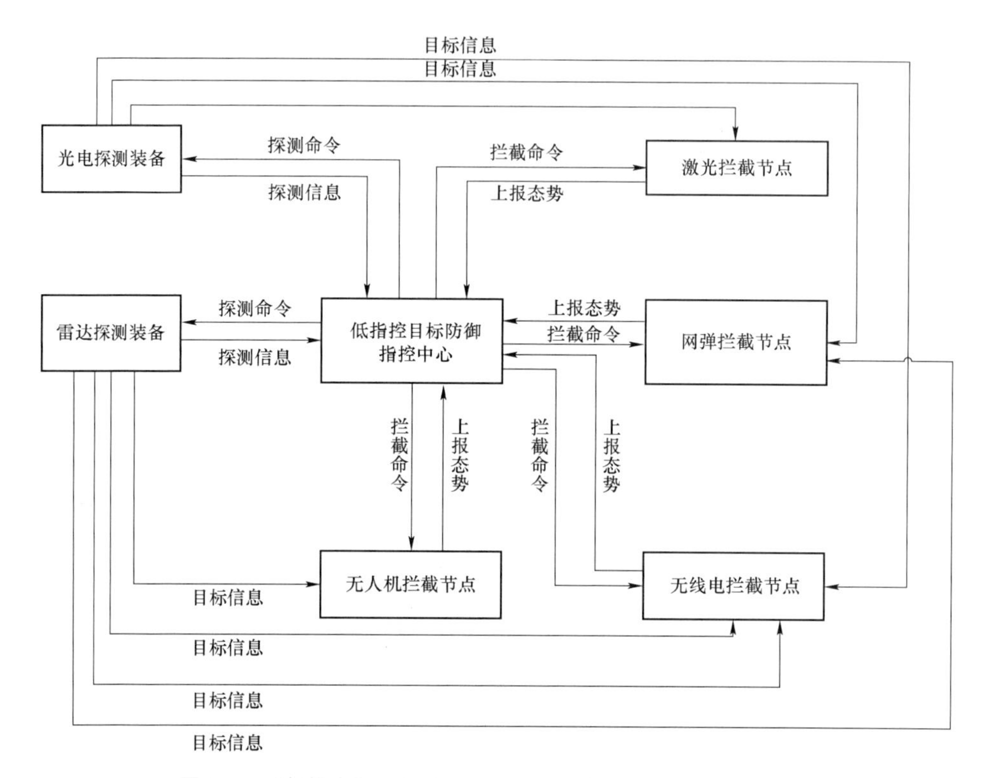

图 3.15 “低慢小”目标防御系统作战节点关系描述（OV－2）

4. 作战活动分解树（OV－5a）和作战活动模型（OV－5b）

“低慢小”航空器协同防控平台作战活动分解树（OV－5a）描述了“低慢小”航空器协同防控平台作战活动分解关系。作战活动在作战活动分解树中被唯一定义，被其他作战视图产品引用。“低慢小”航空器协同防控平台作战任务可以分解为侦察监视、信息综合处理、指挥控制、拦截打击和机动部署。各个作战活动可以进一步分解，如侦察监视可分解为光电侦察、雷达侦察活动，光电侦察活动可以进一步分解为全景探测、光电跟踪和目标信息上报子活动等，如图 3.16 所示。在每个作战活动的具体描述中，对作战活动的指标进行了相关描述，表示作战活动对“低慢小”航空器协同防控平台需求的支持情况。如侦察监视作战活动的指标包括侦察距离、侦察开始时间、发现目标时间、目标位置等。

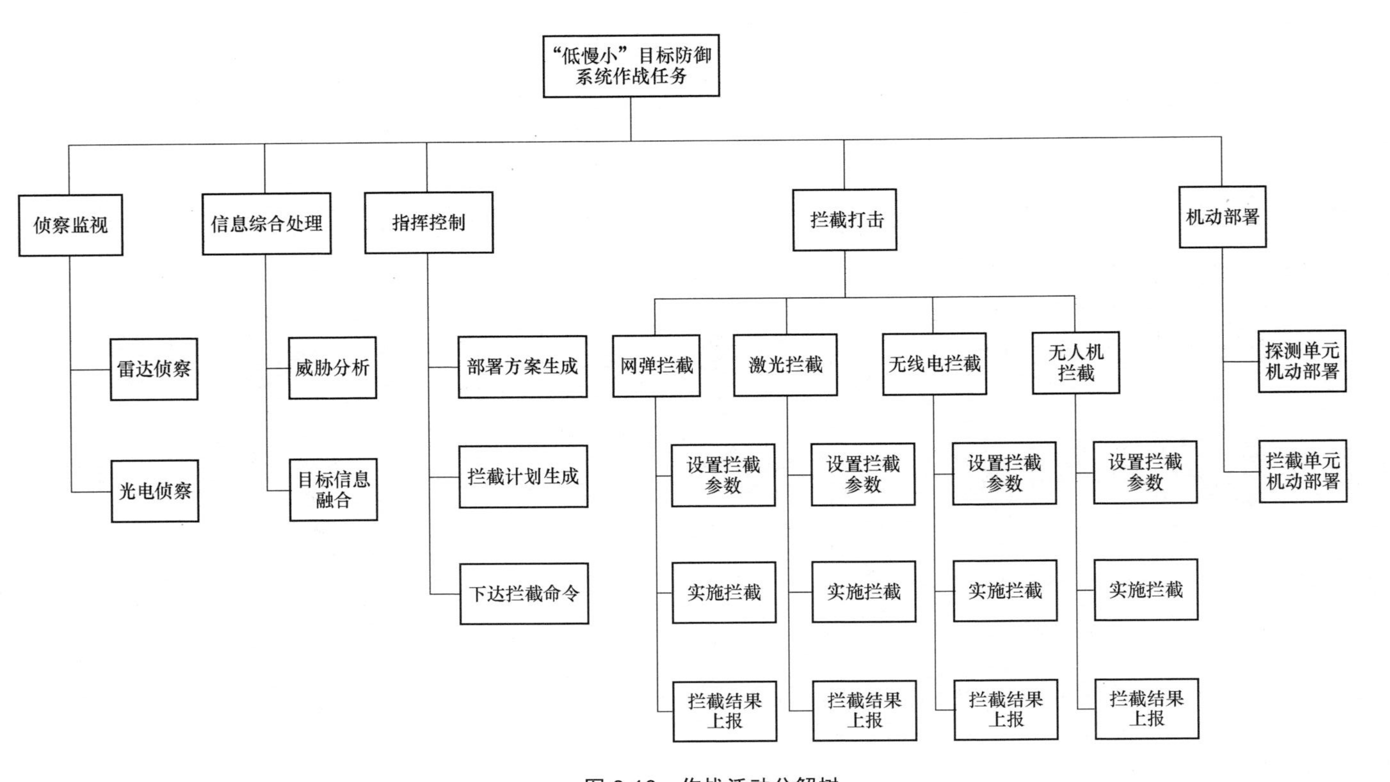

图 3.16　作战活动分解树

“低慢小”航空器协同防控平台作战活动模型（OV－5b）描述了作战活动之间的信息输入和输出关系。作战活动模型不仅可以定义体系结构完成的作战活动，而且可以为作战规则描述（OV－6a）、作战状态转换描述（OV－6b）和作战事件跟踪描述（OV－6c）的设计奠定基础。采用 IDEF0 语言描述“低慢小”航空器协同防控平台作战活动模型。作战活动模型采用层层分解的方式进行描述，下一层的作战活动模型支持上一层的活动完成。其顶层作战活动模型如图 3.17 所示。侦察监视活动向信息综合处理活动传递侦察信息，向拦截打击传递“低慢小”航空器位置信息，信息综合处理向指挥控制活动传递融合信息，指挥控制活动传递机动部署命令给机动部署活动，传递指控命令给拦截打击活动，拦截打击活动上报拦截打击效果至指挥控制活动。

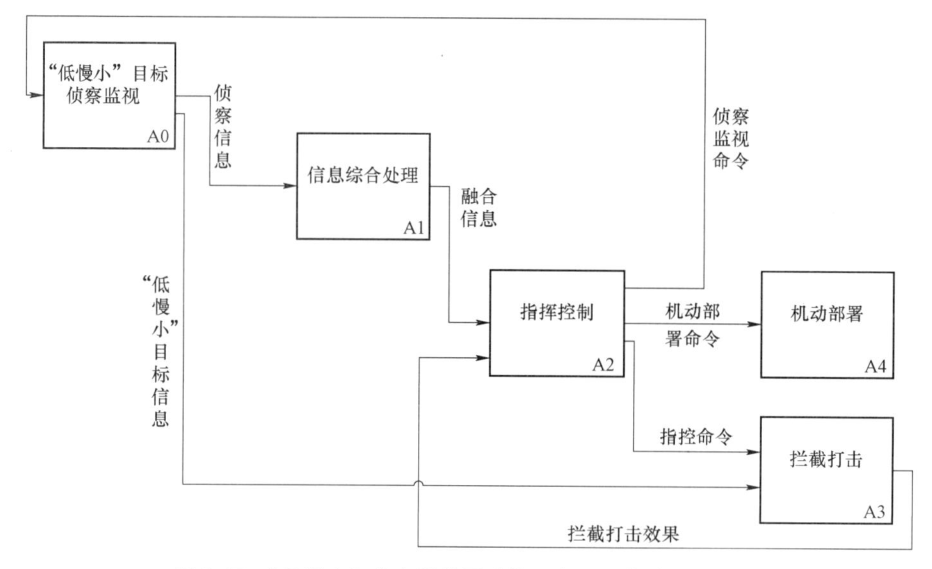

图 3.17 “低慢小”航空器协同防控平台顶层作战活动模型

5. 作战规则描述（OV－6a）

“低慢小”航空器协同防控平台作战规则描述（OV－6a）的产品设计分为探测阶段和指挥拦截阶段。在探测阶段，“低慢小”航空器协同防控平台指控中心接受上级安保任务之后，下达各探测装备和拦截装备的部署计划和命令，各探测装备开始进行目标侦察和探测，如图 3.18 所示。在指挥拦截阶段，“低慢小”航空器协同防控平台指控中心接收到探测单元的探测信息后，制订拦截部署方案，下达拦截命令到各拦截单元。各拦截单元结合探测单元的位置信息，对“低慢小”航空器进行实时拦截，如图 3.19 所示。

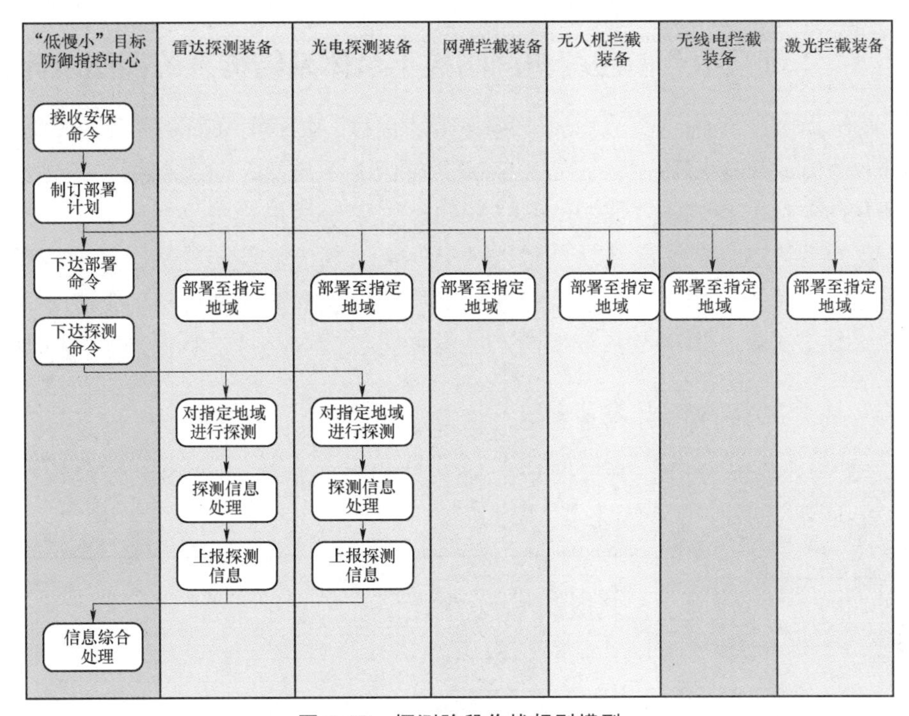

图 3.18 探测阶段作战规则模型

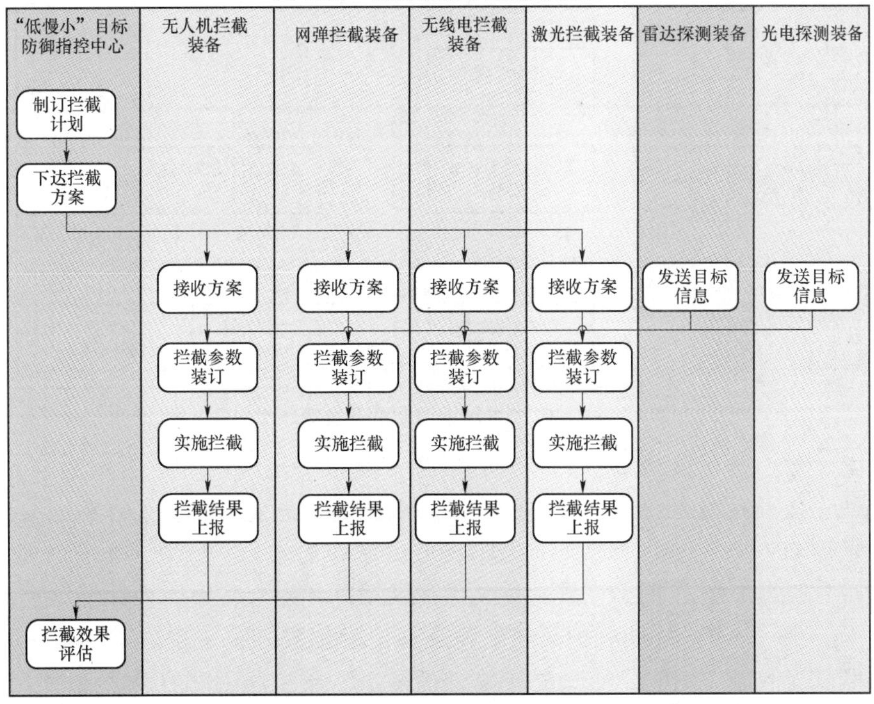

图 3.19 指挥拦截阶段作战规则模型

3.4.4 “低慢小”航空器协同防控平台体系结构系统视图设计

系统视图从系统各组成要素及其关系的角度，描述“低慢小”航空器协同防控平台组成、连接关系、通信关系等，包括 8 个产品，具体包括：系统组成描述（SV－1a）、系统连接关系图（SV－1b）、系统通信连接描述（SV－2）、系统关联关系（SV－3）、系统功能描述（SV－4）、系统功能与作战活动对应关系（SV－5a）、系统数据交换关系（SV－6）、系统性能参数描述（SV－7）。本部分介绍具体开发顺序和典型系统视图产品设计（包括 SV－4、SV－1a、SV－1b）。

1. 体系结构视图开发步骤

“低慢小”航空器协同防控平台体系结构系统视图产品的设计建议按照图 3.20 所示顺序进行。其具体步骤如下。

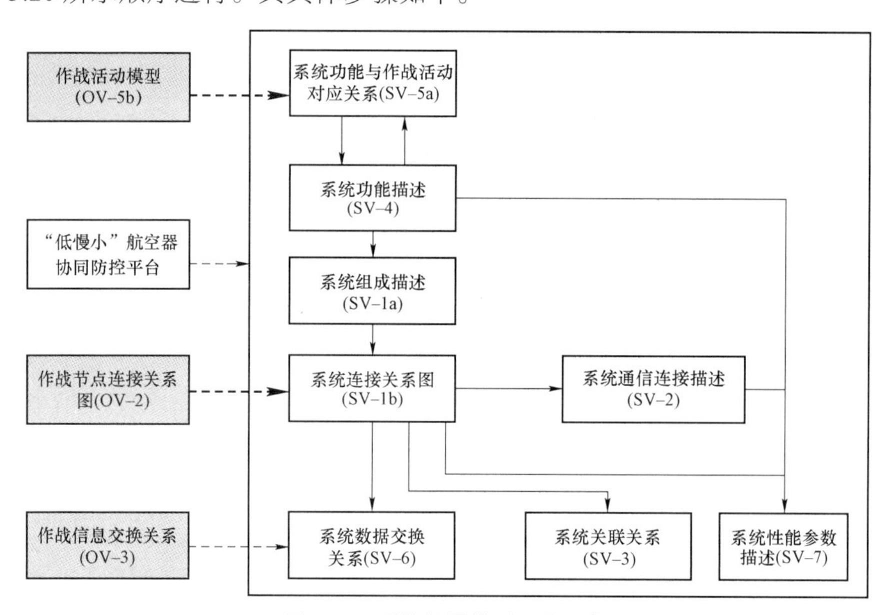

图 3.20 系统视图模型开发顺序

第一步：分为两类情况。

第一类情况是在进行新研“低慢小”航空器协同防控平台的体系结构设计时，根据 OV－5 描述的作战活动及其相互关系和需求分析结果，确定完成活动所需要的系统功能，明确系统功能与作战活动间的对应关系，在此基础上设计 SV－5a。基于 SV－5a 明确的系统功能及其相互关系，设计 SV－4。

第二类情况是在升级或改造现有“低慢小”航空器协同防控平台时，首先对现有系统功能进行分析，形成初步的 SV－4，将已有系统功能映射到它们所支持的作战活动上，对没有完全支持或未支持的作战活动补充系统功能，完善 SV–4，在此基础上，建立完整的系统功能与作战活动映射关系，形成 SV–5a。

第二步：在得到 SV–4 之后，根据作战节点连接关系图（OV–2）确定的作战节点组成结构，逐级分配 SV–4 确定的系统功能，明确系统组成及其组合关系，设计系统组成描述（SV–1a）。在此基础上，根据 SV–1b 中各系统组成元素实现的系统功能，定义系统组成元素之间的接口关系，设计系统连接关系图（SV–1b）。

第三步：SV–1b 完成后，设计系统数据交换矩阵（SV–6）、系统关联关系（SV–3）、系统通信连接描述（SV–2）和系统性能参数描述（SV–7）。根据 OV–3 明确的信息交换关系和 SV–1b 确定的系统结构，分析系统运行中各类数据自动交换的情况，设计 SV–6。根据 SV–1b 中定义的系统接口关系，具体描述各类系统接口的特征，设计 SV–3；确定系统接口的通信实现方式，设计 SV–2。根据 SV–4 确定的系统功能，分析 SV–1b 定义的系统组成元素应达到的性能指标，设计 SV–7。根据 SV–2 对通信系统以及相关软硬件的性能要求，修改完善 SV–7。

2. 系统功能描述（SV–4）

系统功能描述定义系统功能、系统功能间的结构关系。系统功能描述的设计要确保所描述系统功能的完整性，同时也要确保系统功能分解到合适的粒度。系统功能是作战活动对系统要求的具体实现。根据作战活动模型的设计结果和系统设计需求，可将“低慢小”航空器协同防控平台功能分为目标探测功能、信息综合处理功能、指挥决策功能、拦截指挥与控制功能、后勤保障功能。各个功能可以继续分解。具体如图 3.21 所示。

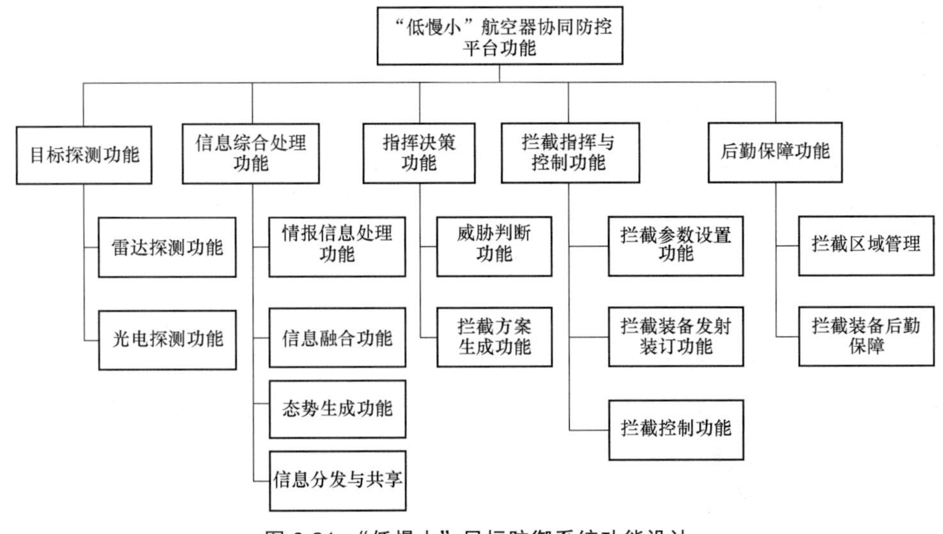

图 3.21 “低慢小”目标防御系统功能设计

3. 系统组成描述（SV－1a）

根据系统功能描述的结果，可以设计“低慢小”航空器协同防控平台。“低慢小”目标防御系统组成设计如图 3.22 所示。具体的系统组成数据设计示意见表 3.4。其中，性能指标要求对应了作战活动模型中的作战活动指标，反映了对系统总体设计需求的满足程度。

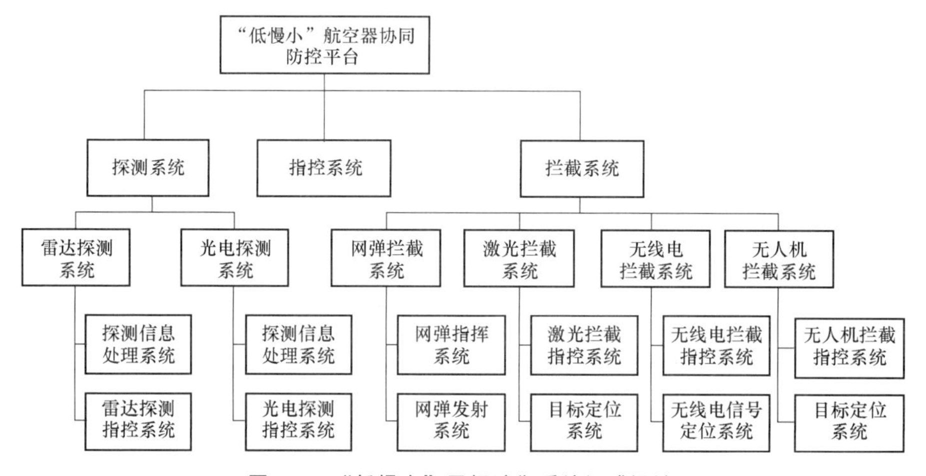

图 3.22 “低慢小”目标防御系统组成设计

表 3.4 系统组成数据设计示意

序号	名称	系统描述	性能指标要求	系统完成功能
1	“低慢小”航空器协同防控平台	执行“低慢小”目标防御系统的总体	探测指标和拦截指标满足需求方具体要求	全部功能
2	探测系统	实施探测的系统	标准气象条件下，探测概率不小于 95%	光电探测，雷达探测，信息融合
3	指控系统	“低慢小”目标防御实施指挥控制的单元，包括人和信息系统	信息融合和指挥命令下达的时间不大于 1 min	拦截区域管理，拦截设备后勤保障，态势生成，信息融合，拦截方案生成，威胁判断
…	…	…	…	…

在设计完系统功能描述、系统组成描述后，可以设计其他“低慢小”目标防御体系结构系统视图产品，如系统连接关系图（SV－1b）、系统通信连接描

述（SV－2）、系统关联关系（SV－3）、系统功能与作战活动对应关系（SV－5a）、系统数据交换矩阵（SV－6）、系统性能参数描述（SV－7）产品。

3.4.5 小结

本节针对“低慢小”航空器协同防控平台设计中缺乏统一规范的问题，研究了“低慢小”航空器协同防控平台的体系结构框架，该框架基于 DoDAF，由全视图、作战视图、系统视图、技术视图组成。结合“低慢小”航空器协同防控平台体系结构核心要素分析，本节提出了“低慢小”航空器协同防控平台的作战视图设计过程和系统视图设计过程，并设计了作战视图和系统视图中的几类关键视图产品，包括高级作战概念图（OV－1）、作战活动分解树（OV－5a）、作战活动模型（OV－5b）、作战节点连接关系图（OV－2）、作战规则描述（OV－6a）、系统功能描述（SV－4）、系统组成描述（SV－1a）等。对“低慢小”航空器协同防控平台体系结构的规范化设计，可为“低慢小”航空器协同防控平台研制和集成应用提供指导和技术支持。

第 4 章

“低慢小”航空器协同防控平台

4.1 "低慢小"航空器协同防控平台装备现状

4.1.1 "低慢小"航空器协同防控平台分类

目前，世界各国"低慢小"航空器防控技术主要有声波干扰、信号干扰、黑客技术、激光拦截、"反无人机"无人机、夺取无线电控制等，特点和效果各有不同，但根据其使用的技术及压制形式，总体上可以分为三大类，如图 4.1 所示。

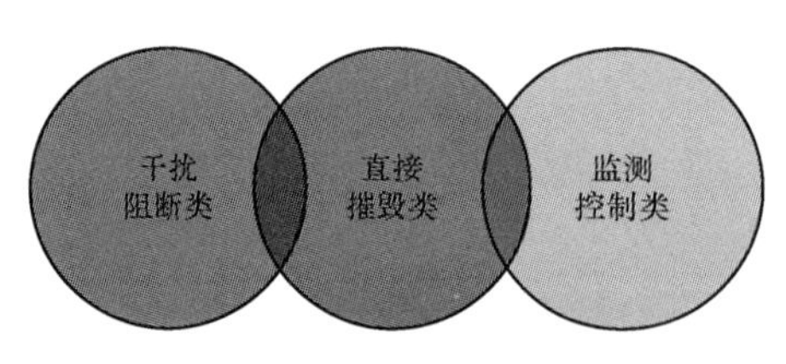

图 4.1　协同防控平台的类型

（1）干扰阻断类。干扰阻断类主要通过信号干扰、声波干扰等技术来实现。干扰阻断类"低慢小"航空器协同防控平台采用电磁干扰手段，操作简单、价位低廉，便于携带，但对环境要求相对较高，在城市或居民密集区里使用显然不适宜。对于存在危险物等恐怖活动，产生风险的系数相对较高。

（2）直接摧毁类。直接摧毁类包括使用激光武器、用无人机反制"低慢小"航空器等。直接摧毁类反"低慢小"航空器平台多采用激光拦截装备，并有希望成为未来战争中的重要角色。其系统采用简单粗暴的方式摧毁目标，适用于苛刻干扰的环境，风险指数极低。但该类系统价格相对昂贵，重武器型打击方法显然不适合民用，此外由于直接打击会对打击目标造成永久性损毁，获取所需情报数据的概率也极大降低。

（3）监测控制类。监测控制类主要通过劫持无线电控制等方式实现。结合电子侦测设备开发的综合型反无人机系统使其在未来具有显著优势，具备机动性、对环境要求较低、可截获敌方情报的高效对抗系统，无疑在军民两用领域都拥有广阔的发展潜力。

4.1.2 “低慢小”航空器协同防控平台现状

1. 典型协同防控系统介绍

在“低慢小”航空器技术、装备与战术快速发展的形势下，各国大力投资发展“低慢小”协同防控技术，取得了诸多进展。

（1）美国陆军基于反火箭、火炮和迫击炮（C-RAM）的“扩展区域防御与生存能力”（EAPS）项目，推进反无人机系统研究，并于 2015 年成功进行了两次试验。首次试验成功拦截了一架游荡的无人机。第二次试验采用了改进的火控系统，增加了拦截距离，成功拦截了 2 架无人机。此次试验表明，EAPS 项目所采用的火炮技术已具备反无人机能力，一旦需求产生，便可进入生产部署阶段。

（2）2015 年 8 月，波音公司演示了“紧凑型激光武器系统”的反无人机能力。试验中，该系统利用 2 kW 的激光束照射无人机尾部 10～15 s 之后，成功将其击落。该系统可通过中波红外传感器在 40 km 的范围内识别、追踪地面和空中目标，激光器可在 37 km 的范围内聚焦；系统构成简单、便携，可以用 Xbox 360 游戏机的手柄和一台笔记本电脑控制，能拆分成 4 个组成部分，每个部分由 1～2 名作战人员携带。系统的质量约为 295 kg，可在 15 min 内组装完毕，输出功率高达 10 kW，可根据任务需要调节输出功率。

（3）在 2018 年 7 月的范堡罗航展上，美国雷神公司推出“郊狼”无人机系统和先进雷达组合成的反无人机武器系统，引领了“以机制机”的潮流。该型先进雷达负责精确识别、跟踪各种型号无人机，装有先进导引头和战斗部的“郊狼”无人机，则根据雷达指令对目标无人机进行自杀性袭击。其低成本、高效率、支持多平台投放等优点引起世界各国的注意。据雷神公司透露，美国海军正在进行一项“低成本无人机蜂群技术”项目，并测试了“郊狼”无人机的蜂群能力。

（4）多家英国公司合作开发出一套集探测、跟踪与干扰功能于一体的反无人机防御系统（AUDS），该系统由一个4频段射频抑制/屏蔽系统、一部光学干扰器和快速部署模块组成，可用于防御 8 km 内的无人机，主要目标为小型固定翼和旋翼等一些可被大众购买的无人机。系统原理是用雷达和光学仪器精确定位无人机，然后发射定向的大功率干扰射频，切断无人机与遥控器之间的通信，迫使无人机降落。目前，AUDS 已在法国和英国进行了广泛的测试，演示验证了 AUDS 在 15 s 内探测、跟踪以及干扰目标的能力。目前，英国正在进行 AUDS 诱控能力的研究，使 AUDS 操作人员可以获得目标无人机的控制权。2017 年 9 月 7 日报道称，该系统已被升级，具备对抗无人机集群及可移动部署的能力。此前，AUDS 已推出三种版本：适用屋顶安装的可移动版本，适用前方作战基地或临时营地的桅杆式版本,适用边界线或关键基础设施的固定版本。

（5）空客公司研制了一种反无人机系统，该系统可利用 SPEXER 500 有源电扫描阵列雷达、NightOwl 红外摄像机和 MRD7 无线电测向仪的传感器数据，探测劫持 5～10 km 内的无人机，实时分析无人机的控制信号，利用 VPJ-R6 多功能干扰机中断无人机和控制人员之间的联系与导航。系统的探向器还能跟踪控制人员的具体位置，以便对其实施逮捕。空客公司已向法国和德国的官员演示了该反无人机系统，目前正在与多个潜在用户和企业用户进行商谈。

（6）意大利 Selex ES 公司推出了采用模块化设计的“猎鹰盾”反无人机系统。该系统采用与电子频率监控装置相结合的雷达探测非法无人机，利用光电传感器识别和跟踪无人机。Selex ES 公司发布的概念性视频演示显示，“猎鹰盾”可对无人机进行跟踪、识别、干扰，并接管控制无人机，但具体细节尚未披露。

（7）韩国先进科学技术研究院的研究人员正在研究利用声波反无人机的技术。现已对无人机中的一个关键组件陀螺仪进行了共振测试，发现可利用声波使陀螺仪发生共振，输出错误信息，从而导致无人机坠落。试验中，研究人员给无人机接上非常小的商用扬声器，扬声器距离陀螺仪 10 cm 左右，然后通过笔记本电脑无线控制扬声器发声。当发出与陀螺仪匹配的噪声时，一架本来正常飞行的无人机会忽然从空中坠落。在另外一次模拟中，研究人员发现，当声音达到 140 dB 时，声波可以击落 40 m 外的无人机。目前存在的技术难点为瞄准和跟踪，未来需要与跟踪雷达配合使用。韩国正在研究提高声波功率的同时，降低声波反无人机系统的价格。短期内，声波武器尚不能成为反无人机的主要手段。

（8）俄罗斯 2015 年、2016 年列装超强单兵防空导弹系统——“柳树”便携式防空导弹系统，可对付无人机。该系统配备了全新的光学瞄准及自动制导弹头，能同时且独立在紫外线、近红外线和中红外线三种波段条件下工作，能迅速识别单个及多个空中目标，能向 6 km 以内、高度在 1～3 500 m 的目标发起攻击。整个发射装置的质量为 17.25 kg。

（9）俄罗斯国有防务公司研发的新型微波武器超高频微波炮对无人机的有效摧毁范围为 10 km，能 360° 发射。该系统由监控系统、镜像天线、高功率相对论性发生器以及传输系统组成。此微波炮通过摧毁无人机的无线电电子设备，使其无法定位，同时可以对无人机精密制导系统进行破坏，甚至对低空飞行器的电子设备进行干扰并且攻击地面交通工具。

2. 国内外协同防控平台统计

以下总结了国内外协同防控平台中处置手段大于两种的平台，包括制造商、平台名称、平台处置手段。

（1）美国从 2012 年开始制定反无人机战略，计划设计建立有效的防空体系，既能迅速应对敌方无人机的威胁，同时又不会误伤友军的飞机导弹。美国的这一战略旨在利用其技术优势，迅速抢占反无人机领域的制高点。美国在反无人机领域一直处于领先地位，拥有许多比较知名的反无人机系统研发企业，其典型产品见表 4.1。

表 4.1 美国反无人机平台

制造商	平台名称	手段
AMTEC Less Lethal Systems	Skynet	网、机枪、炮弹
Babcock	LDEW-CD	激光、机枪
Battelle	Drone Defender（手持）、Drone Defender（路面发射单元）	无线电频段干扰、导航信号干扰
	Drone Defender（路面发射单元）	
CellAntenna	D3T	无线电频段干扰、导航信号干扰
Cobham Antenna Systems	Directional Flat Panel Antenna	无线电频段干扰、导航信号干扰
Cobham Antenna Systems	Directional Helix Antenna	无线电频段干扰、导航信号干扰
Cobham Antenna Systems	High Power Ultra-Wideband Directional Antenna	无线电频段干扰、导航信号干扰
Cobham Antenna Systems	Wideband Om-ni-Directional	无线电频段干扰、导航信号干扰
IXI Technology	Drone Killer	无线电频段干扰、导航信号干扰

（2）英国政府将反无人机技术作为2016年公布的有关无人系统战略的一部分。代号为COI4的反无人机信息中心正在针对政府重点关注的恐怖活动、袭击事件、隐私侵害、抗议、运输危险和违禁物品以及过失闯入等无人机使用不当问题开展相关研究。英国在反无人机系统研发方面的进展卓有成效，其典型产品见表4.2。

表 4.2　英国反无人机平台

制造商	系统名称	手段
Drone Defence	Dynopis E1000MP	无线电频段干扰、导航信号干扰
Kirintec	Recurve	无线电频段干扰、导航信号干扰

（3）近年来，德国受无人机的干扰事件越来越多，迫使德国政府积极开发反无人机系统，以保证其公共秩序和社会的安全，其典型产品见表4.3。

表 4.3　德国反无人机平台

制造商	系统名称	手段
Airbus DS Elec-tronics/Hensoldt	Xpeller	无线电频段干扰、导航信号干扰
Deutsche Telekom	Magenta	无线电频段干扰、导航信号干扰
esc Aerospace	CUAS	射频干扰、导航干扰、电磁脉冲
HP Marketing and Consulting	HP 3962 H	无线电频段干扰、导航信号干扰
HP Marketing and Consulting	HP 47	无线电频段干扰、导航信号干扰

（4）法国政府也越来越关注无人机问题，专门开展了名为“全球反无人系统技术和方法”的分析和评估的计划，其主要目的是帮助法国政府、警察和武装部队对非法无人机进行探测、识别、分类和压制，其典型产品见表4.4。

表 4.4　法国反无人机平台

制造商	系统名称	手段
Airbus Group SE	Counter UAV System	无线电频段干扰、导航信号干扰
BYLBOS/Roboost	SPID	无线电频段干扰、导航信号干扰
CerbAir	CerbAir Fixed	无线电频段干扰、网式拦截
CerbAir	CerbAir Mobile	无线电频段干扰、网式拦截
ECA Group	EC－180	激光拦截、GPS干扰、电磁脉冲

（5）中国在发展无人机技术的同时，也开始了研制反无人机技术。虽然发展水平不及欧美国家，专攻反无人机的企业不太多，多侧重干扰类反无人机设备研制，但涌现众多诸如上海后洪、中国工程物理研究所等研发机构，其典型产品见表 4.5。

表 4.5 中国反无人机研制机构

制造商	系统名称	手段
CTS	Drone Jammer	无线电频段干扰、导航信号干扰
Digitech Info Technology	JAM－1000	无线电频段干扰、导航信号干扰
Digitech Info Technology	JAM－2000	无线电频段干扰、导航信号干扰
Digitech Info Technology	JAM－3000	无线电频段干扰、导航信号干扰
Fuyuda	Portable Counter Drone Defence System	无线电频段干扰、导航信号干扰
Hikvision	Defender Series UAV-D04JA	无线电频段干扰、导航信号干扰

（6）以色列的国防工业和科技一直比较发达，其反无人机系统也一直处于领先水平，其典型产品见表 4.6。

表 4.6 以色列反无人机研制机构

制造商	系统名称	手段
ArtSYS360	RS500	无线电频段干扰、导航信号干扰
D-Fend Solutions	N/A	无线电频段干扰、电子诱骗
Elbit	ReDrone	无线电频段干扰、导航干扰

4.2 “低慢小”航空器协同防控平台技术现状

随着对未来战场“低慢小”航空器防控意识的不断增强，“低慢小”航空器防控任务不断加强，在需求牵引和技术发展推动双重作用影响下的“低慢小”航空器防控技术体系已具备较坚实的理论基础和技术基础。

现阶段关于“低慢小”航空器协同防控技术架构有两种主流的表现形式，一种是以处置技术为核心、结合探测技术、进行技术体系的构建；另一种是通过指挥控制系统，对预警探测装备和处置拦截装备进行协同的方式搭建协同防控技术体系。

4.2.1 突出处置手段的技术架构

“低慢小”航空器防控技术体系由探测跟踪和预警技术、毁伤技术、干扰技术和伪装欺骗技术四大部分组成，如图 4.2 所示。将该技术体系分为以上四大部分内容，主要基于以下考虑：在实施“低慢小”航空器防控时，首先要对“低慢小”航空器进行探测跟踪和预警，然后再根据战场实际情况，选择对“低慢小”航空器实施火力打击的硬毁伤或者是对其进行干扰失效的软毁伤；另外，己方还要采取积极主动的伪装防护方法和手段，降低对方无人机的侦察效率和效果。这四大部分的技术，既有主动的反无人机技术手段，也有被动的伪装防护手段方法，主动与被动方式的反无人机技术的综合，使反无人机作战效果整体最大、最优化，如图 4.3 所示。

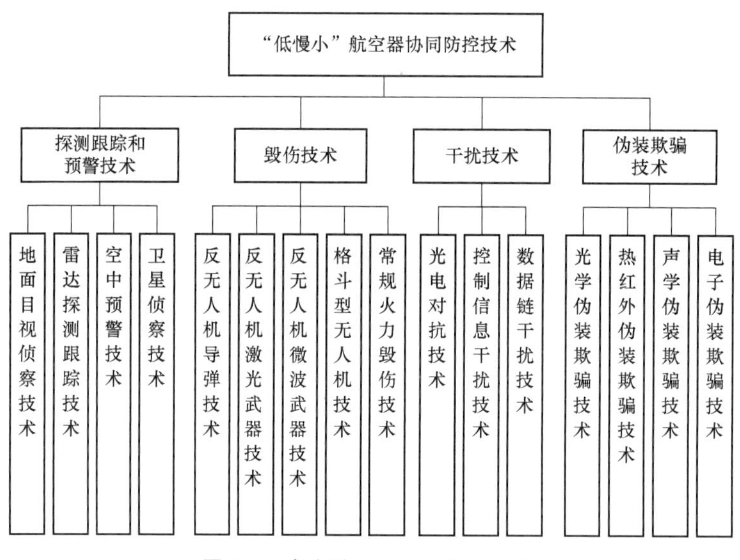

图 4.2 突出处置手段的技术架构

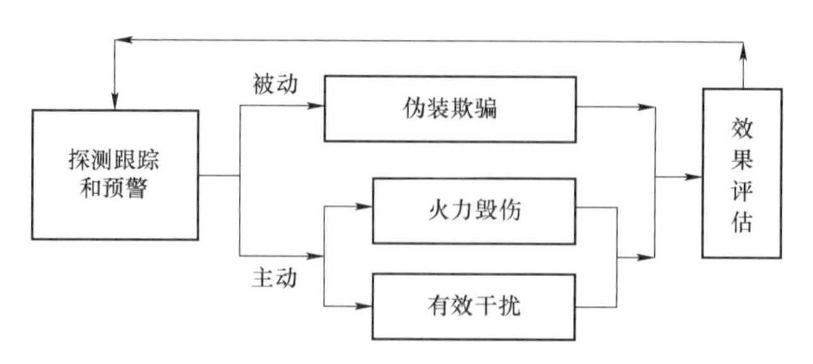

图 4.3 反无人机作战过程示意图

探测跟踪和预警技术，主要包括地面目视侦察技术、雷达探测跟踪技术、空中预警技术和卫星侦察技术等，运用了这些技术的地面目视侦察装备、雷达、空中预警飞机和卫星组成地面—空中侦察网，对无人机实现探测跟踪和预警，为后续的反无人机作战行动提供信息情报支援。

毁伤技术主要包括反无人机导弹技术、反无人机激光武器技术、反无人机微波武器技术、格斗型无人机技术和常规火力毁伤技术等，运用这些技术的反无人机武器装备组成地面—空中火力打击网，依据侦察情报系统提供的情报信息，采取适当措施，运用合理的战术战法，对无人机实时实施火力摧毁。

干扰技术主要包括光电对抗技术、控制信息干扰技术和数据链干扰技术等，运用这些技术的反无人机武器装备对无人机实施有效干扰，使无人机的自动驾驶与控制系统、通信系统、动力系统等失效，从而降低甚至丧失其主要作战功能。

伪装欺骗技术主要包括光学伪装欺骗技术、热红外伪装欺骗技术、声学伪装欺骗技术和电子伪装欺骗技术等，在反无人机作战过程中，通过对己方目标进行适当伪装，降低对方无人机的侦察监视效率和效果，从而降低无人机的作战效能。

4.2.2　基于协同防控的技术架构

基于协同防控技术的“低慢小”航空器协同防控技术架构如图 4.4 所示，主要包括总体技术、指挥控制技术、预警探测技术和处置拦截技术四个方面。

“低慢小”航空器防控体系总体设计技术的核心内容包括体系结构设计、体系战技指标分配、体系作战过程设计、体系配置与部署等，同时也是未来“低慢小”防控装备体系建设的重要手段。

预警探测技术必须具备对多类型、多数量“低慢小”航空器的预警探测能力，主要体现在两个层次：单传感器级预警探测和综合级预警探测。单传感器级预警探测技术包括雷达预警探测技术、可见光预警探测技术、红外预警探测技术、光谱预警探测技术、激光预警探测技术、无线电探测技术、声波探测技术等。综合级“低慢小”航空器探测识别技术，重点解决多传感器信息融合和多传感器资源调度问题。“低慢小”航空器目标及环境特性为单传感器级预警探测、综合级预警探测提供“低慢小”航空器特性数据支撑。

指挥控制技术综合并优化各类防控资源，加速构建以网络化指挥控制系统为核心纽带，以探测设备、处置拦截装备为关键节点，多维立体、多手段并用、多层次抗击的“低慢小”航空器一体化的防控体系。指挥控制

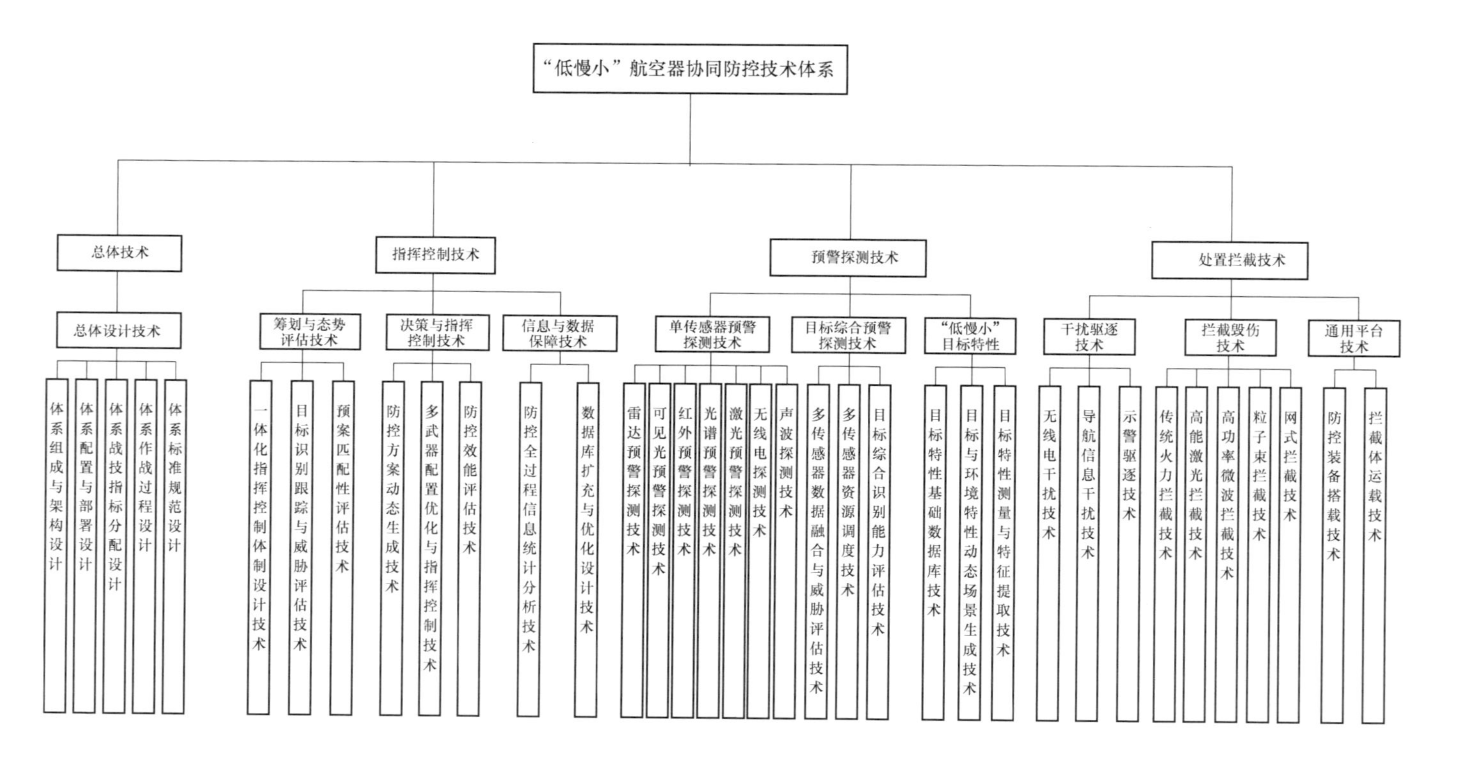

图 4.4 协同防控技术架构

技术体系由筹划与态势评估技术、决策与指挥控制技术、信息与数据保障技术组成。

“低慢小”航空器处置拦截技术主要由干扰驱逐技术、拦截毁伤技术、通用平台技术三个技术方向组成。其中，干扰驱逐技术主要由无线电干扰技术、导航信息干扰技术、示警驱逐技术构成，主要针对偶然或者非威胁性目标，进行非接触性处置。在处置拦截技术子体系中，拦截毁伤技术是核心部分，是处置拦截技术最直接、最有效的方式。该部分主要涵盖不同特点、不同距离、不同体质的毁伤类技术。通用平台技术作为一个专项技术，主要目的在于更有效地调度以及优化处置拦截装备，使效能最大化。

4.3 “低慢小”航空器协同防控平台

在“低慢小”航空器协同防控技术领域，技术现状具有以下特点：一方面，协同防控平台总体技术的发展相对起步较晚，目标探测、处置拦截等单项防控技术及相关骨干装备的发展起步较早，一些单项技术领域已经奠定了较扎实的研究基础；另一方面，防控平台总体技术涉及的相关理论基础和应用技术已开展多年研究（以防空反导体系为典型代表），重点研究单位已经掌握了比较完备的方法体系。因此，目前恰逢将防控体系研究成果进一步应用于“低慢小”航空器协同防控体系能力建设的最佳契机，并有针对性地开展具有“低慢小”防控特点的深入研究，这些工作的前提就是开展“低慢小”航空器协同防控平台的研制。

图4.5为“低慢小”航空器协同防控平台示意图。

“低慢小”航空器协同防控平台主要由三个防控节点组成，每个防控节点包括一个区域指控、两种探测装备（雷达、光电）、三种拦截处置装备（柔性网、激光和电子干扰）。网络连接关系为各装备通过交换机与区域指控连接，各区域通过交换机与中心指控连接。

本节基于已有的“低慢小”航空器协同防控平台，并对平台的架构与组成以及工作流程进行了说明。

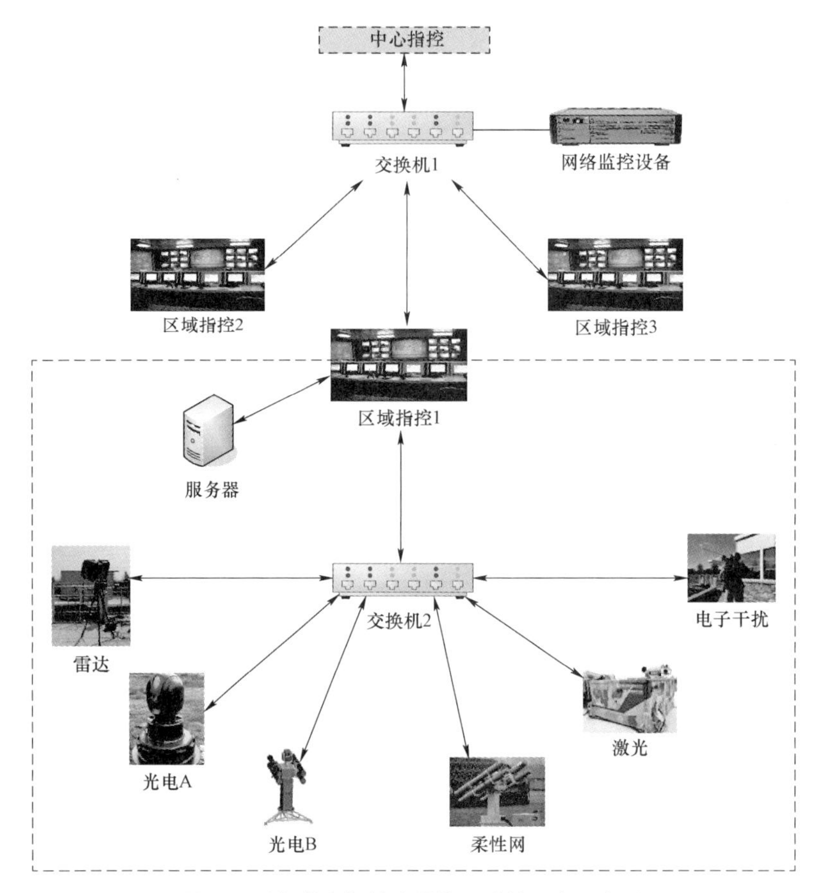

图 4.5 “低慢小”航空器协同防控平台示意图

4.3.1 协同防控平台研制思路

协同防控平台设计的基本思路如图 4.6 所示。首先，通过体系结构设计，以需求为切入点，以能力为目标，对现有的技术和装备进行集成论证，对“低慢小”航空器协同防控的架构、配置、指标、流程等进行顶层设计；并以协同防控平台为基础，通过各单项技术手段或装备实现的突破，进行实装系统的集成开发、联调联试、执行任务；最后，开展协同防控总体能力提升的研究工作，具体包括防控流程设计、典型目标威胁模式研究、协同防控效能综合评估指标体系与方法等，并结合现有骨干装备的不足，需要深入开展相关的协同防控能力优化与提升的研究。

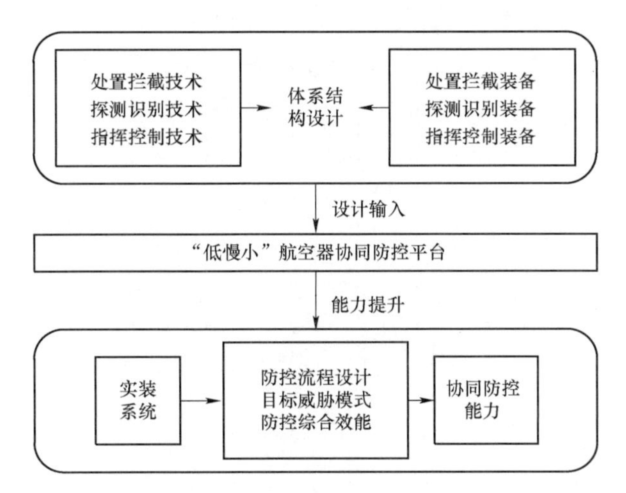

图 4.6 协同防控平台设计的基本思路

4.3.2 协同防控平台架构与组成

“低慢小”航空器协同防控平台包括共用设施层建设、支撑服务层建设、功能系统层建设、应用系统层建设。共用设施层包括基础通信网络和计算机与时统装备；支撑服务层包括任务支撑平台和任务管理平台；功能系统层主要为实装系统；应用系统层包括综合集成试验与防控任务，如图 4.7 所示。

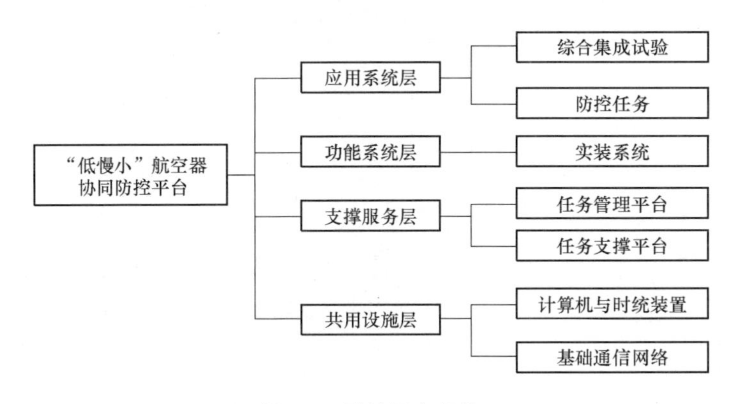

图 4.7 防控平台架构

共用设施层为系统的运行与演示提供基础硬件支撑，主要包括高性能计算机、网络设备、时统设备以及显示设备等。

支撑服务层包括任务支撑平台和任务管理平台。①任务支撑平台主要包括任务想定编辑工具、任务数据分析工具、防控效果评估工具、任务数据库，其中任务数据库包括装备数据库、目标数据库和环境数据库。装备数据库为任务运行过程中防控平台中探测、拦截和指控系统装备所产生的数据；目标数据库包括“低慢小”航空器的可见光、红外、声学、雷达散射特性等测试数据，服务于防控过程中综合识别过程；环境数据库包括防控环境中的气候、气象数据等。②任务管理平台包括任务规划、任务场景生成、可视化显示、任务数据回放、任务数据库管理与维护工具等。

功能系统层主要为实装系统，实装系统的组成如图 4.8 所示。探测装备、拦截装备、指挥控制装备不限于所列的各体制装备，保留系统的可扩展性和开放性，所有能够服务于“低慢小”航空器协同防控的探测装备、拦截装备和指挥控制装备均可接入系统。

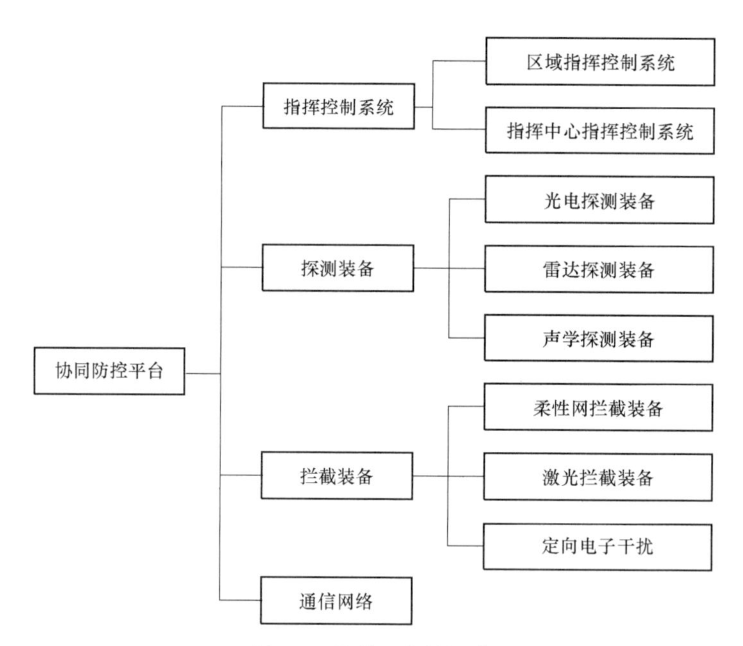

图 4.8　防控平台的组成

应用系统层为综合集成试验以及防控任务。综合集成试验验证主要开展集中式对接联调工作和分布式对接联调试验，主要考核体系集成条件下体系的对接性和核心性能。防控任务为针对“低慢小”航空器的威胁需求，对重点防护区域进行防护。

4.3.3 协同防控平台工作流程

“低慢小”航空器协同防控平台使用主要包括实装系统使用和防控任务使

用，并结合二者的数据，开展防控平台设计、优化工作。其具体流程如图 4.9 所示。

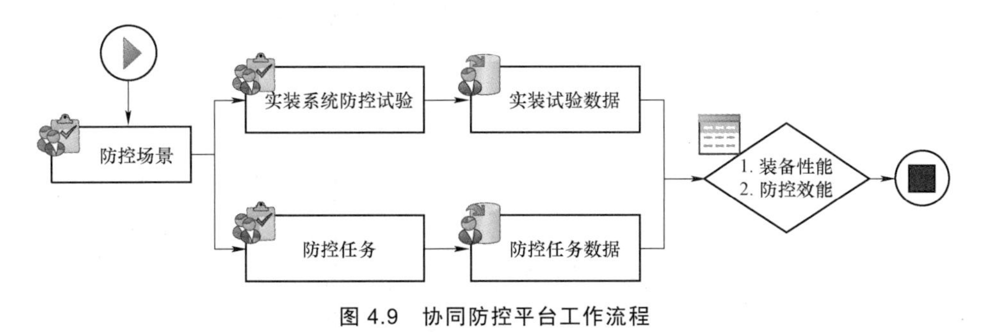

图 4.9 协同防控平台工作流程

第一步，防控试验。基于防控场景所定义的“低慢小”威胁样式，开展全系统的实装的防控流程试验以及执行防控任务，对威胁目标进行探测跟踪和打击处理，获取防控过程中的实装系统试验数据。

第二步，数据处理与分析。在获取实装系统数据的基础上，开展各系统的数据分析以及两个系统之间数据的处理与分析。处理与分析的数据可以是目标航迹数据、目标威胁度数据、拦截装备拦截方案数据、探测装备协同探测数据、指挥控制系统流程数据等。

第三步，性能与效能分析。在数据处理与分析的基础上，开展实装系统的性能与效能分析。识别防控流程中的薄弱环节和影响体系效能的重要指标，对流程和指标进行优化，使防控流程的综合效能达到最优。

试验数据的提取与分析，是实装系统集成试验与防控任务执行后的直接产物，试验数据的充分利用可以为功能性能的迭代优化以及高置性度的数字仿真模型的修正提供数据支撑，实现对不同层级效能的定性与定量分析评估。合理地开展防控数据的设计分析意义重大，如图 4.10 所示，防控数据交互设计包括数据集、流程集、问题集三个层集。数据集分为装备数据、环境数据和目标数据三个层面；流程集包括防控流程的综合态势、协同探测、综合识别、威胁评估、复合拦截、拦截效果等流程，覆盖典型防控流程；问题集包括装备信息状态分析、目标航迹精度分析、异构数据融合分析、防控流程数据分析、评估体系指标分析、核心算法因子分析、装备功能性能分析等，通过对具体类型的问题进行系统数据级的分析，从各个维度剖析防控平台特性，以实现防控能力的全面提升。

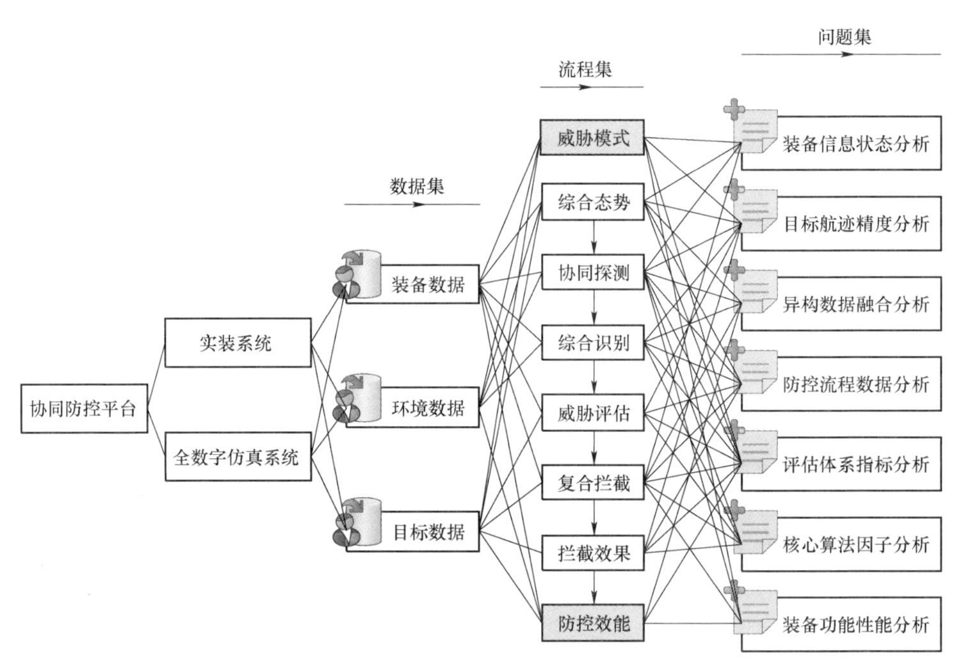

图 4.10　防控平台数据

本章通过介绍“低慢小”威胁目标协同防控平台的工作流程，明确了“低慢小”航空器防控平台具体的实施途径以及建设时所要关注的重点内容，可为“低慢小”航空器防控平台的建设提供指导，可为相同架构的防控平台的实施提供借鉴；针对“低慢小”航空器的协同防控，描述了拦截系统、探测系统和指控系统的基本组成，各个系统的可扩展性和开放性，可为其他同构或者异构的装备提供集成与测试环境，可为装备的体系论证提供顶层的实装和虚拟样机的支撑。通过系统的连接关系和接口设计，为协同防控平台的建设提供指导，通过在实装数据和虚拟数据之间建立联系，通过平台的数据交互设计，明确了基本防控流程、威胁模式和防控效能三个维度的流程集，并针对流程解析形成了相应的问题集，可为协同防控平台的功能性能验证以及效能的迭代优化提供技术支持。

第 5 章

“低慢小”航空器协同防控平台预警探测装备

5.1 引　言

本章围绕雷达、光电、无线电以及声学等“低慢小”航空器探测手段，对以上“低慢小”航空器预警探测手段的国内外典型案例存在的问题及各单装的技术现状进行阐述。同时结合实际装备进行功能、指标、组成以及工作原理的介绍，以加深读者对“低慢小”航空器各体制预警探测装备的了解。

雷达装备章节，首先在考虑“低慢小”航空器特性和环境特性条件下，分析了如何对雷达体制和雷达天线进行选择。随后对“低慢小”航空器雷达预警探测装备现状和技术现状进行了说明。最后结合“低慢小”航空器协同防控平台中的雷达装备进行了说明，包括雷达的功能、组成、指标和工作原理。

光电装备章节，分析了现有光电装备现状，并对全景凝视图像拼接、可见光相机自动聚焦技术进行了介绍。随后，对“低慢小”航空器的功能、组成、技术指标与工作原理进行了说明。

声学装备章节，对声学装备的功能、组成、工作原理以及声学探测装备的相关技术进行了介绍，包括基于空气声阵列的目标检测与定向、幅频相位一致性阵列传感器设计、弱信号检测与识别和噪声抑制技术进行了说明。

5.2 “低慢小”航空器目标特性

5.2.1 “低慢小”航空器目标噪声特性

“低慢小”航空器飞行时产生的噪声信号主要分为两类，一类是气动噪声，另一类是机械噪声。气动噪声是由旋翼与空气摩擦产生的，资料显示，气动噪声分布在人耳可听声的低频段（130～2 000 Hz），因为气动噪声频率低，所以其传播距离远。机械噪声是“低慢小”航空器内部的电机工作时产生的噪声，因而机械噪声频率高，但是传播距离较短。针对“低慢小”航空器噪声信号进行分析，并结合语音信号处理中的常用特征对“低慢小”航空器噪声信号进行特征提取。图 5.1 所示为在不同的距离下，采集的“低慢小”航空器飞行时的噪声信号和背景噪声信号的声压级。

在测试环境下，当无人机距离传感器 80 m 时，声压级的差异表现在 2 000～13 000 Hz 处。但是随着距离的增加，高频信号的能量逐渐衰落，到 180 m 时，声压级与背景噪声的差异几乎为 0，仅在 5 000 Hz 附近存在差异。综合各个距离的声压级分析可得，小型旋翼无人机在飞行时产生的噪声信号与背景噪声信号的频率差异一般在 2 000～7 000 Hz 附近。如果能够有效地提取 2 000～7 000 Hz 频段内的噪声信号的特征，则更有利于分类器进行分类。因此，项目提取 2 000～7 000 Hz 的噪声信号的特征作为主要的研究目标。

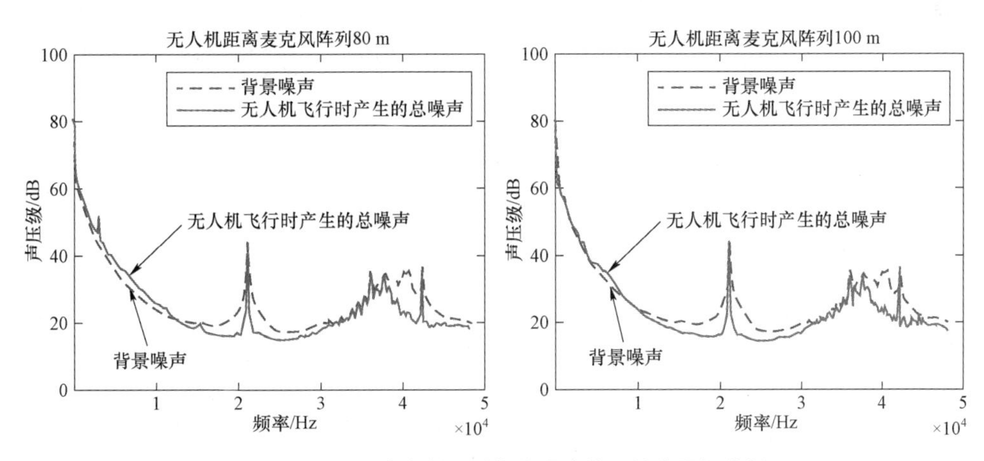

图 5.1 不同距离条件下采集的噪声信号的声压级分析

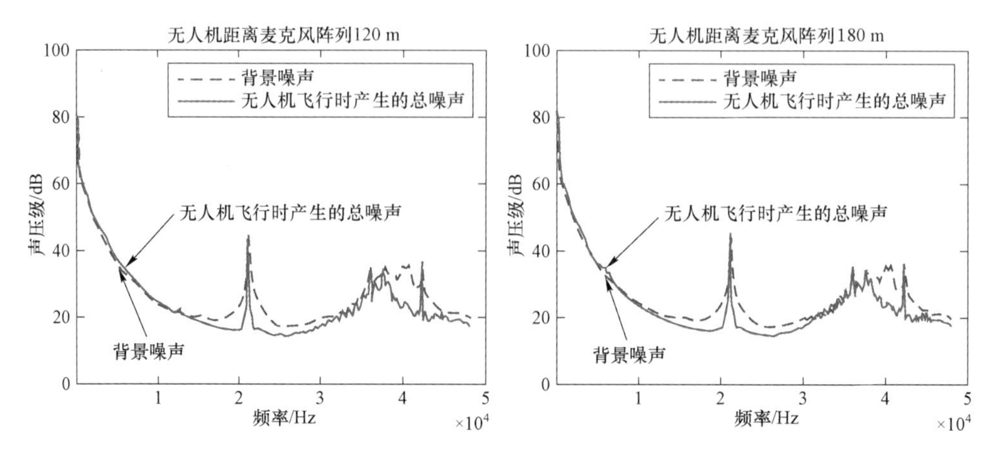

图 5.1　不同距离条件下采集的噪声信号的声压级分析（续）

短时平均过零率的分析是较为普遍的一种语音信号时域分析的方法，可以间接反映信号的频率大小。在图 5.2 中，无人机距离传感器阵列为 80 m 时采集的噪声信号，其余三种声音均来自网络，由于采样率的不同，因而图中的信号稀疏度也不同。

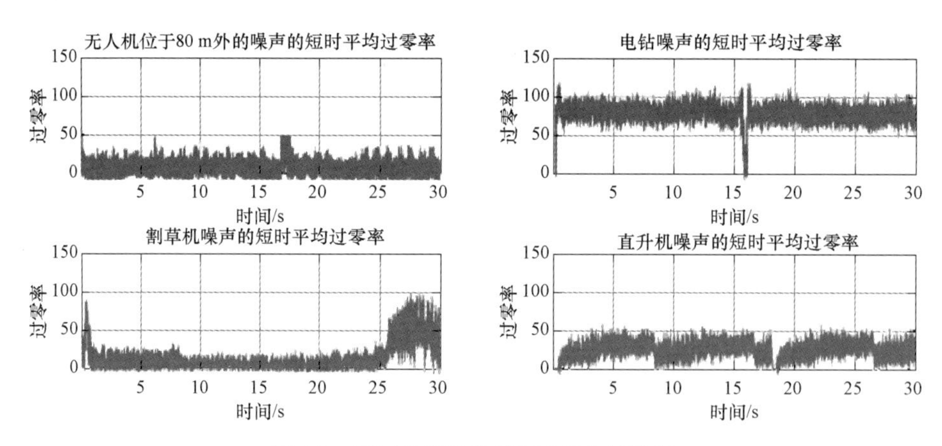

图 5.2　不同类型噪声的短时平均过零率

通过和其他三种因电机转动而产生的噪声信号对比后发现，当无人机距离传感器阵列为 80 m 时，其短时平均过零率接近 30 次。但同时也应注意，电机工作时产生的噪声信号频率和电机本身的功率相关。如电钻工作时，其产生的噪声信号的短时平均过零率可达 80 次。这与电钻到传感器之间的距离有一定的关系，离得越近，高频信号还没有衰落，所以短时平均过零率较高。影响短时平均过零率的因素较多，导致短时平均过零率不能作为有效的手段进行无人机的声探测识别，所以，短时平均过零率仅能作为一种辅助特征用于初步的声探测。

图 5.3 为不同距离下采集无人机噪声信号的短时平均过零率和背景噪声的短时平均过零率。从图中可知，随着距离的不断增加，噪声信号的短时平均过零率逐渐趋向于几乎等于背景噪声的短时平均过零率。这说明，随着距离的增加，无人机噪声信号中的高频信号逐渐衰减为 0，这给提取高频段信号的特征带来了一定的困难。

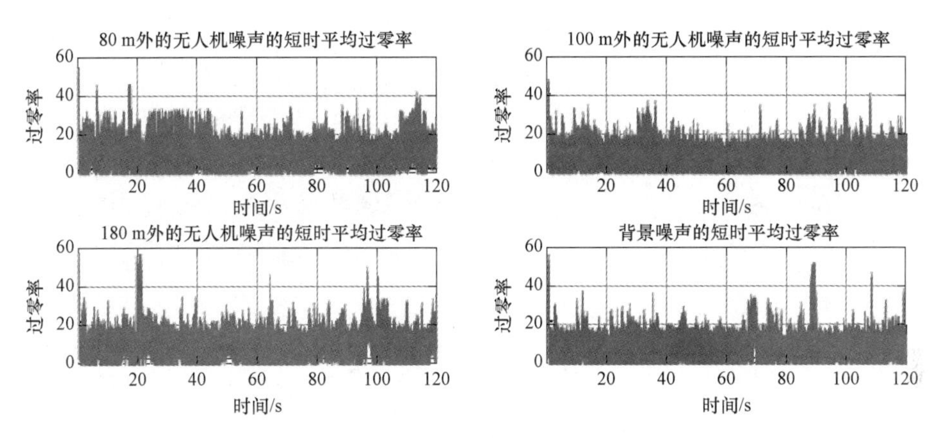

图 5.3　不同距离的无人机噪声的短时平均过零率

无人机在距离传感器阵列 80 m 时采集到的噪声信号的短时能量如图 5.4 所示。在语音信号的时域处理中，短时能量和短时平均过零率作为特征，可以从背景噪声中找出有用的信息，用于端点检测。经验表明，当信噪比较大时，短时能量识别较为有效；但在信噪比较小时，短时平均过零率识别较为有效。

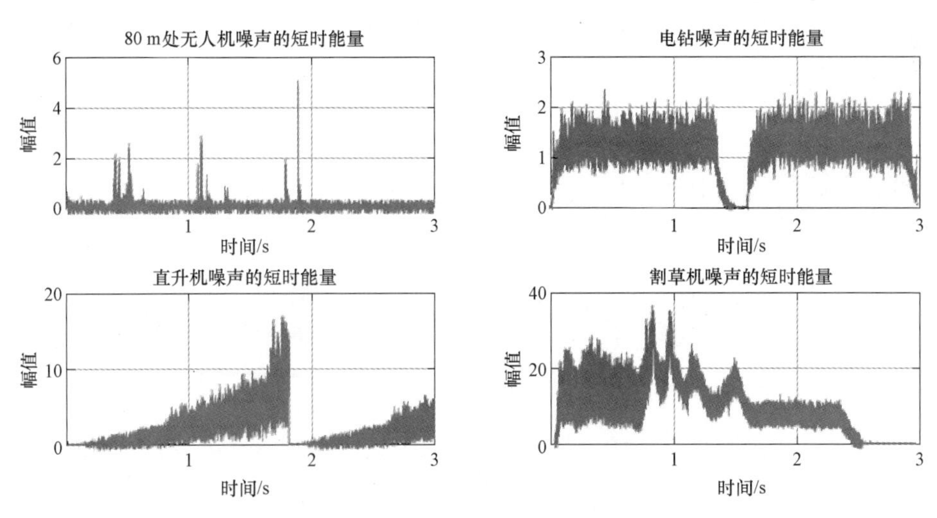

图 5.4　不同类型噪声的短时能量

因此，在无人机的声探测识别技术的研究中，可以利用短时能量、短时平均过零率做一个初始特征，对无人机进行初步探测。

无人机飞行时产生的噪声信号通过短时傅里叶分析，得到了短时频谱与时间变化的关系，图中颜色越深，表示某一时刻信号的短时频谱越大。图 5.5 为采集到的背景噪声的频谱图。图 5.6 为某一时刻无人机距离声采集阵列为 180 m 时所采集的噪声信号的频谱图。分析可得，一般背景噪声的频率不会高于 1 000 Hz。当无人机距离传感器阵列为 80 m 时，高频信号几乎衰减为 0。

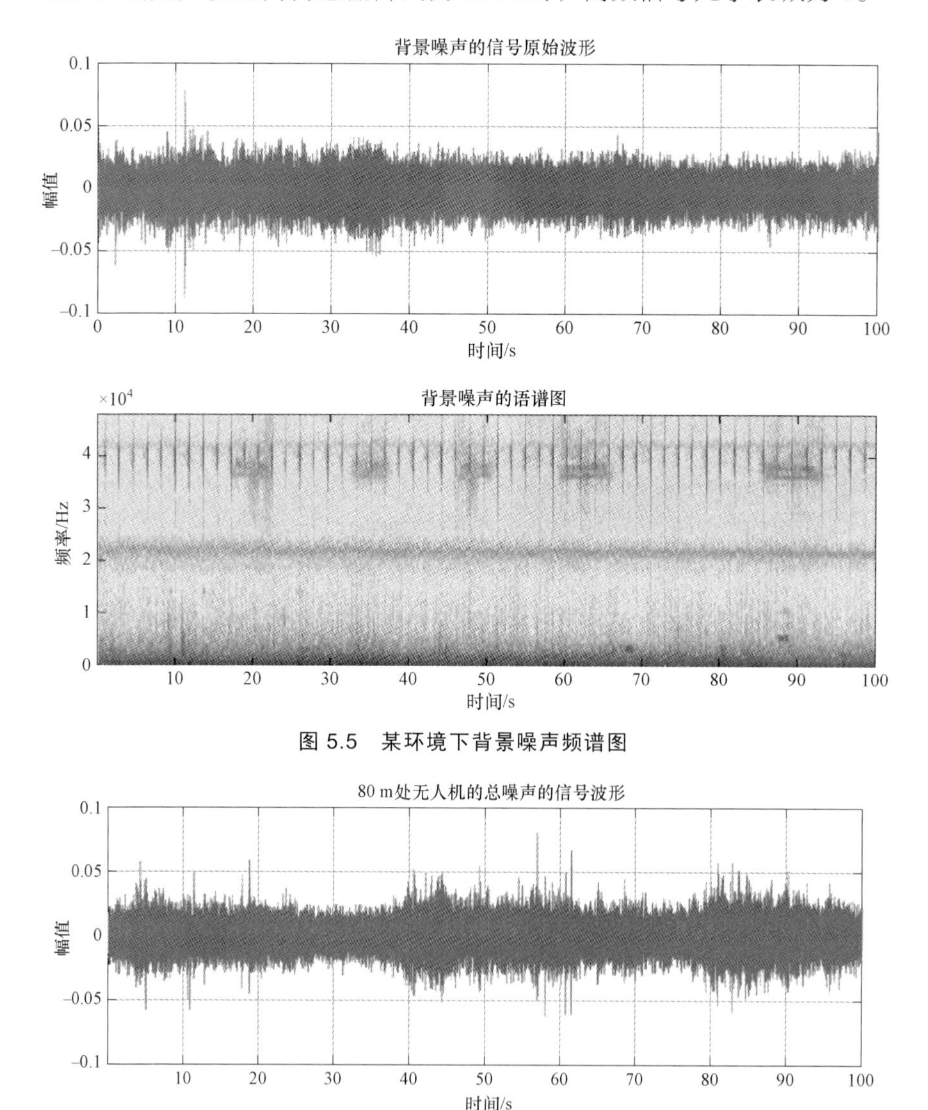

图 5.5　某环境下背景噪声频谱图

图 5.6　无人机距离传感器阵列 80 m 时噪声信号频谱图

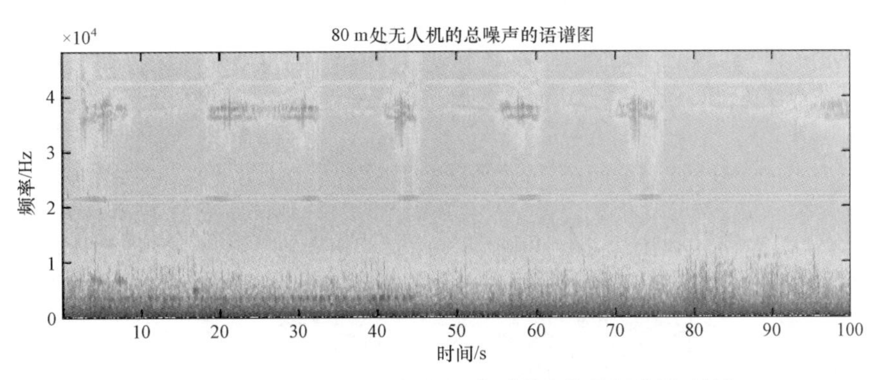

图 5.6 无人机距离传感器阵列 80 米时噪声信号频谱图（续）

5.2.2 光学特性

1. 红外特性

“低慢小”航空器红外特性与目标外形、飞行状态、材料、探测手段、所处环境、实时态势等紧密相关，其红外辐射主要来自机身蒙皮的辐射。蒙皮的辐射取决于以下因素：推进系统及其运行状态、飞行器外形、温度、蒙皮表面材料的光学特性、飞行条件和环境条件等。影响航空器类目标红外辐射特性的主要有三类：蒙皮红外辐射；旋翼运转引起的辐射；发动机喷口处的辐射。图 5.7～图 5.9 为某型四旋翼“低慢小”航空器在不同俯仰和方位角下的入射的红外光学特性。

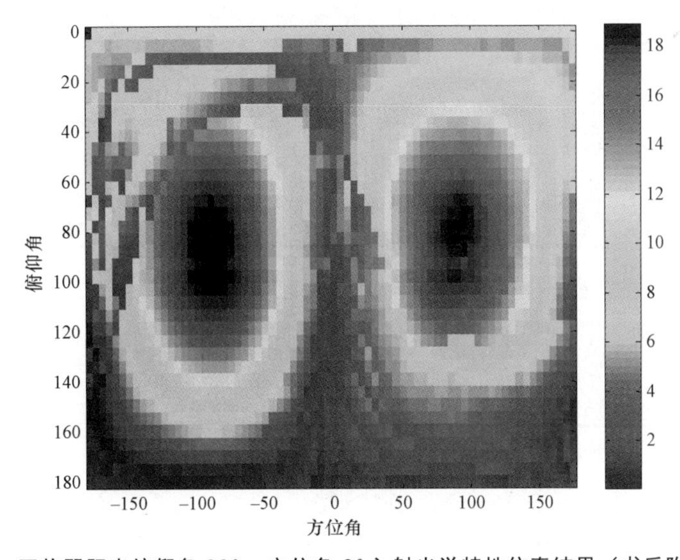

图 5.7 四旋翼阳光俯仰角 30°，方位角 0°入射光学特性仿真结果（书后附彩插）

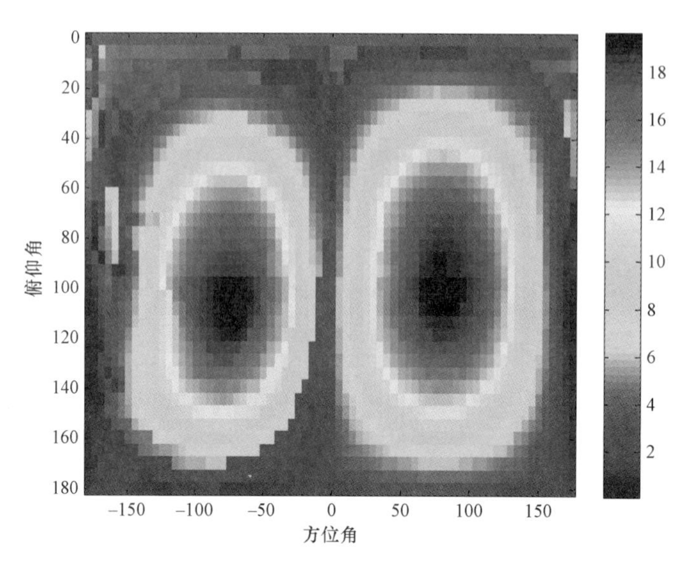

图 5.8　四旋翼阳光俯仰角 30°，方位角 60°入射光学特性仿真结果（书后附彩插）

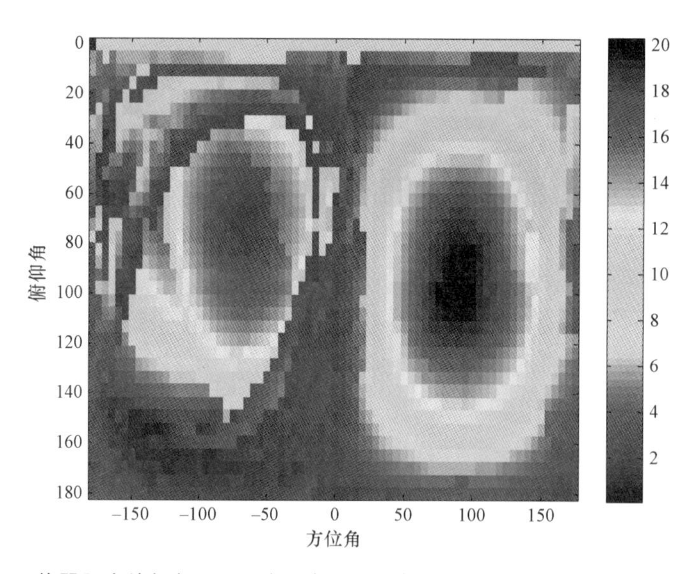

图 5.9　四旋翼阳光俯仰角 30°，方位角 45°入射光学特性仿真结果（书后附彩插）

2. 可见光特性

“低慢小”目标可见光特性与目标外形、飞行状态、材料、探测手段、所处环境、实时态势等紧密相关。“低慢小”空中目标的可见光特性主要来自蒙皮对阳光的散射。蒙皮的散射取决于以下因素：飞行器外形、蒙皮表面材料的光学特性、太阳、飞行器和探测器三者之间的位置等。四旋翼可见光特性计算，计算结果如图 5.10～图 5.12 所示。

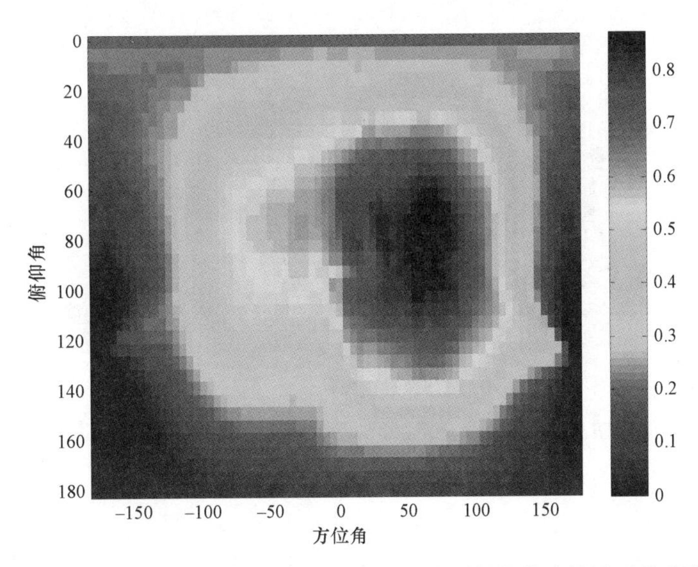

图 5.10 四旋翼阳光俯仰角 60°，方位角 0°入射光学特性仿真结果（书后附彩插）

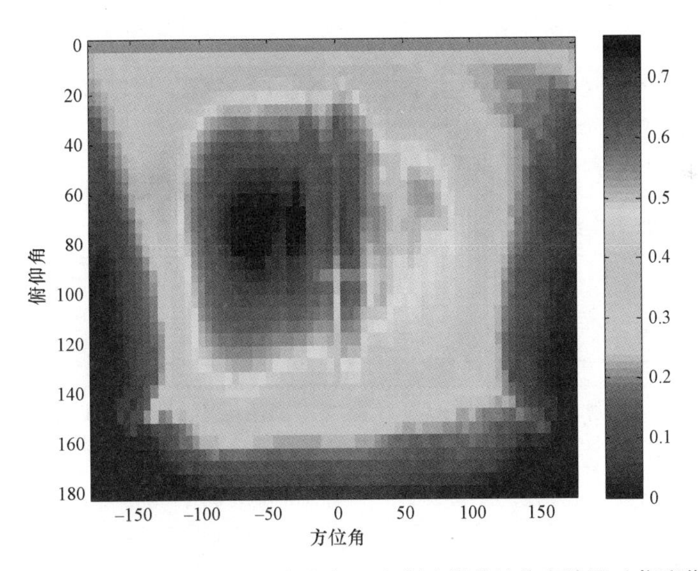

图 5.11 四旋翼阳光俯仰角 30°，方位角 0°入射光学特性仿真结果（书后附彩插）

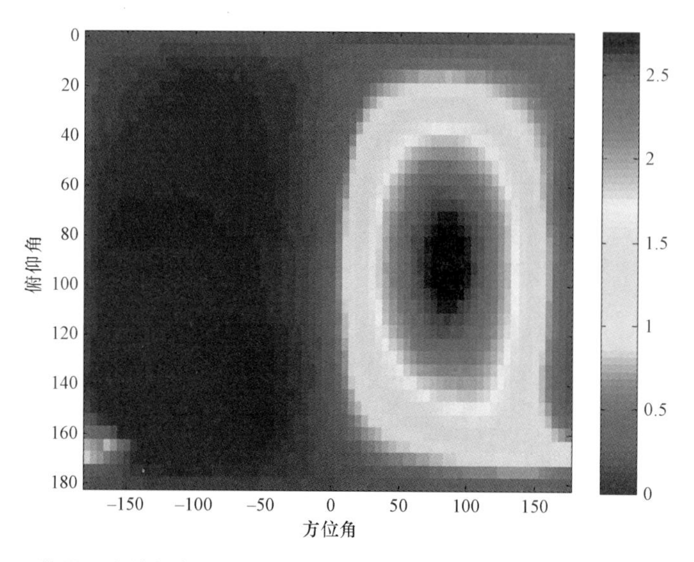

图 5.12 四旋翼阳光俯仰角 30°，方位角 45°入射光学特性仿真结果（书后附彩插）

5.2.3 电磁特性

"低慢小"航空器的电磁特性计算采用改进的 SBR 方法计算其多次反射贡献。对于复杂目标而言，计及这些较强的散射机理通常能够给出合理的结果。当然，若能够计及复杂目标上一些特殊结构（槽缝、尖端等）的散射贡献，将在很大程度上提高电磁散射计算的精度。通过对硬木质材料（电磁参数见表 5.1）采用高频电磁散射建模方法对四旋翼"低慢小"航空器进行电磁特性仿真，仿真结果如表 5.2 和表 5.3 所示。

表 5.1 各波段机翼材料电参数表（硬木）

波段	L（1.5 GHz）	S（3.0 GHz）	X（10 GHz）	Ka（30 GHz）
介电常数	$\varepsilon_r=1.21-j0.02$	$\varepsilon_r=1.35-j0.03$	$\varepsilon_r=1.51-j0.04$	$\varepsilon_r=1.80-j0.14$

表 5.2 俯仰角 30°时 RCS 在不同方位角域下的 RCS 统计结果（HH 极化、单位为 m^2）

角域范围（°）		0 – 30	30 – 60	60 – 90	90 – 120	120 – 150	150 – 180
L	均值	2.87E – 06	7.50E – 07	5.20E – 07	5.20E – 07	7.50E – 07	2.87E – 06
	$\delta_{0.5}$	1.43E – 06	5.20E – 07	6.00E – 07	6.00E – 07	5.20E – 07	1.44E – 06
	$\delta_{0.2}$	2.80E – 07	4.00E – 08	3.50E – 07	3.50E – 07	4.00E – 08	2.70E – 07
	$\delta_{0.8}$	6.32E – 06	1.63E – 06	6.70E – 07	6.70E – 07	1.63E – 06	6.32E – 06

续表

角域范围 (°)		0－30	30－60	60－90	90－120	120－150	150－180
S	均值	6.56E－05	4.79E－06	8.09E－06	8.11E－06	4.78E－06	6.57E－05
	$\delta_{0.5}$	2.95E－05	2.62E－06	8.08E－06	8.10E－06	2.62E－06	2.95E－05
	$\delta_{0.2}$	5.40E－06	5.90E－07	5.95E－06	5.96E－06	5.30E－07	5.47E－06
	$\delta_{0.8}$	8.33E－05	6.67E－06	1.03E－05	1.03E－05	6.60E－06	8.33E－05
X	均值	4.12E－04	7.52E－05	6.10E－05	6.41E－05	7.26E－05	4.25E－04
	$\delta_{0.5}$	1.20E－04	8.85E－05	6.45E－05	6.81E－05	8.63E－05	1.57E－04
	$\delta_{0.2}$	6.90E－05	2.90E－05	3.40E－05	3.24E－05	3.21E－05	8.37E－05
	$\delta_{0.8}$	7.71E－04	1.09E－04	8.67E－05	9.34E－05	1.01E－04	8.21E－04
Ka	均值	1.96E－04	2.36E－05	2.27E－05	9.95E－06	1.68E－05	2.10E－04
	$\delta_{0.5}$	2.51E－05	1.73E－05	1.10E－05	7.83E－06	1.57E－05	2.84E－05
	$\delta_{0.2}$	1.51E－05	9.18E－06	4.88E－06	4.33E－06	8.65E－06	1.14E－05
	$\delta_{0.8}$	2.01E－04	3.22E－05	3.86E－05	1.17E－05	2.29E－05	2.39E－04

表 5.3 俯仰角 30° 时 RCS 在不同方位角域下的 RCS 统计结果
（VV 极化、单位为 m^2）

角域范围 (°)		0－30	30－60	60－90	90－120	120－150	150－180
L	均值	2.52E－06	6.80E－07	4.90E－07	4.90E－07	6.80E－07	2.52E－06
	$\delta_{0.5}$	1.27E－06	4.80E－07	5.60E－07	5.60E－07	4.80E－07	1.27E－06
	$\delta_{0.2}$	2.50E－07	4.00E－08	3.30E－07	3.30E－07	4.00E－08	2.50E－07
	$\delta_{0.8}$	5.54E－06	1.48E－06	6.30E－07	6.30E－07	1.48E－06	5.54E－06
S	均值	5.36E－05	4.31E－06	7.62E－06	7.58E－06	4.26E－06	5.37E－05
	$\delta_{0.5}$	2.47E－05	2.62E－06	7.65E－06	7.59E－06	2.54E－06	2.45E－05
	$\delta_{0.2}$	3.54E－06	5.00E－07	5.69E－06	5.68E－06	4.70E－07	3.66E－06
	$\delta_{0.8}$	6.55E－05	5.78E－06	9.66E－06	9.63E－06	5.64E－06	6.54E－05
X	均值	3.16E－04	5.15E－05	3.96E－05	3.61E－05	4.66E－05	3.21E－04
	$\delta_{0.5}$	7.68E－05	5.74E－05	3.98E－05	3.73E－05	4.73E－05	8.80E－05
	$\delta_{0.2}$	4.72E－05	2.65E－05	2.53E－05	2.52E－05	1.95E－05	3.37E－05
	$\delta_{0.8}$	7.36E－04	7.48E－05	5.90E－05	4.59E－05	7.49E－05	7.81E－04

续表

角域范围（°）		0–30	30–60	60–90	90–120	120–150	150–180
Ka	均值	8.54E–05	1.75E–05	1.54E–05	1.08E–05	1.51E–05	9.41E–05
	$\delta_{0.5}$	1.06E–05	1.17E–05	8.32E–06	9.80E–06	1.31E–05	9.28E–06
	$\delta_{0.2}$	4.41E–06	7.92E–06	4.36E–06	6.49E–06	5.96E–06	4.38E–06
	$\delta_{0.8}$	4.44E–05	2.18E–05	2.81E–05	1.07E–05	2.10E–05	3.35E–05

5.3 雷达装备

利用雷达实现对“低慢小”航空器的探测，可不受光照、气象条件的影响，能够完成全天时、全天候、全空域的探测，并为其他协同防控系统提供预警和定位信息。利用雷达实现对“低慢小”航空器的可靠探测，其关键在于通过对雷达系统的设计，选择合适的雷达体制和天线类型等，并结合先进的信号处理方法，将被测目标与背景区分开，克服强的地物杂波和多径效应的影响，检测出微弱的目标回波信号，对目标完成定位和测速以及通过提取目标的微多普勒特征和目标辐射出来的无线电频谱特征、信息特征并结合目标的 RCS 起伏、目标尺寸、目标速度等信息进行目标识别。

5.3.1 雷达装备参数选择

本小节围绕雷达的两个基本参数的选择进行阐述，通过对不同的雷达体制和天线进行说明，对比分析，指出雷达的参数选择需要进行多方位的考虑，不可一概而论。

1. 雷达体制选择

雷达按体制不同一般分为连续波雷达与脉冲雷达，脉冲雷达又分为普通脉冲雷达与脉冲压缩雷达。

1）普通脉冲雷达

普通脉冲雷达的发射波形为单载频矩形短脉冲，在目标反射回波进入接收机后，计算出接收与发射信号的时间差，根据电磁波在空间中传播速度等于光速，即可算出目标的距离。为保证雷达的距离分辨率，发射的脉冲一般极窄，故为达到较大的测距范围，通常需要发射较长的脉冲重复周期。若增加脉冲宽度，雷达的测距范围能够提高，但会降低雷达的距离分辨率。若需要多部雷达近距离同时工作，就需要根据工作带宽给各脉冲雷达分配不同的载波频率，同时还需保证一定的带外信号抑制比，以免不同雷达信号频段重叠，造成干扰。

2）脉冲压缩雷达

脉冲压缩雷达是在普通脉冲雷达的基础上，为发射波形加上了调制，发射信号通常具有较大的时宽带宽积，包括线性与非线性调频信号、二（多）相编码信号、频率编码信号等，并应用匹配滤波技术，能够大幅提高雷达的距离分辨率，同时又不改变作用距离，使雷达距离分辨率不再受限于脉冲宽度。

脉冲雷达的发射功率可分为峰值功率与平均功率，普通脉冲雷达由于其脉冲一般极窄，要想作用距离尽可能远，就需要很大的峰值功率，但平均功率一般很低。而从雷达发射机的角度，考虑到耐压及高功率击穿等问题，宁愿提高平均功率而不希望过分增大其峰值功率。脉冲压缩雷达在保证雷达具有高分辨率的同时可大幅增加脉冲宽度，从而在相同峰值功率的情况下大大提高平均功率，减小了发射机的设计难度，也使设计出的发射机性能更加稳定。目前脉冲压缩雷达已被广泛应用于各个领域，技术已经十分成熟。

3）连续波雷达

与脉冲雷达不同，连续波雷达采用连续波信号，即持续发射连续波形来检测目标。由于目标距离是通过测量目标回波的时延来计算的，若只持续发射单频信号，只能检测出单频信号半个周期内的时延，因而无法直接对目标进行测距。因此，通常都会给连续波的发射波形加上一定的调制，作为“定时标志”，通过比较接收与发射波形中的“定时标志”，即可得到波形的时延，从而检测出目标速度。常用的一种调制方式是线性调频技术，线性调频连续波（LFMCW）雷达可以在重复周期内获得良好的距离分辨率。连续波雷达同样已经非常成熟，系统具有很高的稳定性，并且由于连续波持续不断地发射波形，不存在峰值功率的概念，发射机可以做到高稳定性，但由于其接收机与发射机分别独立且同时工作，收发隔离度的高低就成了决定系统性能的关键。

连续波雷达相比于脉冲压缩雷达可以得到更高的距离分辨率，但其对接收信号进行压缩后所产生的副瓣更大，对大目标附近的小目标淹没更加严重，且在接收信号时也更易引入复杂的干扰，因此会降低雷达的目标检测概率。为了能够发射连续波信号，需要设计更加复杂的天线。

4）雷达体制的选择

根据上述介绍，脉冲压缩雷达与连续波雷达都已经是很成熟的技术，应用也很广泛。连续波雷达不存在盲区、距离分辨率更高，且截获率低，但由于其波形持续发射，存在泄漏问题，所以收发天线要分离，天线设计更复杂，且在接收信号时引入的干扰也更为复杂，目标检测概率低。而脉冲雷达虽然存在盲区，且盲区与脉冲宽度正相关，需要选择合适的发射波形，其脉冲压缩副瓣可以压到很低。

2. 雷达天线选择

天线按扫描方式不同一般分为机械扫描和电扫描。早先的雷达多采用机械扫描天线，主要依靠天线的转动来进行一定角度的扫描。随着空间技术的发展，雷达指标逐渐提高，也愈加要求天线波束可以进行灵活迅速的扫描，单纯的机械运动已经无法满足这种需求，于是便在雷达领域中引进了相控阵天线技术。

1）相控阵天线

相控阵天线可以在微秒级的时间内改变波束的指向，之所以能够做到这样迅速，是因为每个天线单元的相位都由接在其后的可控电子移相器来控制。由于这是电控制，没有机械惯性，所以要比机械转动快得多。现在相控阵天线采用的移相器多为数字移相器，其优点是结构简单、移相值稳定，但数字移相器精度有限，需要根据位数对相位进行量化。如果对于任何相位值，在量化时，都采取一律舍尾或一律进位的方法，就会在天线波束中的一定位置产生电平较高的副瓣，称为寄生副瓣。如何降低寄生副瓣的电平，是相控阵天线设计中的一个重点。

2）频率扫描天线

频率扫描天线的波束指向是工作频率的函数，即不同频率对应着不同的波束指向，这种对应关系是唯一的，可根据天线参数计算出特定馈电频率下的波束指向角。频率扫描天线的扫描速度取决于发射机频率的变化率及天线设计参数，通常扫描速度很高。频率扫描天线中通常不存在有源元件和不可逆元件，故可以收发共用一个天线。雷达在使用频率扫描天线时，一般都要求有较高的增益、较低的副瓣等，而频率扫描天线在单个扫频脉冲内，任一瞬间只存在一个波束，发射机该频率的辐射功率就集中在这一个波束内，故增益可以很高；且其作为一个阵列，也可以做到较低的副瓣电平。

3）天线选择

相控阵天线与频率扫描天线都为阵列天线结构，其各有优缺点。比较来说，相控阵天线通常采用并馈结构，当阵元数目很多时，需要大量的移相器，其波束指向可控性很强，波束扫描快速灵活，但是通道数多、工程实现复杂、重量和体积较大、移相器及电路造价昂贵。频率扫描天线是通过改变馈电频率，从而改变各单元叠加的等相位面方向，进而改变波束指向。频率扫描天线波束指向角度与馈电频率是一一对应关系。与相控阵天线相比，频率扫描天线使用蛇形波导，不需要移相器，收发共用一个天线，馈电简单，通道少，在造价、复杂程度及重量上都有大幅降低，可根据实际工程需要进行天线形式的选择。

3. 小结

综上，一个适合“低慢小”航空器预警探测的雷达装备除了要考虑各种方案（如雷达体制方案、雷达天线方案等）的优缺点外，还需要结合“低慢小”航空器的目标特性进行分析。由于“低慢小”航空器飞行高度较低，意味着雷达需要具有良好的低空检测性能。由于“低慢小”航空器可以在城市等复杂背景环境下低飞，所以雷达需要具有在强烈的背景杂波中检测出目标的能力；并且“低慢小”航空器目标小，对雷达信号的反射回波弱，这就要求雷达具有检测微弱目标的能力；“低慢小”航空器速度低，需要雷达具有很高的速度分辨率，才能将“低慢小”航空器与地物杂波分离开。

当然，雷达参数较多，如何进行参数选择，除了要考虑各方案的复杂性、经济性外，还需要结合具体的防控使用需求进行设计。国内外对于“低慢小”航空器雷达预警探测装备研究较多，却并没有一个万能的解决方案，都是结合实际的使用场景需求，都有一定使用局限性，不可一概而论。

5.3.2 雷达装备现状

目前全球很多国家纷纷投身于“低慢小”航空器探测雷达的开发，国外对此研发较早，技术较为成熟，早在 20 世纪末期就有单位开始研制，现在已经有服务于军方的产品，并已经实现了批量生产。在技术与应用方面比较领先的有美国、加拿大、以色列、英国等。国内也有多家公司或研究所在研发该技术，但大多数均处于论证和预研阶段，少有关键性进展。

（1）SPEXER 雷达是由欧洲宇航防务集团（EADS）安全网络公司制造的一种新型雷达系统。该雷达使用有源电扫阵列（AESA）技术，升级了全新的探测和监视能力，可精确探测地面及低空的运动目标。

（2）Syracuse 公司的 AN/PPS－5 主要工作在 J 频段（16～16.5 GHz），属于地面监视雷达，主要用于探测和定位单兵和车辆，可以发现距离为 5 km 的单兵和距离为 10 km 的车辆。AN/PPS－5D 为 AN/PPS－5 的升级版本，升级后的雷达能够发现距离 20 km 的车辆和距离 10 km 的人类。一台电脑可以显示雷达轨迹、目标坐标和方位，支持距雷达设备 50 km 的远程操作。

（3）泰勒斯（Thales）集团的 RB－12B 是一种工作在 J 波段（10～20 GHz）的地面监视雷达，主要用来探测、捕获、定位、跟踪和识别地面动目标、步行者、轻型战车和卡车。它可以发现距离为 3 km 的步行者和距离为 6.4 km 的车辆。同公司的 MSTAR 1989 年投产，已往欧洲、澳洲、美洲、非洲等地包括美国在内的多个国家售出 400 多部。MSTAR 是脉冲多普勒雷达，工作在 J 波段 10～20 GHz，自身净重 24 kg，操作装置重 5 kg，系统总重量为 56 kg，可探测到 11 km 外的单兵、26 km 外的坦克及 42 km 外的舰艇。

（4）埃尔塔（Elta）公司的 EL/M－2129 运动探测与警戒雷达已出口印度（56 台）、挪威（12 台）等国。EL/M－2129 是一种便携式雷达，脉冲多普勒体制，工作在 I/J 波段，重 30 kg，发射功率 5 W（可选 25 W），可探到 8 km 外的人员、15 km 外的直升机及 24 km 外的重型车辆。

（5）俄罗斯的 Pn－200 雷达是由俄罗斯研制的一种地面监视雷达，装备给俄军方，工作在 J 波段，在西方国家被称为信条－1 雷达。该雷达不仅探测距离远，探测范围也很广，既能探测装甲车、卡车等车辆，也能监视和控制在机场跑道上起落的飞机，能跟踪海上航行的船只，还能通过准确检测炮弹的着落点来对己方火炮进行射击修正，可用于重要大型目标的监视。其探测距离为 12 km（人员）、20 km（轻型车辆）、23 km（直升机）、25 km（坦克）、30 km（卡车、大型船只），跟踪速度范围为 3～72 km/h。

（6）英国 Plextek 公司的 Blighter 雷达是另一种用于安全应用的地面监视雷达，使用电扫描方式工作、连续波体制，能跟踪 10 km 内的人员及车辆，并且成本低，发射功率约 1 W，平均功耗只有 38.4 W，重量只有 22 kg；可同时处理多达 700 个目标，最小能检测的速度可达 0.37 km/h。

（7）为了应对低空/超低空武器的突袭，泰勒斯雷神系统公司研制的 AN/MPQ－64“哨兵”系列雷达，如图 5.13 所示。

图 5.13　AN/MPQ－64“哨兵”系列雷达

（8）2015年，瑞典萨博公司在代号“布里斯托15”的试验中，验证了“长颈鹿”捷变多波束（Giraffe AMB）雷达对“低慢小”航空器的探测跟踪能力，如图5.14所示。Giraffe AMB雷达是用于地面和海洋的二维或三维G/H波段被动电子扫描阵列雷达，在提供海岸监视能力的同时，还能对固定翼飞机、直升机、地面目标等进行分类与跟踪。在“布里斯托15”试验期间，Giraffe AMB雷达从周围的地面杂波中识别出100多架雷达散射截面积为0.001 m^2的无人机。

图5.14 Giraffe AMB雷达

“低慢小”航空器防控领域，应用雷达技术探测无人机的研发企业及其产品统计见表5.4。

表5.4 “低慢小”航空器防控领域雷达装备

制造商	产品名称	国家或地区
Accipter	NM1－8A Drone Radar System	加拿大
Chenega Europe	dronevigil Array	爱尔兰
DroneShield	RadarOne	澳大利亚
DroneShield	RadarZero	澳大利亚
ALX Systems	Spartiath	比利时
Chenega Europe	dronevigil Field Mobile	爱尔兰
Chenega Europe	dronevigil Holo-graphic	爱尔兰
IMI Systems	Red Sky 2 Drone Defender System	以色列

续表

制造商	产品名称	国家或地区
Aveillant	Gamekeeper 16U	英国
Kelvin Hughes	SharpEye	英国
Boeing	Laser Avenger	美国
DRS/Moog	Mobile Low, Slow Unmanned Aerial Vehicle Integrated Defense Systems	美国
DRS/Moog	SABRE	美国
Dynetics	GroundAware	美国
DeTect，Inc	HARRIER Drone Surveillance Radar	美国/英国
中国电子科技集团公司第十四研究所	AUDS“蜘蛛网”车载反无人机系统	中国
成都电科智达科技有限公司	DK-RD001	中国
成都博芯联科	LSS-radar	中国

综上，各国陆、海、空军大量装备了远程搜索和目标指示雷达，防空导弹、高炮大部分是由雷达引导攻击，因此，雷达探测是发现威胁目标的主要方式。雷达对“低慢小”航空器的探测主要根据“低慢小”航空器的雷达散射截面积来实现的。RCS 越大，雷达越容易发现目标；RCS 越小，雷达发现目标的难度越大。由于“低慢小”航空器反射面积非常小、其飞行速度慢，其造成的多普勒效应不明显，传统雷达对“低慢小”航空器的探测效果不好，存在低空探测盲区大、回波小且弱等难点。大型航模机体的材质为塑料和木材，控制设备和发动机如果包装在有雷达隐身效果的金属盒里则地面雷达很难发现，并且“低慢小”航空器飞行高度在 50～100 m 空域，雷达信号受到地面建筑干扰很难发现目标。

为实现雷达对目标的有效探测，可以通过增大发射功率、提高天线孔径和增益、降低接收机噪声系数等方法，补偿由于目标 RCS 的减小导致雷达灵敏度的降低，同时采取信号处理的方法实现对弱小目标的检测与跟踪。综合运用多普勒滤波、超低副瓣、匹配滤波、数字波束形成、地截获概率、相参与非相参积累、大动态范围检测、恒虚警检测、极化信息处理、多种发射波束设计等，充分利用目标与背景杂波、噪声、干扰等在某些特性上的差异以及雷达在时域、频域、空域中提供的信息等识别发现目标。除了对回波信号进行检测以完成对目标的监测与跟踪外，还应能够对目标类型进行分类和识别，以弥补常规雷达分辨率较低的缺陷。

5.3.3　雷达装备关键技术

对于雷达目标检测，低速目标分为两类，一类目标本身的运动速度很低，如悬停的或速度很慢的目标等；另一类目标本身速度并不低，但是它们相对于雷达的径向速度却很低，如围绕雷达切向飞行的目标等。检测低速目标的难点在于低速目标在多普勒域与地物杂波谱存在严重的交叠，由于杂波的强度一般都十分大，必须滤去杂波后才能有效地检测目标，但是传统的动目标显示（MTI）技术或动目标检测技术在滤去杂波的同时也会滤去混叠在杂波谱中的低速目标信号，从而导致难以检测出低速目标。对于“低慢小”航空器而言，其雷达的散射截面积通常较小且飞行高度低，这给利用雷达进行探测进一步带来了困难，采用传统的雷达体制和信号处理方法难以实现低仰角的目标检测和跟踪。

故需要重点围绕慢速飞行目标分类、地杂波抑制等技术研究，并结合成本控制等因素，进行低成本高精度的设计研究。

1. 慢速飞行物分类判定技术

慢速飞行物分类判定除了通过多传感器综合判定手段外，在雷达层面可以加入时频分析处理，通过目标微动多普勒特性反映出目标的细节运动特性（转动、摆动等），进而对目标分类。

微多普勒效应最初被引入相干激光雷达系统，用于测量物体的振动频率和振动偏移等运动性质。微多普勒特性能够细化研究物体的运动部件，反映出物体运动的复杂性。但是由于激光雷达的波长很短，即使物体的振动频率很低，所产生的多普勒频移仍然很容易观察到。大多数常规雷达由于频段较低，要观察到微运动引起的微多普勒调制比较困难，只有运动物体的速率和振动偏移量乘积足够大（例如具有高旋转速率和长旋臂的直升机螺旋桨等）时，所产生的多普勒调制才能被观察，这一缺陷限制了其应用。

近 10 多年来，由于联合时频分析技术的出现，微多普勒效应的研究逐渐成熟，相关的理论逐渐完善，大量相关的文章已经发表，提出的相关信号处理技术也得到了实测数据的验证。包含微运动的目标也已有较充足的研究基础，例如通过分析车辆轮子的旋转特性，识别出车辆是轮式的运输车辆还是履带式的坦克；通过分析机翼多普勒，能够识别出空中目标是螺旋桨飞机还是直升机，根据导弹弹头存在进动频率将其区分于一般飞行物等。这不但能够成为其他传感器检测技术的补充，更可以作为雷达目标分类和识别领域的支撑。

2. 地杂波抑制技术

在雷达对低空进行扫描时，由于受周围地物、地面形状、高大建筑物、天线旁瓣反射的影响，在雷达接收机中将会接收到大量杂波信号，如果不加以抑制，将无法检测出真正的目标。“低慢小”航空器飞行高度低、运动速度慢，采用雷达对其进行探测，需要克服地物杂波和多径效应的影响。为了实现对目标的可靠检测，结合目标的时间、空间、频率特性，通过杂波对消，并结合长时间积累和差分干涉技术实现对目标的检测。对于固定翼航模和多旋翼航模的不同特点，有针对性地采用不同的检测策略和信号处理方法。固定翼航模相对于多旋翼航模的飞行速度要高得多，因此结合固定翼航模的飞行轨迹特点，采用含有运动特性约束的长时间信号积累检测方法对目标进行检测。而对于旋翼类无人飞行器，其机体本身的飞行速度很慢，目标主体的回波信号会淹没在地物杂波中，这时拟采用高分辨时频分析技术不仅对目标主体的多普勒信号进行检测，而且要提取目标旋翼产生的微多普勒频率，并以此为基础构建检验统计量，实现对旋翼类无人飞行器的可靠探测。

3. 目标检测技术

在信号检测方面，可基于 FMCW（调频连续波）体制雷达，在接收电路中通过差频信号来检测目标的距离，信号处理采用 FFT/CFAR/MTI（快速傅里叶变换/恒虚警率/动目标显示）检测技术，重点研究在一定虚警概率下的 CFAR 检测算法，同时，对动目标（动物、鸟类）进行检测，实现动/静目标的分离，降低虚警概率；雷达在扫描时对环境进行实波束高分辨率成像，并由回波强度结合轨迹信息，目的是把非战术目标（如鸟类等）和威胁目标区分开，进一步降低虚警概率。

4. 高精度低成本相控阵技术

相控阵天线的三坐标扫描速度和空间覆盖率较机械方式高出一个数量级，因而现代对空警戒三坐标雷达已甚少采用机械扫描+测高雷达方式实现。但“低慢小”航空器防控需求通常来自各安保部门，该类雷达必须具备低成本的特征，难以直接借用成熟的有源相控阵雷达的方案及技术。另外，“低慢小”航空器目标具有微型 RCS 特点，雷达通常采用较高波段，绕射小，在作用距离范围遇到地形地物的遮挡则形成较大遮蔽区域，造成警戒盲区。这种防控态势决定了较难通过一套雷达理想地覆盖感兴趣区域，而需采取多套雷达相互补盲区、分布式防御的大策略，故单台雷达更是增加了对成本控制的要求。

综上分析，基于罗曼透镜的发射无源相控阵是一种低成本高精度的选择。

相控阵关键成本在于有源相移网络，即与阵元数量相等的移相器与放大器。这类器件的数量将显著提升整机成本。罗曼透镜能够改变这种状况，罗曼透镜在 1968 年提出，但彼时雷达应用基本出于军事目的，不是优先考量成本，而是优先考虑抗干扰与战场生存，对波束灵活性、波束捷变能力有强需求，因而其并未得到广泛的应用。

相比有源相控阵，罗曼透镜牺牲了波束灵活性，即在硬件设计完成后其波束扫描范围即完全确定，不像有源相控阵那样可通过修改波控网络实现波束重构。但罗曼透镜没有移相器与放大器，成本低廉，和有源相控阵具有相同的波束扫描能力和跟踪能力，在多波束成形方面较有源相控阵更有优势，因而在使用场景较确定的民用相位扫描雷达中完全可以替代有源相控阵，对安全防卫雷达系统具有重要的价值，如图 5.15 所示。

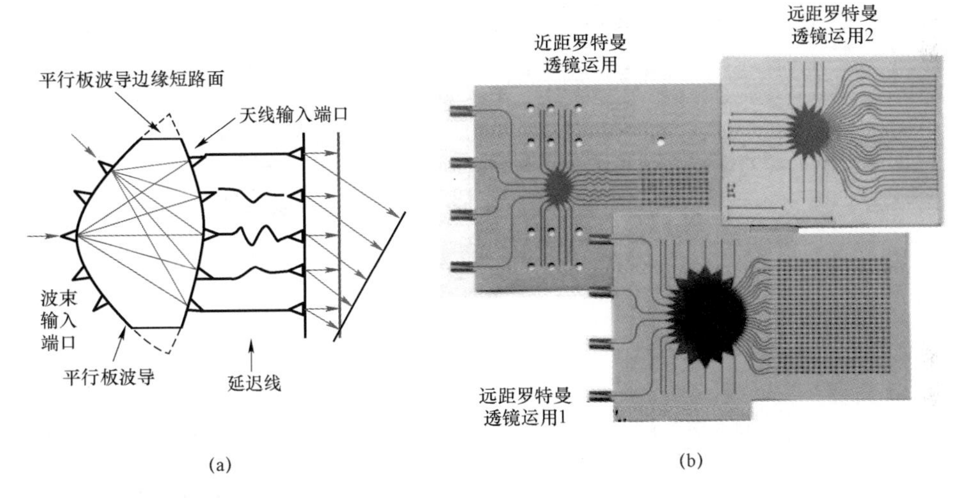

图 5.15 罗曼透镜原理和毫米波罗曼馈电天线（汽车雷达用）（书后附彩插）

（a）罗曼透镜原理；（b）毫米波罗曼馈电天线（汽车雷达用）

罗曼透镜的工程化设计的难点有两个：①“低慢小”航空器雷达波段高，罗曼透镜无法通过移相器校正相差，相控阵效果与天线设计方案容差、加工工艺精度强相关。汽车雷达的集成化微带罗曼天线工艺对近距离雷达效果极佳，但“低慢小”航空器雷达作用距离远得多，该工艺会造成很大的作用距离损失，故亦不适用，必须开发“低慢小”航空器雷达专用的低损耗、高波段、可制造性好的专有馈电和工艺方案。②需要对最优曲线与匹配结构做研究，通过罗曼透镜自身特性改善有源相控扫描的缺点，使得天线在扫描过程中幅度特性基本保持稳定，尤其改善宽扫描角时天线阵增益降低程度。

5.3.4 典型雷达装备介绍

本节介绍“低慢小”航空器协同防控平台中的雷达装备情况，包括雷达装备的功能、组成、技术指标以及相关部分的工作原理。

“低慢小”航空器协同防控平台中的雷达装备的实装形态如图 5.16 所示。

图 5.16 雷达装备的实装形态

1. 功能

针对城市复杂环境下“低慢小”航空器等目标发现难、探测难、识别难等问题，雷达探测装备需要能够从城市复杂环境背景中辨识出固定翼模、多旋翼航模等典型“低慢小”航空器，提供目标特性参数信息，为协同防控平台的目标处置提供数据支撑，以驱动外部安防设施进行处置。“低慢小”航空器雷达探测装备应具备以下基本功能。

（1）较高的角度测量精度，以降低对系统处置设备的要求。

（2）头顶盲区应尽量小（100 m 左右），雷达盲区内可目视搜索。

（3）适应低矮安装方式。

（4）尽可能考虑辐射安全性。

（5）重量轻，便于移动。

（6）体积小，适应小型运载平台。

（7）成本尽量低。

2. 组成

常见的雷达探测装备的体制有毫米波雷达、微波雷达。本书以毫米波雷达为例对雷达探测装备进行介绍。

“低慢小”航空器毫米波雷达探测装备由天线、毫米波收发模块、频率源、信号处理板、电源转换、中空伺服组成，如图 5.17 所示。整个结构置于天线罩内，通过网络被外部系统控制以及进行数据传输。在测试调试阶段由显控 PC 实现雷达单机操作。

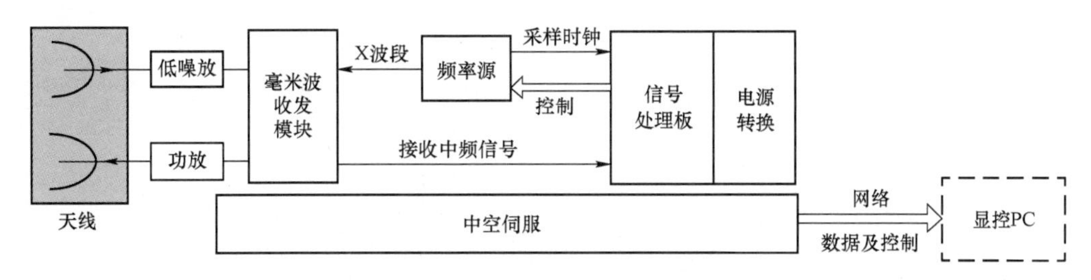

图 5.17 雷达系统组成框图

3. 技术指标

（1）作用距离：≥2 500 m（目标反射截面积 0.01 m^2）。

（2）探测方位角：0°～360°。

（3）探测俯仰角：0°～50°。

（4）探测距离精度：不大于 10 m。

（5）方位角角度精度：＜1°。

（6）俯仰角角度精度：＜1°。

（7）扫描速率：大于 15 RPM。

（8）同时跟踪目标数：≥100 批次。

（9）探测速度范围：2～100 m/s。

（10）距离分辨率：小于 2 m。

（11）对空虚警率：低于 10^{-6}。

（12）对空漏警率：不大于 0.05。

4. 工作原理

“低慢小”航空器雷达采用双天线线性调频连续波体制。在工作模式下，雷达发射机持续发射 Ka 波段线性调频信号，收到回波经收发前端进行前放、混频、滤波、放大后，输出包含目标信息的差频信号，经 A/D 采样、FFT、恒虚警判决、动目标显示、点迹凝聚、杂波过滤等处理后形成目标坐标报文，通过以太网接口将目标参数发出。

1）接收阵原理与组成

接收阵主要由波导–微带转换、低噪放、移相器、威尔金森合路器、180°电桥单元组成，阵列单元每路之间由固定衰减实现低副瓣效果。接收阵原理框图如图5.18所示。设计接口采用波导接口，与馈源通过弯波导硬连接。通过移相器的相位配平，固定衰减器的幅度配平，接收通道幅度一致性和相位一致性达到任务需求。

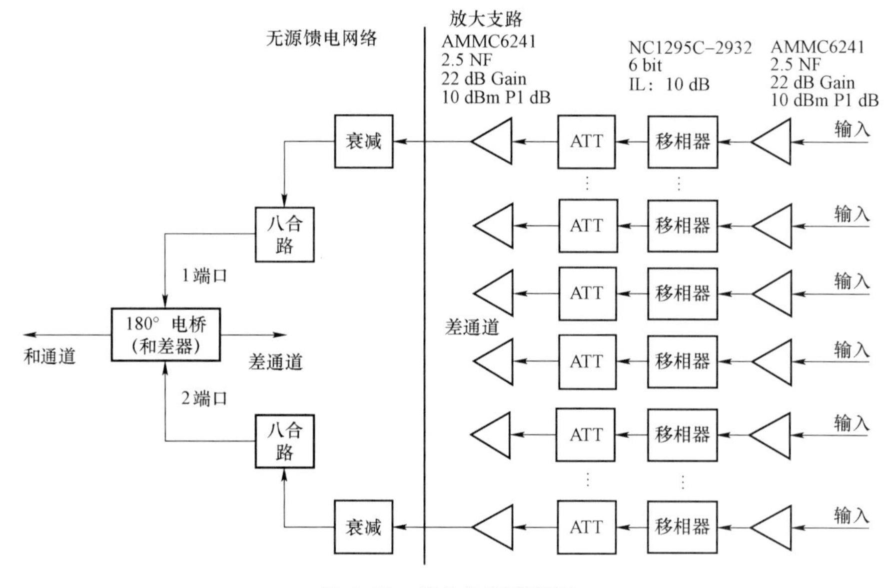

图 5.18 接收阵原理框图

和差器为一180°电桥。端口1，2到和端口均为0°，端口1，2到差端口相位差180°，和差波束共用一套馈电网络。为方便后续改造合路–和差器，合路–和差器部分与有源低噪放分开。调整接收阵每路增益，保证噪声情况下，将射频饱和点提高。接收阵链路设计框图如图5.19所示。

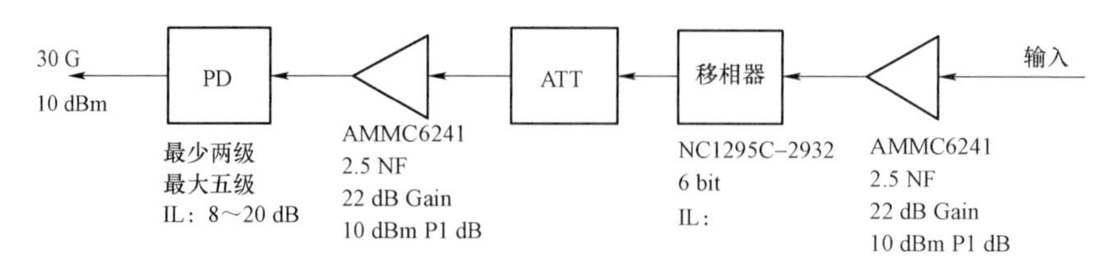

图 5.19 接收阵链路设计框图

2）发射阵原理与组成

发射阵阵元总体架构与接收阵基本相同，为输出最大功率，发射阵不考虑幅度加权，亦不考虑差发射，功放均推饱和输出。发射阵原理框图如图 5.20 所示。

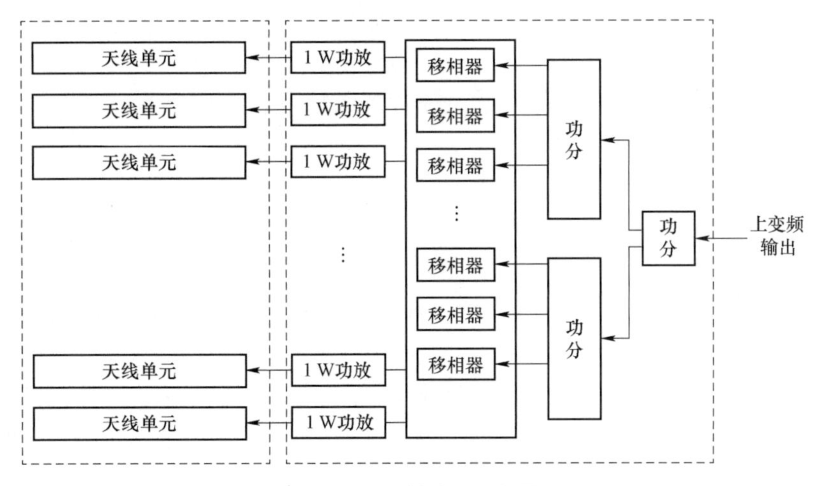

图 5.20　发射阵原理框图

由于无须做差波束，无须幅度加权，发射阵馈电网络结构相对接收阵简单，发射阵链路设计框图如图 5.21 所示。其重点在于选择合适的驱动放大器与功率放大器，使各支路等幅输出。

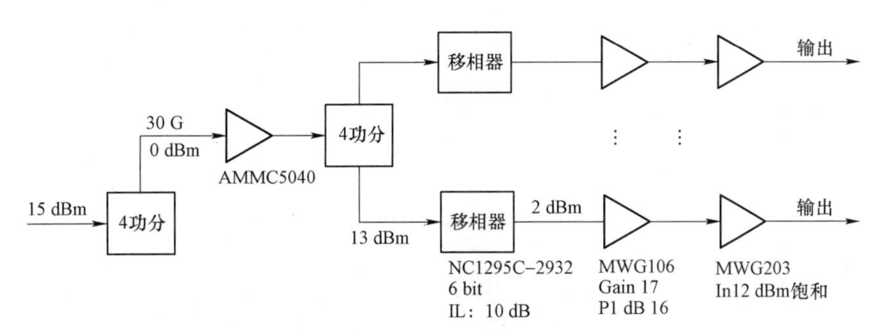

图 5.21　发射阵链路设计框图

5.4　光电装备

光电设备通过探测与识别手段，解决在城市复杂环境下“低慢小”航空器的探测、发现和识别难等问题。按照探测信息统一处理、识别数据按需提供、系统接口留有扩展的思路，分别开展可见光、红外、激光等单元设计，实现全景凝视成像、可见光探测成像、红外探测成像、激光测距。在光电装备研究时需要同步开展协同探测技术研究，合理分配资源，动态调整探测策略，基于单特征的威胁排序进行初级判断，开展多特征融合和时序融合策略研究分析，实现光电设备对“低慢小”航空器的有效探测与识别。

5.4.1 光电装备现状

国内外“低慢小”航空器光电装备主要有以下几个。

美国国防预先研究项目局（DARPA）一直在进行“先进宽视场图像重建与开发”（AWARE）项目的研究工作，AWARE 项目研制的光电探测系统，技术指标已达到 40 G 像素、视场角 30° ×30° 、像素分辨率 10 μrad，基本解决了大视场和高分辨率的矛盾，可实现对“低慢小”航空器的有效探测。

2015 年年底，美国诺斯罗普•格鲁曼公司在美国陆军举行的 MFIX 试验中，验证了名为“毒液”（Venom）的反无人机系统，如图 5.22 所示。Venom 是一种地面定位系统，集成了诺斯罗普•格鲁曼公司历经战争检验的轻型激光指示/测距仪（LLDR），能够在昼夜及模糊可视环境下识别、锁定、跟踪低飞的小型无人机。

图 5.22　Venom 反无人机系统

由以色列航空工业公司（IAI）制造的无人机警卫（Drone Guard）反无人机系统，集成了光电传感器、自适应 3D 雷达及专用的电子攻击干扰系统，可针对小型无人机进行探测、识别、干扰及打击。在特殊的侦察和跟踪算法帮助下，也可以用光电传感器来识别目标。

意大利 ES 公司推出的“隼盾”反无人机系统，采用带有电频检测功能的雷达，搭配光电传感器，该系统能够探测、定位、识别、干扰、打击低空慢速飞行的小型无人机（“低慢小”航空器）。

英国 Blighter 公司等在 2015 年，研究出反无人机防御系统，采用雷达准确定位无人机，然后通过发射定向大功率干扰射频，干扰无人机迫使其降落；用光电/红外相机配合跟踪算法追踪无人机，装备的定向射频干扰机采用高增益 4 频段天线系统，可以干扰 GPS 信号。

美国 Black Sage Technologies 公司研究的 UAVX 反无人机系统，探测距离为 500 m。探测硬件包括红外相机（焦距为 15～100 mm，可连续变焦）、可见光相机（36倍变焦）、探测雷达和一台运行深度学习的移动电脑[4核 ARM 架构 A15 CPU（中央处理器）及 192 核 CUDA（统一计算设备架构）CPU（图形处理器）]。

国内如高德红外、巨合和星网智控等公司也在研究机载、船载等光电吊舱，光电跟踪设备（图 5.23），根据探测环境的不同搭载不同的图像传感器，根据传感器的参数不同，探测距离等参数也不同。

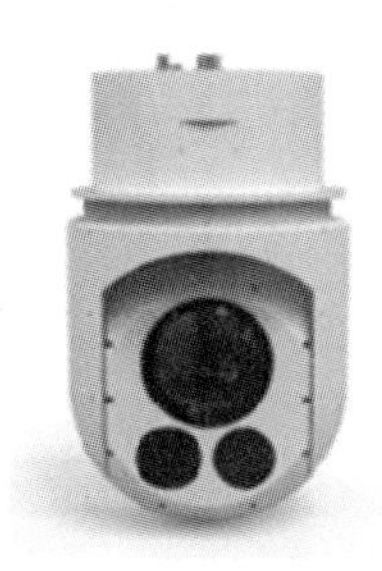

图 5.23 “低慢小”航空器光电吊舱和探测装备

经调研，“低慢小”航空器光电装备概况见表 5.5。

表 5.5 “低慢小”航空器光电装备概况

制造商	产品名称	国家	应用平台
DroneShield	DroneHeat	澳大利亚	陆基平台
DroneShield	DroneOpt	澳大利亚	陆基平台
ALX Systems	Sentinel	比利时	UAV
HGH Infared Systems	Spynel M	法国	陆基平台
Controp	SPEED-BIRD	以色列	陆基平台
Controp	Tornado	以色列	陆基平台
Elbit	SupervisIR	以色列	陆基平台
Ascent Vision	CM202U	美国	陆基平台

5.4.2 光电装备相关技术

1. 全景凝视图像拼接

通过摄像机阵列结构获得了多通道具有不同视场角的图像帧后，需要采用适合的图像拼接技术缝合成全景成像图像帧。采用图像拼接方法能够在摄像机视场角有限或拍摄距离受限的情况下，获得大视场图像数据。

图像拼接的基本处理过程为：首先根据应用场景，选取投影模型，然后对众多图像间的重合区域进行局部图像配准（image registration/alignment），最后通过图像缝合技术将全部图像合成一幅大视场角的图像。

将采集的原始图像定位到投影坐标模型，找出图像间不同像素对应位置，此过程称为图像配准。图像配准的方法有直接配准法和特征配准法。直接配准法也称为灰度匹配法，通过确定合适的误差度量，一般采用差平方和（sum of squared differences）的形式。

$$E_{\mathrm{SSD}}(u)=\sum_i[I_1(x_i+u)-I_0(x_i)]^2=\sum_i e_i^2 \tag{5.1}$$

直接配准法通常应用在不同图像获取时，摄像机的视场角具有比较精确的相对空间关系的情况下。特征配准法则通过提取图像中的非人工特征点，实现图像间的匹配，这种方法对摄像机的拍摄要求不高，能够适应多种多样的应用场景，获得了广泛的关注。接下来对特征提取方法进行探讨。

自然特征点是图像中包含的非人工特征信息，提取和描述此类特征信息的过程称为特征描述算子。常见特征描述算子包括边缘检测算子和点特征提取算子，边缘检测算子有 Roberts 算子、Kirsch 算子、Sobel 算子、Prewitt 算子、Canny 算子等一次微分算子，而点特征提取算子能大大减少需要关注的特征点数目，算法执行速度很快，这类算子主要有 Harris 算子和 SIFT（scale-invariant feature transform）算子。结合本方案中成像平台的特点，为了保证平台能够快速进行拼接运算，可采用点特征提取算子中的 Harris 算子和 SIFT 算子，下面对 Harris 算子和 SIFT 算子进行详细讨论。

Harris 算子使用查找拐角和边界点的方法来寻找特征点，处理过程如下：

$$E(x,y)=(x,y)\boldsymbol{M}(x,y)^T \tag{5.2}$$

式中，E 为梯度变化量，M 如下：

$$\boldsymbol{M}=\begin{bmatrix} A & C \\ C & B \end{bmatrix} \tag{5.3}$$

其中 $A = X^2 \otimes w, B = X^2 \otimes w, C = (XY) \otimes w, X = I \otimes (-1,0,1) = \partial I / \partial x$，$Y = I \otimes (-1,0,1)^T = \partial I / \partial y$。

M 的特征解 α 和 β 为描述变化量的量度。为了简化计算量，Harris 使用 R 来度量变化量：

$$R = \mathrm{Det} - k\mathrm{Tr}^2 \tag{5.4}$$

其中，Tr（$\boldsymbol{M}$）$= \alpha + \beta = A + B$，Det（$\boldsymbol{M}$）$= \alpha\beta = AB - C^2$。

为了减少对于选取 k 的不确定因素，可以采用如下方法计算 R：

$$R = \frac{\mathrm{Det}}{\mathrm{Tr} + \varepsilon} \tag{5.5}$$

SIFT 算子，SIFT 算法先在尺度空间中进行特征监测，然后得到关键点（keypoints）的位置和其所处的尺度信息，利用关键点邻域梯度主方向作为其方向特征，实现了算子的尺度和方向的无关性。

像素 $I_{i,j}$ 的 SIFT 特征的尺度 $G_{i,j}$ 和方向 $\theta_{i,j}$，通过式（5.6）和式（5.7）计算：

$$G_{i,j} = \sqrt{(I_{i,j} - I_{i+1,j})^2 + (I_{i,j} - I_{i,j+1})^2} \tag{5.6}$$

$$\theta_{i,j} = \tan^{-1}((I_{i,j+1} - I_{i,j-1}) / (I_{i+1,j} - I_{i-1,j})) \tag{5.7}$$

SIFT 算法提取的 SIFT 特征如下：①对如尺度缩放、旋转、光照变化均具有很好的不变特性，对视角变化、仿射变换也能保持一定稳定性；②信息量丰富，适合在海量特征数据库中准确地进行匹配；③具有可扩展性，能方便地与其他形式特征向量结合使用；④计算速度快，经过优化可达到实时的执行效果。

2. 可见光相机自动聚焦

图像是通过人眼视觉感受到的一种信息，是人类获取信息的一个非常重要的方面。人的眼睛只对 0.38～0.78 μm 的可见光敏感，人类视觉在白昼时对 0.55 μm 的光最敏感，夜间则对 0.51 μm 的光最敏感。在白天晴空和有云的情况下，景物照度在几千勒克斯（lx）至几万勒克斯之间，给人的视觉提供了非常清晰的外界图像。探测装备使用 CMOS（互补金属氧化物半导体）在可见光波段对“低慢小”航空器进行探测跟踪和显示，变焦镜头可很好地弥补全景凝视单元探测定焦系统的不足，可以对目标空域可疑物体进行更加清晰的成像，并呈现在显示器上，达到人和机器对可疑目标的快速识别，可以更好地保护相关区域的安全。

为了实现对目标的快速探测跟踪与识别，可见光探测中需要重点解决自动聚焦问题。随着国内对自动聚焦的研究越来越深入，一套比较系统的图像聚焦评价方法也已经形成。由于基于图像处理的自动聚焦技术相比于目测的和手动调节方式的自动聚焦更加准确、更加方便、聚焦更快、精度更高，所以在数码相机、数码摄像机、视频监控、高空遥感相机、望远镜、显微镜、内窥镜和机器人的视觉等各种应用场合都可以运用基于图像处理的自动聚焦方法，从而在现实中得到了广泛的应用。

所谓自动聚焦，就是通过一些方法使光学成像系统能够自动调节图像传感器让光学成像系统处于一个理想的成像位置上。虽然手动聚焦方法能够获取一些特定的效果，但是手动聚焦的非精确性，使得人们通常不会用手动聚焦。在一般的自动聚焦的装备中，计算机通过图像传感器获取经过镜头的图像，为了减少计算量，对图像的部分区域运用聚焦评价函数来对这幅图像的清晰度进行评价，然后根据聚焦评价函数的值来驱动电机，使镜头移动，直到能够获取清晰的图像为止。

电脑里存储的图片都是由一个个像素点构成的，虽然看上去这些像素点是没有联系的，是杂乱无章的，但其实每一个像素点之间都是有联系的。通过光学知识和数字图像处理理论的分析，聚焦清晰的图片相对于离焦的图片具有更大的对比度。从时域的角度来分析，一般图像在边界和细节部分相比于离焦图像具有更大的灰度变化，有较锐化的边缘；从频域的角度来分析，聚焦好的清晰图片相比于离焦的图片细节和信息更多，图像中的高频分量更加丰富。因此，判断图像聚焦清晰度时可以根据图像的灰度差值和高频分量的多少。

基于图像处理的自动聚焦的方法主要就是采集摄像头收集的每一帧图像，并用相应的聚焦评价函数来计算这帧图像的聚焦评价函数值，在计算出相应的评价函数值之后，根据聚焦评价函数值来驱动电机的移动，使镜头的位置正好处于满足光学高斯公式的位置，从而找到最佳的聚焦点。

基于数字图像处理的自动聚焦方法的优点有以下两方面。

第一，聚焦判断的方法众多，使调焦的方法多样化。对于传统的自动聚焦方法，比如测距方法，该方法只能通过测量距离来调节镜头使系统正确对焦。数字图像处理是根据图像聚焦评价函数来判断该图像是否处于正确的聚焦状态，而对于图像聚焦评价函数来说它的方法有多种，包括时域上的分析和频域上的分析。可以根据灰度差值来判断也可以根据图像里的高频分量来判断图像是否处于正确聚焦状态。因此，可以根据应用的要求以及系统硬件的条件来选取运用哪种聚焦评价函数来进行聚焦。

第二，基于图像处理的自动聚焦方法能够使系统结构变得简洁，使电路结构变得更加简单。随着计算机技术以及计算机接口技术和总线技术的不断发展，系统可以通过软件来给出控制信号，从而运用这个控制信号来控制电机的驱动，这样就使系统变得更加方便、简洁和灵活，使聚焦速度得到了很大的提升，同时也大大地简化了自动聚焦系统的电路设计。

基于图像处理的自动聚焦方法相比于传统的测距法和聚焦检测法来说，它的系统更加小巧、便捷，相对来说不是很笨重，系统结构简单，降低了成本，因此这种方法现在得到了广泛的应用。但是该方法对系统的计算能力提出了很高的要求，此方法计算量较大，因此需要较高要求的硬件结构。

在引入自动聚焦后，可见光探测的聚焦工作流程如图 5.24 所示。通过镜头采集传过来的图像数据，且对图像进行相应的预处理。然后选择是否自动聚焦，如选择自动聚焦的话，进入自动聚焦程序。经过粗调和细调之后，自动聚焦完成，至此整个聚焦过程结束。

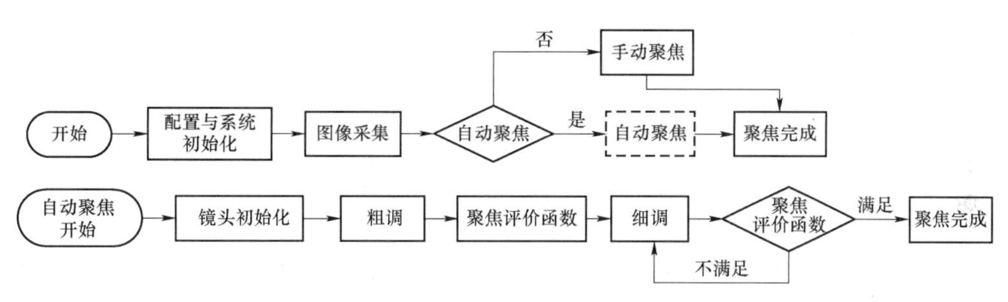

图 5.24　聚焦工作流程

5.4.3　典型光电装备介绍

光电设备通过探测与识别手段，主要解决在城市复杂环境下“低慢小”航空器的探测、发现和识别难等问题。按照探测信息统一处理、识别数据按需提供、系统接口留有扩展的思路，分别开展可见光、红外、激光等单元设计，实现全景凝视成像、可见光探测成像、红外探测成像、激光测距。在设备研究时需要同步开展协同探测技术研究，合理分配资源，动态调整探测策略，基于单特征的威胁排序进行初级判断，开展多特征融合和时序融合策略研究分析，实现光电设备对“低慢小”航空器的有效探测与识别。

图 5.25　某“低慢小”航空器协同防控平台中的光电装备情况

本节介绍了某“低慢小”航空器协同防控平台中的光电装备情况，如图 5.25 所示，包括雷达装备的功能、组成、技术指标以及相关部分的工作原理。

1. 功能

光电装备用于解决在城市复杂环境下“低慢小”航空器的探测、发现和识别难等问题，结合全景凝视成像、可见光探测成像、红外探测成像、激光测距等光电探测技术，实现对“低慢小”航空器的探测与识别。其组成框图如图 5.26 所示。

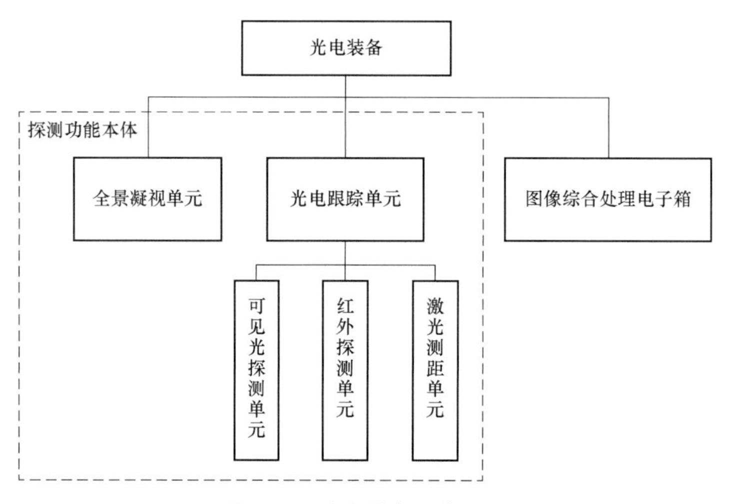

图 5.26　光电装备组成框图

光电装备的探测功能主要由全景凝视单元、光电跟踪单元两个组成部分实现。在城市复杂背景下，全景凝视单元通过视场拼接形成水平 360° 全向凝视的探测成像，对 360° ×30° 范围覆盖空域内、距离不大于 2 km 的“低慢小”航空器实施告警、探测、航迹跟踪，警戒空域态势和获取目标的运动航迹，获取目标方位角、俯仰角等信息，实时显示全景拼接图像，而光电跟踪单元则在基于可见光、红外和激光传感器的多元传感器的协同探测下对目标进行准确的跟踪，获取目标的形态、距离、速度等特征，最后进行识别和威胁度评估，并将上述数据按照指定协议上传至指控系统。

全景凝视成像探测系统相对于普通的常规视场探测器可对被测物体移动方式、轨迹进行预判，跟踪目标信息处理速度更快、定位更精准，可弥补常规探测雷达等对小目标不可探测和难探测的不足，实现对小型目标的早发现、早跟踪，保证对目标区域的全空间安全防护。光电跟踪单元包含可见光探测单元、红外探测单元和激光测距单元，可见光探测单元具有多倍变焦能力，可以对全景凝视成像分机提供的威胁目标进行跟踪、定位和高精度探测，并将其更加清晰地显示出来，增加识别精度；红外探测单元则可以在夜间和暗光环境中对可疑目标进行探测，将可见光图像与红外图像进行融合，可以弥补全景凝视单元在对“低慢小”航空器进行探测时所出现的目标图像分辨率低的不足；另外为了获得目标的精确距离信息，进而推算出目标的高度、坐标和运动速度，需要采用脉冲激光测距的方案对“低慢小”航空器进行探测。

2. 组成

光电装备功能组成示意图如图 5.27 所示。

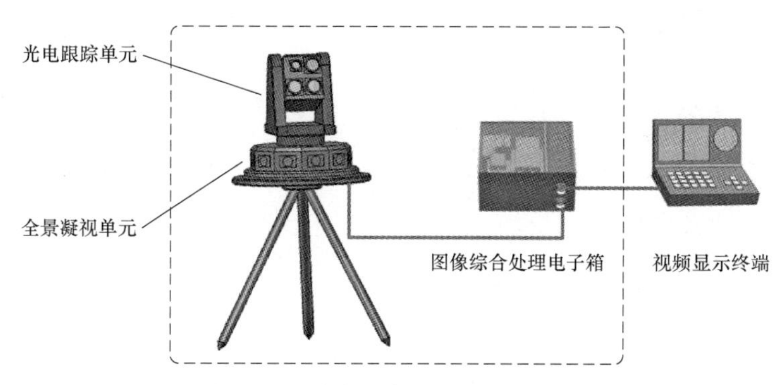

图 5.27 光电装备功能组成示意图

3. 技术指标

1）可见光探测与识别模块

（1）目标最大跟踪距离不小于 2 km。

（2）探测方位角度范围：360°（周视结构）。

（3）探测俯仰角度范围：−5°～25°。

（4）测角精度：±0.05°。

（5）数据更新率：不小于 25 Hz。

（6）方位跟踪精度（均方根值）：不大于 1 mrad。

（7）俯仰跟踪精度（均方根值）：不大于 1 mrad。

（8）方位保精度跟踪角速度：不小于 9°/s。

（9）俯仰保精度跟踪角速度：不小于 9°/s。

2）红外探测与识别模块

（1）目标最大跟踪距离不小于 0.5 km。

（2）目标探测概率不小于 95%。

（3）探测方位角度范围：360°（连续旋转）。

（4）探测俯仰角度范围：−5°～25°。

（5）数据更新率：不小于 25 Hz。

3）激光探测与识别模块

（1）测距范围：50～1 000 m。

（2）测距精度：±1 m。

（3）准测率：不小于 95%。

（4）测距频率：5 Hz ± 0.4 Hz。

（5）波长：1.06 μm 或 1.5 μm。

（6）激光束散角：2～4 mrad。

4. 工作原理

光电装备主要由全景凝视单元、光电跟踪单元和图像综合处理电子箱三个部分组成，其中，光电跟踪单元由可见光探测、红外探测、激光测距三个子单元组成，工作原理如下。

1）全景凝视单元

全景凝视单元采用高分辨率高帧频可见光探测组件，可见光摄像机视场经过合理布局、校正后，拼接覆盖指定的空间区域，如图 5.28 所示。每部摄像机由镜头、探测器、成像电路、视频及通信处理电路、光机平台等组成。其采用模块化组件设计，各个模块合理化布局，充分利用内腔的空间进行紧凑化设计，减小整机的体积与重量。

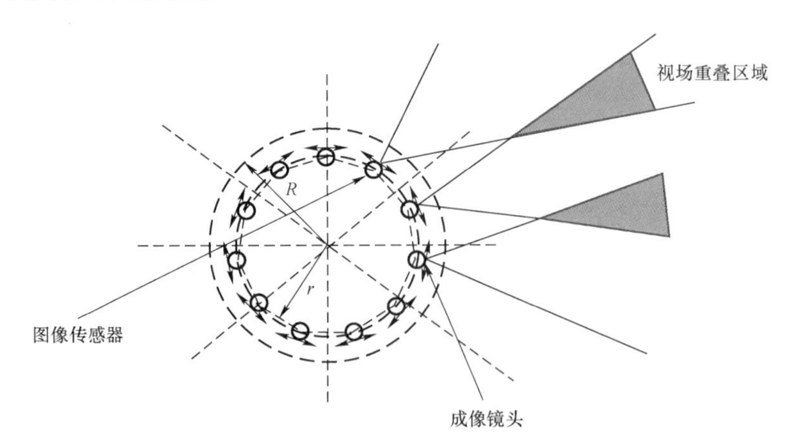

图 5.28　全景凝视单元视场拼接覆盖

可见光摄像机阵列结构中，相邻两台摄像机具有一定的视场重叠区域，每台摄像机的目标监测处理相对独立。每块子板将监测结果传输到主控制板，由其进行集中处理，目标监测方案示意如图 5.29 所示。通过这样的处理结构，大运算量的监测过程分散至多个子板中，主控制板仅对监测结果进行处理，减小了主控制板的负荷。同时这种分散监测集中处理的结构，使已有的多种监测算法可以直接应用，增大了全景凝视单元的应用范围。据此分析，用于目标检测的全景凝视技术的研究对象不是全景成像图像序列，而是单一摄像机采集的高分辨率图像序列。此外，本方案是在云台静止不动情况下，对动态目标监测技术进行研究。

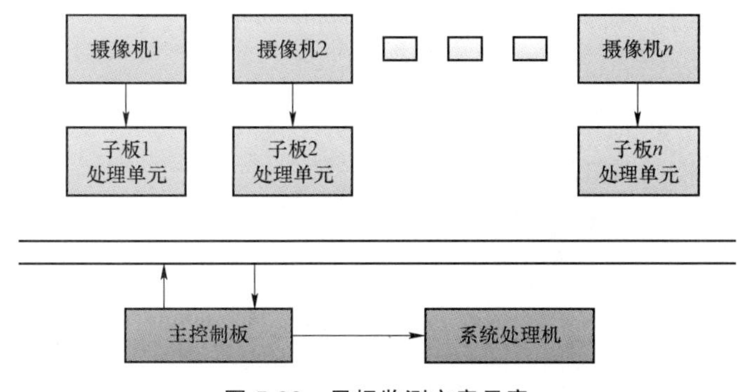

图 5.29 目标监测方案示意

2）光电跟踪单元

光电跟踪单元由可见光电视摄像机、红外电视摄像机、激光测距机等几部分组成，通过转接板安装在全景凝视成像装备上，可以通过自由旋转、俯仰角调整，进行目标监测、跟踪与识别，完成对防护区域的告警、监视与目标识别。

可见光/红外复合探测系统主要由高清可见光传感器组件、红外高清传感器组件、可见光镜头、红外镜头、转台和图像处理/控制电路等部分组成。其工作方式是：由系统的镜头接收大气衰减后的目标信息，分别进入红外和可见光探测装备中，经高速实时图像处理后，最终在显示设备上显示出可见光和红外融合后的图像。

激光测距单元通过脉冲激光发射系统的脉冲驱动电路触发固体激光器输出激光脉冲，由发射准直光路系统对输出的激光光束进行准直后射向探测目标。接着，接收光路系统接收从目标返回的激光回波信号并汇聚到 APD（雪崩光电二极管）探测器光敏面上，由 APD 探测器转换成电流信号，信号放大电路将 APD 探测器输出的电流信号转换成电压信号并进行幅值放大，时刻鉴别电路鉴别信号放大电路输出信号的计时点，确定激光回波的到达时刻，用于触发时间间隔测量系统。而测量和数据处理系统作用则是控制脉冲激光测距单元的工作流程，测量脉冲激光的飞行时间，并将所测得的距离、位置数据信息上传到数据处理上位机，数据处理上位机的主要作用是发出系统控制指令，控制探测系统的工作状态，接收并存储上传的信息。

综上，光电跟踪单元方案结合了可见光探测、红外探测和激光测距的综合探测的方式，各个子单元之间通过信息的交互，可以对信息进行高效率的利用，进而对可疑目标进行快速而准确的探测。

3）图像综合处理电子箱

图像综合处理电子箱用于放置数据采集、图像处理、目标检测、数据通信、二次电源等电路板和电气部件。通过连接器、线缆和光电探测装备本体连接，完成图像拼接、图像精准跟踪、目标形态检测与距离测算等数据处理工作。

5.5 声学装备

空气声探测技术军事应用起源于第二次世界大战时期，在对敌方火炮阵地和水下潜艇的探测中起到了非常重要的作用。但第二次世界大战后光电和雷达技术的飞速发展使得声探测技术发展缓慢。而随着现代战争中反侦察、干扰、反隐身和反辐射技术的发展和应用，传统的探测手段已经不能满足战争的需求。特别是 20 世纪 80 年代后，随着隐身飞机、武装直升机和无人机等高科技武器的充分发展和反辐射武器等装备的大量使用，声探测技术对低空/超低空目标探测的优势得以展现，使各个国家竞相发展声探测技术。目前，我国低空空域的开放和“低慢小”目标的出现，以及反恐维稳和国际维和等客观需求，使得对声探测技术的需求日益增长。

5.5.1 功能

针对“低慢小”目标的声学特性，声学探测装备应具备以下功能。

（1）对超低空飞行的无人机目标发现、定向、预警、识别。

（2）给光电设备指示方向。

（3）单个声探测装备独立使用和多个声探测装备组网使用。

（4）抑制风噪声、交通噪声、固定干扰源噪声（空调室外机）。

（5）采集无人机、直升机等目标辐射声波数据。

（6）集成 GPS 模块，定位和时钟同步。

（7）集成数字罗盘，测量磁北方位信息。

5.5.2　组成与工作原理

单个声探测装备由传声器阵列、声探测主机、传输设备组成，如图 5.30 所示。

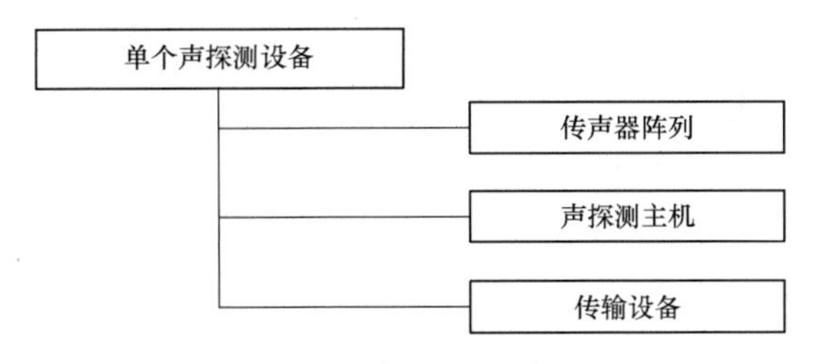

图 5.30　单个声探测装备组成

传声器阵列完成目标声信号的拾取，声探测主机完成对目标声信号的处理和探测结果信息生成，传输设备完成声探测装备与其他设备（光电、融合机等）的数据传输，如图 5.31 所示。

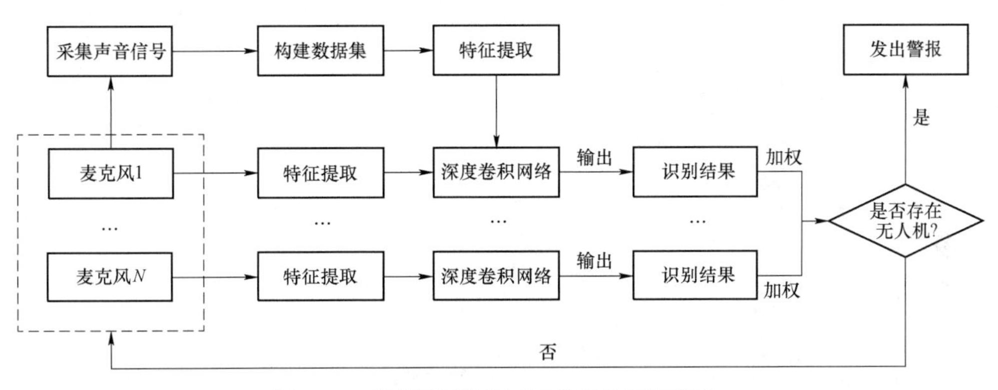

图 5.31　声探测系统组成及信号处理流程图

声探测装备主要功能包括声数据采集、声定向跟踪与目标识别和声预警判决与探测结果信息生成等模块。声定向跟踪与目标识别模块对采集的多通道目标辐射噪声信号进行分析处理，利用阵元之间的声程差估计目标的方位角和俯仰角，并通过模式识别的方法对目标进行分类。声预警判决与探测结果信息生成模块利用识别信息进行预警判决，当目标为可疑目标时，生成包括目标的波达时间、方位角、俯仰角以及类型等的探测结果信息，声探测装备工作流程如图 5.32 所示。

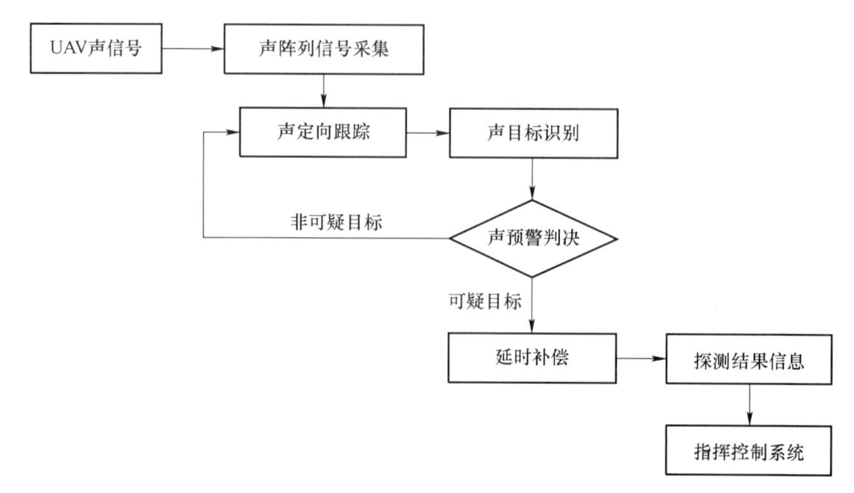

图 5.32 声探测装备工作流程

声探测装备具备噪声抑制的能力：针对风噪声，采用双层绒毛防风罩可降低风噪声的影响；针对固定干扰源（空调室外机），采用空域滤波的方法可减小影响。针对交通噪声，声探测装备可直接识别出目标类型，另外声探测装备可给出目标俯仰角，当声探测装备架高后，地面交通工具相对于声探测装备来说俯仰为负，可以依此减小交通噪声的影响。

多个声测站组网使用时，可以完成对低空目标的定位跟踪。其主要使用场景是重点目标来袭方向的组网防护。和单站探测相比，通过合理部署，其可提高光电设备的探测距离。

根据防护区域灵活部署多个声测站，声测站间距 0.5～1 km。声测站部署完成后，采用无人值守工作方式持续探测。

多个声探测装备可前出部署进行组网探测，各声探测装备的探测结果信息通过 4G 通信方式传输至信息融合机，信息融合机对各声探测装备探测结果信息进行归类，当多个探测设备同时探测到同一个目标时，融合计算该目标的轨迹并对其进行持续跟踪，生成具有该目标经纬度、高度、距离和类型等属性的融合结果信息，信息融合机工作流程如图 5.33 所示。

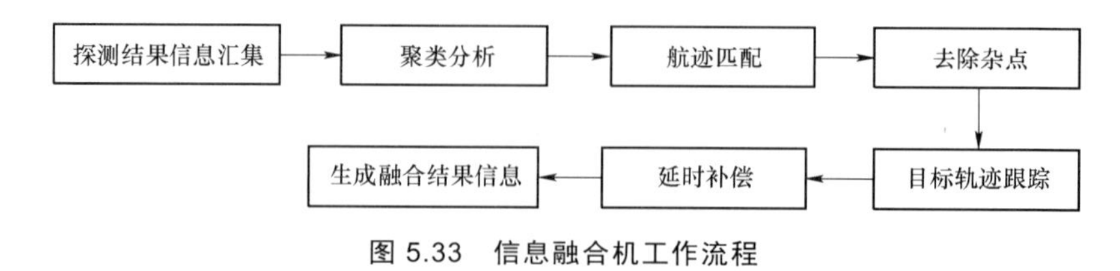

图 5.33 信息融合机工作流程

采用融合结果信息对光电探测设备进行导引，可得到比单站声探测装备更远的引导距离和更高的导引精度。

5.5.3 声学探测相关技术

1. 基于空气声阵列的目标检测与定向

现有的声源定位定向技术主要可以分为三大类：基于最大输出功率的可控波束形成技术、基于声音到达时间差的声源定位技术以及高分辨率谱估计技术。

可控波束形成技术基本思想是：对传感器接收声音信号进行加权求和从而形成波束，通过调整权值使得传感器阵列的输出功率达到最大，输出功率最大的点所对应的方位就是声源的位置。声源定位技术基本原理如下：首先利用实际测量数据估算出声音到达各传感器阵元的相对时间差，其次根据估算出的时间差计算出声源到达各阵元的距离差，最后利用几何算法或者搜索确定声源位置。高分辨率谱估计技术基本原理是：利用接收信号的相关矩阵，来求解阵元之间的相关矩阵从而确定信号入射方位角。

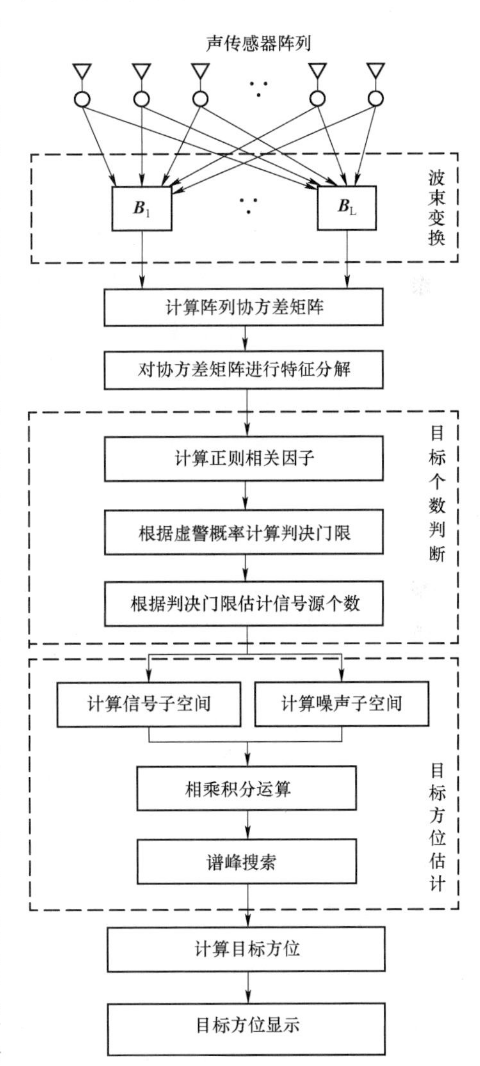

图 5.34 高分辨空间谱估计定向算法流程图

多分辨率谱技术的算法流程为：由于“低慢小”目标是一种连续对外辐射声波的移动目标，在环境噪声和干扰的影响下，常规采用互相关算法得到的主极大波峰会比较平坦，这样就很难判断出极大值点的准确位置，从而使时间延迟的估计产生较大误差。为此，采用基于空间谱估计的算法，由声学传感器阵列处理得到空间增益，从而提高信噪比，获得较高精度的目标方位估计值，其算法流程图如图 5.34 所示。该算法通过采用波束变换，降低了运算时矩阵的维数，可以滤除相应波束范围以外的噪声与干扰，从而减少了计算量，提高了分辨率。而通过信号子空间与噪声子空间的相乘积分运算，可以避免平坦主极大波峰的存在，提高了目标方位的估计精度。可知，高分辨空间谱估计算法使得目标声阵列探测系统能够在复杂背景噪声下稳定工作，并且能够克服相干信号源的干扰，迅速准确地对多目标的方位信息做出判断。

2. 幅频、相位一致阵列传声器设计

一方面选用镍膜作为振膜材料，可以在更宽的频带内调试阵列传声器的幅频一致性；另一方面，采用激光焊接振膜成型技术，可以避免在恶劣使用环境下出现的振膜特性不稳定导致的敏度和相位等参数变化的情况，从而保证传声器振膜的稳定性；而通过选用高精度、一致性的电子元器件，保证了阵列传声器匹配电路的一致性，最终实现阵列传声器整体的幅频、相位一致性。

3. 弱信号检测与识别

通过对目标发声机理的研究和大量外场试验数据的深入分析，基于目标信号的特点，提出了时频域联合检测和基于频域特征提取的神经网络识别技术；采用时频变换，使得随机噪声的能量趋于分布到整个时频域范围，而信号的能量通常集中在有限的时间和频率范围内，可以更加容易地检测出噪声与干扰中的信号；采用并行操作的神经元相互连接构成自适应的神经网络，再利用神经网络的训练实现各单元之间连接权值与自身阈值的调整，最终完成识别，如图 5.35 所示。

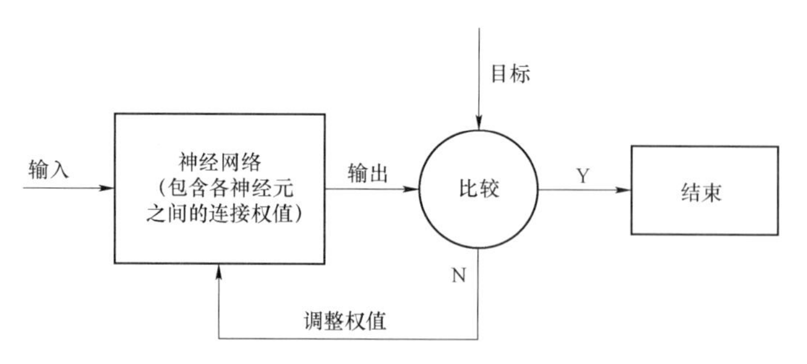

图 5.35　自适应神经网络的学习识别过程

4. 相关噪声抑制

声学探测在探测“低慢小”目标时，所处的环境比较复杂，常会受到车辆噪声、工厂噪声以及其他人为噪声的影响，因此采用传声器阵列方式进行测量。提出了基于远参考的相关噪声抑制技术，首先对各个传声器的噪声进行评估，

选择距离噪声源较近的传声器作为参考传声器，此时距离噪声源较远的传声器阵列接收到的噪声较小，如图 5.36 所示。已知参考传声器与传声器阵列接收到的噪声具有相关特性，可以利用谱减法实现对噪声的抑制，如图 5.37 所示。

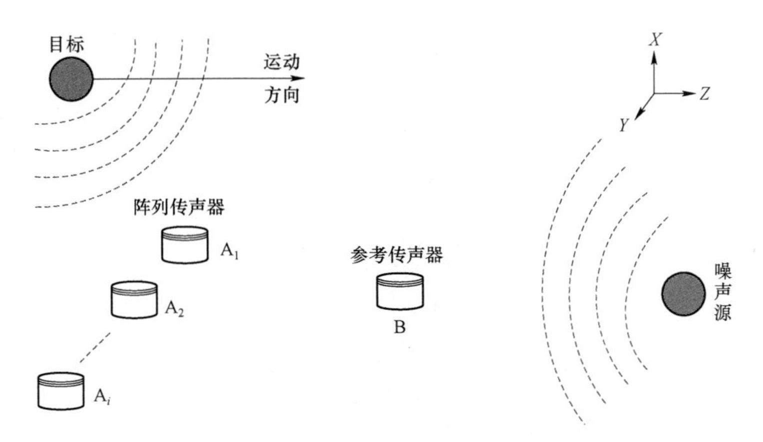

图 5.36　基于远参考的相关噪声抑制算法示意图

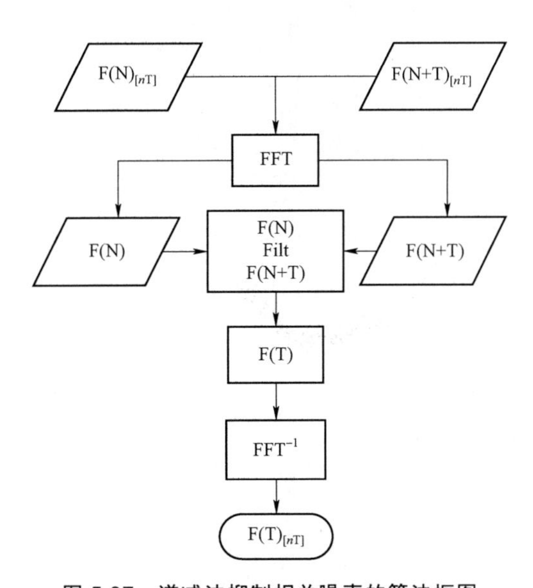

图 5.37　谱减法抑制相关噪声的算法框图

| 5.6　其他探测装备 |

图 5.38 所示为“低慢小”航空器探测技术市场应用整体情况统计，从以上各探测手段统计情况来看，在各种探测手段中，综合探测技术应用最广，占比31%，其次是射频探测手段，雷达探测技术紧随其后，次之为光电探测。

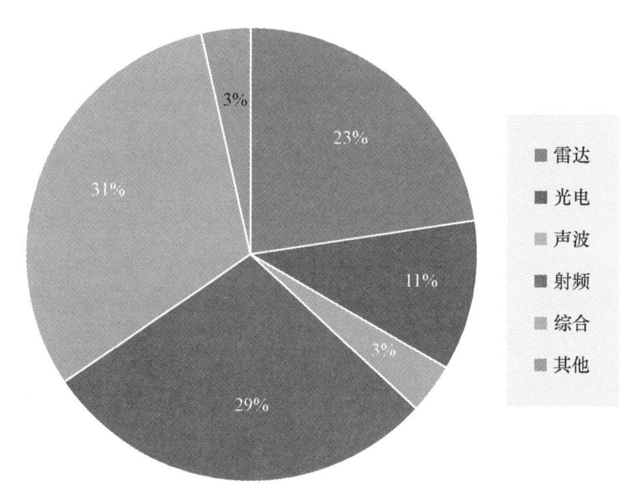

图 5.38　探测技术市场应用整体情况统计（书后附彩插）

从图中也能看出，“低慢小”航空器探测手段多以射频、雷达为主，并朝着综合技术应用趋势发展，可以预见综合探测在未来具有巨大的应用前景。

第 6 章

“低慢小”航空器协同防控平台处置拦截装备

6.1 引　言

本章围绕现有"低慢小"航空器处置拦截手段，对激光拦截装备、网式拦截装备、电子干扰拦截装备进行装备现状介绍、关键技术说明，并对"低慢小"航空器协同防控平台中已有的装备进行详细的介绍，主要包括装备的功能、组成、技术指标以及工作原理。

激光拦截装备章节重点介绍了激光拦截装备的现状，对国内外典型装备产品进行描述，并统计了相关研发企业及其产品。针对"低慢小"航空器协同防控平台中的激光拦截装备进行了详细的介绍，主要包括激光拦截装备的功能、组成、技术指标，并针对高精度光束控制单元、高效紧凑激光单元的工作原理进行了阐述。

网式拦截装备章节重点介绍了网式拦截装备的现状，并针对柔性网综合设计技术、低特征平衡抛射技术、软杀伤网式拦截技术、发射基准面倾斜自主补偿技术等技术要点进行说明。最后，围绕"低慢小"航空器协同防控平台中的北京机械设备研究所研发的典型柔性网拦截装备进行详细介绍，包括网式拦截装备的功能与组成、技术指标、工作原理以及作战流程。

电子干扰拦截装备章节重点介绍了电子干扰工程的应用方法，对数据链干扰反制的工程应用和无人机导航信号干扰拦截的工程应用进行了阐述，明确了电子干扰的使用模式和场景。然后对电子干扰的装备现状和技术现状进行了介绍。最后，围绕“低慢小”航空器协同防控平台中的电子干扰装备进行详细介绍，包括电子干扰装备的功能、组成、技术指标和工作原理。

最后，总结归纳了现阶段国内外拦截装备的发展现状与趋势。

6.2　激光拦截装备

随着无人机技术的高速发展，无人机已经广泛用于军事、经济、娱乐等领域，特别是它的智能化、廉价性、隐蔽性、机动性使其在军事活动中的作用日益显著，且有改变军事游戏规则之势。同时，无人机也为恐怖组织、犯罪分子提供了廉价、易得、隐蔽的攻击手段，对重要设施、重要部位、重要人物构成严重威胁，例如恐怖组织曾用无人机袭击沙特国家石油公司的两处设施，造成巨大损失。因此，许多国家都在积极研发和装备反无人机系统，特别是激光反无人机和火箭弹系统。

定向能武器是利用能量束产生杀伤的武器，其中最受关注的是激光武器。区别于传统动能武器，以激光武器为代表的定向能武器具有以下典型的特点：① 成本低：定向能武器发射成本远低于导弹等武器；② 能量密度高：能量束携带有较高的功率（如激光束的功率可到数百千瓦到数千千瓦），且截面较小，能够获得极高的能量密度；③ 对抗困难：由于能量束具有高速、难以侦测等特点，目标难以对打击进行预警、机动；④ 使用灵活：定向能武器无须计算弹道，噪声低、无后坐力，便于隐蔽和调整。

6.2.1　激光拦截装备现状

波音公司先后研制出“高能激光机动演示系统”（HELMD）和“紧凑型激光武器系统”（CLWS）两套反无人机的激光武器系统，如图 6.1 所示。HELMD 是一款功率为 10 kW 的激光武器，安装在“奥什科什”战车上，能够克服雾、风、雨等不利天气条件的影响，追踪和击落无人机，因此被形象地称为“轮子上的死亡光线”。2013 年在白沙导弹试验场和 2014 年在埃格林空军基地进行的两次测试中，HELMD 成功击落 150 多个空中目标，其中包括 60 mm 口径的迫击炮弹以及无人机。CLWS 是一款便携性更高的激光武器，重量 295 kg，输出功率 2～10 kW。2015 年 8 月，在美军组织的“黑色飞镖”反无人机年度演习中，CLWS 射出的激光束在照射无人机尾部 10～15 s 后，将其击落。

(a)

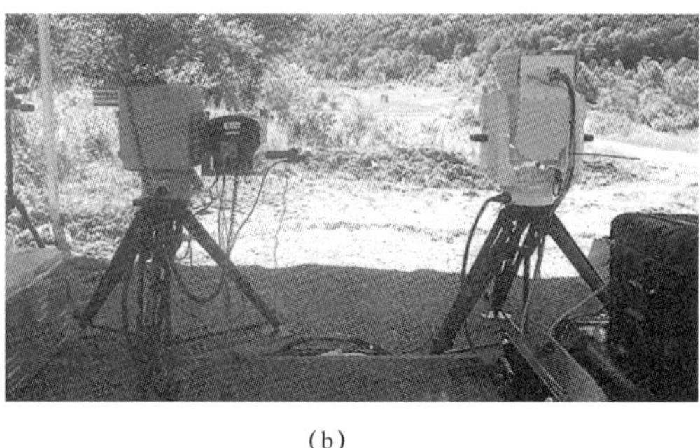

(b)

图 6.1 波音公司激光武器系统

（a）高能激光机动演示系统；（b）紧凑型激光武器系统

图 6.2 区域防御反武器系统

洛克希德·马丁公司同样采用 10 kW 级光纤激光器，研制出一款可移动的陆基“区域防御反武器”（ADAM）系统，如图 6.2 所示。该系统是专门为前沿要地开发的近距离防御系统，主要用于应对包括火箭弹、无人机、小型舰船等在内的近程威胁。ADAM 系统对目标的跟踪距离超过 5 km，可摧毁 2 km 范围内的目标。在 2013 年 4 月进行的试验中，ADAM 系统在距离目标大约 1.5 km 处摧毁了 8 枚飞行的小口径火箭弹；在 2013 年 12 月针对海上目标进行的试验中，该系统又成功损毁了 1.6 km 外的 2 艘军用小艇。

2014 年，美国海军宣布，将 30 kW 级“激光武器系统”（LaWS），如图 6.3 所示，部署在位于波斯湾的“庞塞”号两栖船坞运输舰上，用于拦截小型无人机和小型快艇。这是美国军方首次实战部署激光武器系统，并用于冲突地区，也使美国成为第一个在实战中部署激光武器的国家。LaWS 采用 6 套成熟的工业用光纤激光器，每套激光器输出功率为 5.5 kW，6 束激光通过非相干合成使激光束总输出功率达到 33 kW。2010 年，LaWS 在首次水上测试时成功摧毁 4 架 3.2 km 外时速 480 km 的无人机。2012 年起，LaWS 被安装在美国海军“杜威”号导弹驱逐舰上进行海试，并在 2012 年 7 月至 9 月进行的试验中，成功击落 3 架无人机。在“杜威”号上的测试结果给予美国海军加快部署 LaWS 的信心。

2013 年 4 月，美国海军宣布将 LaWS 作为“固体激光器－快速反应能力”（SSL-QRC）部署到实战环境。

图 6.3 激光武器系统

雷神公司正在研制的反无人机激光武器系统（HELWS），使用了该公司研制的多光谱瞄准系统的先进改进型。多光谱瞄准系统是一套电光/红外传感器，可以探测、识别、跟踪和锁定恶意无人机目标，一旦系统锁定目标，操控员就可验证截获信息进而发射高能激光束摧毁目标。该系统主要用于打击恐怖组织使用的重量小于 20 磅（9 kg）的无人机，也可攻击重量在 20～55 磅（9～24 kg）的无人机，如图 6.4 所示。

图 6.4 雷神反无人机激光武器车

德国莱茵金属公司也一直致力于激光拦截技术的研究，并提出多种用于对抗无人机的激光武器系统演示样机。2012 年 11 月底，莱茵金属公司成功试验了一种 50 kW 高能激光武器技术演示样机（图 6.5）。该样机由 30 kW 和 20 kW 激光武器站两个功能模块组成，配有供电模块等配套设施。在试验中，50 kW 演示样机在 1 km 外烧穿 15 mm 厚的钢梁，在 2 km 外击落数架俯冲的无人机。2015 年 10 月，在英国防务展上，莱茵金属公司又展出一款新型反无人机激光炮。该激光炮装有 4 组 20 kW 高能激光发射器，使其看上去像一种“激光加特林机枪”，通过叠加技术可以凝结 80 kW 激光束对目标发起攻击。经过测试，这款激光武器能够在 2 s 内击毁数公里范围内的迫击炮，并能同时击毁 500 m 范围内的多架无人机。

图 6.5　50 kW 高能激光武器技术演示样机

美国陆军的高能激光战术车辆演示器（HEL-TVD），如图 6.6 所示。美国陆军表示正在加速开展高能激光武器项目，该项目将开发一种新系统，可识别、跟踪和打击无人机系统、巡航导弹、火箭、火炮和迫击炮威胁。美陆军的高功率激光武器系统可为士兵提供 360° 防护，同时可应对来自不同方向的威胁。陆军将调试高能激光战术车辆演示器，该演示器配备 100 kW 级激光系统，集成在由 Dynetics 公司和洛克希德·马丁公司开发的中型战术车辆（FMTV）系列平台上。HEL-TVD 将配装一个 100 kW 级的固态激光器，可在红外宽视场进行目标采集和在红外窄视场进行目标跟踪。该演示器吸收了最初为美国陆军“雅典娜”系统/ALADIN 激光器、美国空军 LANCE 计划以及美国海军 HELIOS/HFEL 系统开发的技术。

图 6.6　高能激光战术车辆演示器

其他应用激光主动防御技术的研发企业及其产品统计见表 6.1。

表 6.1　激光拦截装备

制造商	产品名称	国家	体制	平台形式
Boeing	Laser Avenger	美国	激光	固定式
Boeing/General Dynamics	MEHEL 2.0	美国	激光	固定式
Babcock	LDEW-CD	美国	激光、机枪	固定式
保利科技	“沉默猎人”激光防空系统	中国	激光	固定式

6.2.2　典型激光装备介绍

图 6.7 所示为“低慢小”航空器协同防控平台激光拦截装备。

图 6.7　“低慢小”航空器协同防控平台激光拦截装备

1. 功能与组成

激光拦截系统能够通过低空雷达预警系统对“低慢小”航空器实现远程捕获，之后引导光电跟踪系统成像跟踪，最终发射激光对目标进行激光拦截。激光拦截系统通过发射高品质激光对“低慢小”航空器实施打击，其主要是通过激光的烧蚀效应，对“低慢小”航空器的表面材料、功能部件进行硬毁伤，以破坏其动力学特性、能源系统、飞行控制系统等，使目标失去飞行能力。其有效解决了城市密集区、高层建筑屋顶等各类阵地部署的难题，是城市及重要核心区域的低空安防的一种重要手段。为实现对“低慢小”航空器的有效防控，激光拦截装备具备以下功能。

（1）较高的跟瞄精度，以适应“低慢小”航空器短距离高机动性特点。

（2）快速调焦。

（3）全程高精度光速控制。

（4）长时间打击。

（5）高效换热，高效紧凑热控，高效紧凑储能驱动，以满足灵活机动部署要求。

（6）功率体积比较高。

激光拦截装备分系统各单元的组成如图 6.8 所示。

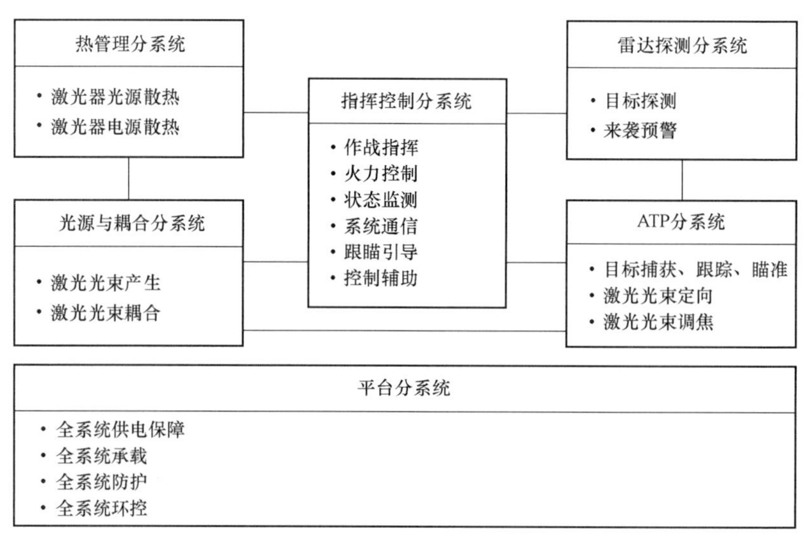

图 6.8　激光拦截装备分系统各单元的组成

（1）指挥控制分系统：指挥控制分系统应具备全系统的作战指挥、火力控制、状态监测、系统通信等功能。

（2）捕获跟瞄发射分系统(ATP): 捕获跟瞄发射分系统负责对目标的捕获、跟踪和瞄准，同时实现对激光光束的定向和调焦。

（3）光源与耦合分系统：光源与耦合分系统负责系统主激光光束的产生与耦合。

（4）热管理分系统：热管理分系统应具有满足主激光光源及电源的散热要求的热控能力。

（5）平台分系统：平台分系统负责全系统承载、环控、防护与全系统供电保障。

（6）雷达探测分系统：雷达探测分系统应具有对来袭目标的远程探测、来袭告警等功能。

2. 技术指标

（1）拦截距离：300～1 500 m。

（2）拦截概率：≥95%。

（3）连续打击时间：200 s。

（4）防控区域：方位角 0～360°、俯仰角 0～75°。

（5）探测距离：＞1 500 m。

（6）保精角速度：10°/s。

（7）保精角加速度：2°/s。

（8）跟踪瞄准精度：≯12 μrad。

3. 工作原理

（1）通过雷达持续大范围搜索空域，一旦发现可疑目标如无人机等，将目标的位置信息发送给火控系统。

（2）火控引导 ATP 对准目标，ATP 通过可见光/红外电视自动捕获目标，经过粗、精两级跟踪模式对目标进行稳定跟踪。

（3）指挥屏幕上实时显示目标图像，待精电视跟踪稳定后，指控系统根据测距信息判断目标是否进入打击范围。

（4）光源分系统产生高功率/高品质激光送入光束定向器。

（5）当目标进入打击范围后，指控人员选择瞄准位置，发射主激光。

（6）主激光通过 ATP 共轴发射系统精确指向目标的关键部位并聚焦，保证“所看即所打”。

（7）通过激光持续辐照的能量累积对目标关键部位进行烧蚀，使目标丧失飞行能力直至目标坠毁。

（8）评估目标毁伤状态之后转入执勤状态或立即进入对新威胁目标的打击状态。

6.3 网式拦截装备

柔性网拦截装备通过网式软杀伤方式，可对由螺旋桨提供动力的前拉式固定翼类、直升机类、多旋翼类航空模型、空飘气球等进行拦截处置。在其典型目标中，包含保持电磁静默类无人机、无电磁特征的空飘气球等，因此，其是城市环境下"低慢小"航空器可靠防控必不可少的手段之一。

6.3.1 网式拦截装备现状

网式拦截系统现有装备较少，主要包括英国和中国的两款典型装备。

2016 年，英国 OpenWorks 工程公司研发出一款名为 SkyWall 100 的肩射式反无人机火箭筒（图 6.9）。SkyWall 100 重约 10 kg，最大拦截距离 100 m，内置丰富的智能传感器，可以自动计算出无人机的距离和方位信息。在锁定目标后，利用压缩空气发射拦截弹，并使"子弹"在空中高速撒出拦截网将无人机裹住，使其丧失机动能力。拦截弹附带降落伞，在捕获无人机后，降落伞会张开使无人机和拦截弹缓缓降落。这样既能避免无人机直接坠落伤及无辜，又能降低无人机的损毁程度以便追究来源。

图 6.9　SkyWall 100 火箭筒

北京机械设备研究所已研发出三款网式拦截系统：车载式网式拦截系统、四发架设式拦截系统、单发肩射式拦截系统，如图 6.10 所示。四发架设式拦截系统以及车载式网式拦截系统主要用于拦截高度 200 m 以下、斜距 300 m 以内的"低慢小"目标；单发肩射式拦截系统主要用于拦截高度 50 m 以下、斜距 100 m 以内的"低慢小"目标。

（a）

（b）

图 6.10　"天网"系列拦截系统

（a）四发架设式拦截系统；（b）单发肩射式拦截系统

2016 年，德尔菲特动力荷兰公司研发出反无人机系统。执法无人机携带有网枪，网枪瞄准系统会自动跟踪锁定目标。该系统的瞄准时间较长，可对悬停状态的无人机进行拦截，如图 6.11 所示。

图 6.11　德尔菲特动力荷兰公司反无人机系统

2017 年，IAI 展出了具有侦察和打击能力的 RotemL 四旋翼无人机巡飞弹，可实现单兵部署，用于监视和攻击目标。该机主要用于城市和邻近区域作战，典型作战范围约 1.6 km，一旦接收到攻击指令，该机在最后阶段可加速到 100 km/h，可从不同角度接近目标，然后实施攻击，如图 6.12 所示。

图 6.12　IAI RotemL 四旋翼无人机巡飞弹

2017 年，上海交通大学成功研制一种基于六旋翼无人机的“交大鹰”“低慢小”目标监视与拒止系统，能主动接近目标，识别威胁目标，并对威胁目标实施网捕，如图 6.13 所示。

图 6.13　上海交通大学反无人机系统

2017年，中国电子科技集团第十一研究所研制无人机抛网拦截系统样机，采用六旋翼无人机搭载网枪进行拦截，其依靠地面光电设备的指引接近目标，最后依靠地面操作人员手动控制对准目标无人机，自上而下进行抛网拦截，该种拦截方式只适用于对悬停状态的无人机目标进行拦截，如图6.14所示。

图6.14 中国电子科技集团第十一研究所无人机系统

在“低慢小”航空器协同防控领域，其他应用网捕获主动防御技术的研发企业及其产品统计见表6.2。

表6.2 国内外网式拦截装备

制造商	产品名称	国家或地区	平台
Groupe Assman	MTX－8	法国	无人机搭载
Chenega Europe	dronesnarer	爱尔兰	手持
Delft Dynamics	DroneCatcher	新西兰	无人机搭载
Airspace Systems	Airspace	美国	无人机搭载
AMTEC Less Lethal Systems	Skynet	美国	手持
Fortem Technol-ogies	Drone Hunter	美国	无人机搭载
Michigan Technological University	Robotic Falconry	美国	无人机搭载
Fovea Aero	CCOD	美国	无人机搭载

6.3.2 柔性网装备技术要点

柔性网装备技术要点包括柔性网综合设计技术、低特征平衡抛射技术、软杀伤网式拦截技术和发射基准面倾斜自主补偿技术。下面分别围绕不同技术的内涵和目标进行说明。

1. 柔性网综合设计技术

柔性网拦截装备采用柔性可控杀伤战斗部，载体为柔性绳索编织而成的绳网，在设计过程中既要考虑绳索参数、绳网的结构形状，又要使绳网的质量小、强度大、结构稳定且不容易发生缠绕，以此开展空间绳网结构构型、网格拓扑结构、绳网本构特性获取与描述、柔性网长滞空保持等方面技术研究，突破低能量耗散对称构型网体设计、单元拓扑网目优化、柔性网折叠封贮、长滞空网型保持、空中开网效果综合分析评估等关键技术，攻克大面积柔性网长滞空、可控展开的技术难点，提高柔性网开网面积与延长滞空时间，提升有效打击能力等。

2. 低特征平衡抛射技术

反恐维稳军械装备通常在城市环境下应用，该环境下地面人员、设备、建筑物较密集，常规发射技术会产生较强的噪声、大量烟雾、明显的火焰和闪光，易对周围环境造成不必要的负面影响。

针对常规发射方式的不利因素，采用平衡抛射技术，发射过程可将燃气密闭在发射筒内，做到发射过程“无光、无焰、无烟、微声”即“三无一微”，同时后坐力小，可有效降低伺服机构总重量。

3. 软杀伤网式拦截技术

“低慢小”目标飞行高度较低，采用常规破片式战斗部实施毁伤拦截，易对地面的人员、设备和周围建筑物造成附加伤害，同时“低慢小”目标被摧毁，不利于后期的侦查处理。

针对常规战斗部拦截方法的不利因素，采用软杀伤网式拦截技术，在空中展开拦截网，缠绕目标螺旋桨或干扰目标正常飞行航线，进而达到捕获目标的目的；该方法无剧烈爆炸声音和大量碎片，且可保持目标完整，适合在城市环境和人群密集场所使用。

4. 发射基准面倾斜自主补偿技术

采用无制导拦截弹对目标进行拦截，发射转塔底面是拦截弹发射的基准面，该基准面倾斜角度直接影响系统的拦截率。通常在系统展开阶段对发射基准面进行调平，人工调平需要较长时间，制约了系统展开时间。采用发射基准面倾斜补偿技术，使用倾角传感器实时测量基准面姿态角度，补偿角在射击诸元解算中自动获取，该方法可显著缩短系统展开时间。

6.3.3 车载平台柔性网拦截装备介绍

1. 功能与组成

车载平台柔性网拦截装备是城市环境“低慢小”目标拦截处置的重要手段，典型目标为前拉式固定翼类、直升机类、多旋翼类航空模型、空飘气球等。通过车载式集成设计，具备移动平台、机动部署的功能；通过探测、跟踪、拦截三位一体的拦截系统设计，并预留组网外接接口，具备独立作战、联网作战、多机协同作战功能；通过平台倾斜自动补偿设计，系统具备到达任务现场快速展开，即进入作战模式的能力。柔性网拦截装备功能组成示意图如图 6.15 所示。

图 6.15 柔性网拦截装备功能组成示意图

2. 技术指标

（1）装备展开投影面积 54 m^2。

（2）最大拦截目标速度 120 km/h。

3. 工作原理

柔性网拦截装备主要由地面设备、拦截弹组成，其中地面设备包括跟踪装置、控制装置、伺服机构、电源和载车。

（1）拦截弹。拦截弹采用筒弹一体，平衡发射，一次性使用。发射筒主要由平衡体、动力装置和筒体等组成，用于拦截弹丸存储、运输和发射。拦截网用于缠绕拦截目标使其失去动力坠地。

（2）跟踪装置。跟踪装置主要由电视成像设备、图像处理设备和跟踪转台组成。根据外界或搜索装置传递的目标信息，跟踪锁定目标，自动测量目标方位角、俯仰角和距离参数，并适时传输给控制装置。

（3）控制装置。控制装置主要由发射控制装设备和指挥控制装置组成，主要用于与各分系统设备通信传递数据。指控装置主要进行人机交互，进行工作模式（作战/训练/维护）、发射方式（单发/双发齐射）选择，完成发射等。发控装置根据跟踪装置的适时目标数据信息，进行射击诸元解算，控制伺服机构调转，完成拦截弹发射。

（4）伺服机构。伺服机构主要由发射转塔、立柱和基座等组成，可用外界重物（沙袋等）辅助固定。其主要用于承载拦截弹、跟踪装置、发射控制装置等；支撑、驱动拦截弹，实现方位运动和俯仰运动以调整发射位置。

（5）电源。电源主要由发电机组和供配电设备组成，也可直用 AC 220 V 市电，为系统用电设备提供所需电源。

4. 作战流程

柔性网拦截装备进入作战阵地后，载车底盘支腿撑起，上装加电自检。选定作战模式后，进行周围环境参数设置，全系统进入搜索待机状态。当指挥中心下发作战指令后，柔性网接收目标信息，并完成目标锁定，进入装备锁定/发射流程，完成拦截弹发射以及对目标的柔性网捕捉。其作战流程图如图 6.16 所示。

6.3.4 制导无人机网式拦截装备介绍

车载平台柔性网装备通过车载式集成设计，具备移动平台、机动部署的功能。制导无人机网式拦截装备以无人机为平台，其部署约束相对于车载更少，机动性、灵活性更强。制导无人机网式拦截装备具有自主飞行控制稳定、制导精度高、多功能模块集成性好等特点。系统采用复合制导方式，实现对空中目标的精确制导，通过无人机搭载气动抛网装置，在接近目标后还可实施软杀伤物理拦截。无人机平台能够车载集成，满足机动灵活、快速展开的使用需求，可广泛用于要地防护、局部对抗等场景。

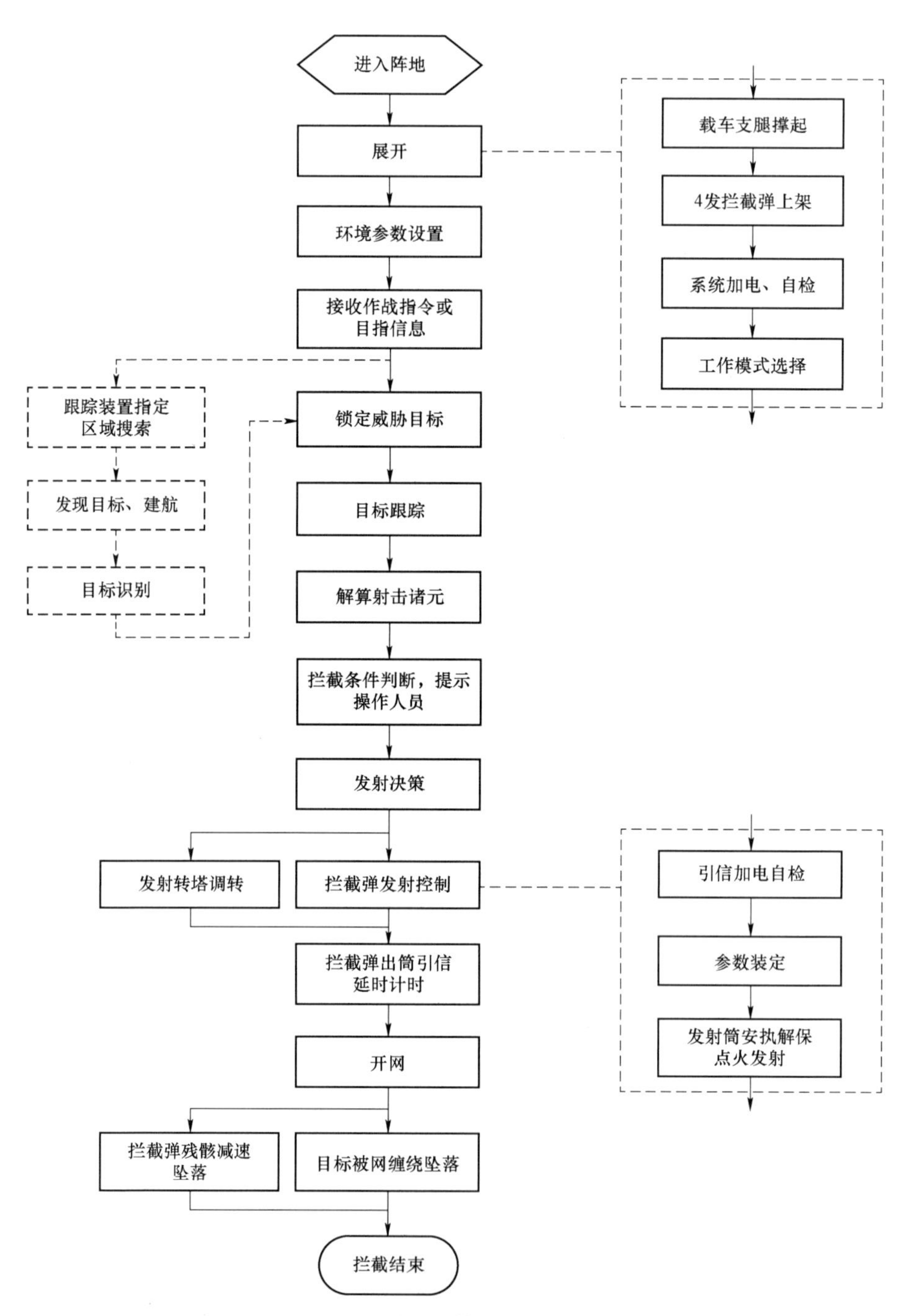

图 6.16　柔性网拦截装备作战流程图

1. 功能与组成

制导无人机网式拦截装备主要组成模块包括无人机平台、机载任务载荷、地面控制站以及光电跟踪装置（选配）等，其中无人机平台与地面控制站实物照片如图 6.17 和图 6.18 所示。平台具备以下功能。

图 6.17　无人机平台与任务载荷

图 6.18　地面控制站

（1）可对多旋翼无人机、空飘气球等进行有效的处置拦截。

（2）可通过雷达以及光电导引，精确识别跟踪目标。

（3）自动化程度高，具备一键起飞、自动跟踪拦截、一键返航等功能。

（4）采用气动抛网拦截目标，没有火工品，使用维护成本低。

2. 技术指标

制导无人机网式拦截装备主要技术指标如下。

（1）轴距：1 600 mm。

（2）载重：≥15 kg。

（3）拦截斜距：≥1 000 m。

（4）飞行速度：≥10 m/s。

（5）续航时间：≥20 min。

（6）最大飞行高度：≥150 m（起飞海拔 2 000 m）；≥100 m（起飞海拔 4 000 m）。

（7）使用寿命：动力电池（≥200 个循环），动力电机（2.5 年需更换）。

（8）网弹数量：2 个。

（9）拦截网面积：3 m×3 m。

（10）拦截网更换时间：≤2 min。

3. 作战流程

制导无人机网式拦截装备的作战流程分为值守待命、目标探测与跟踪、指令制导飞行、无人机视距锁定跟踪、抛网拦截、自动返航六个阶段，如图 6.19 所示。

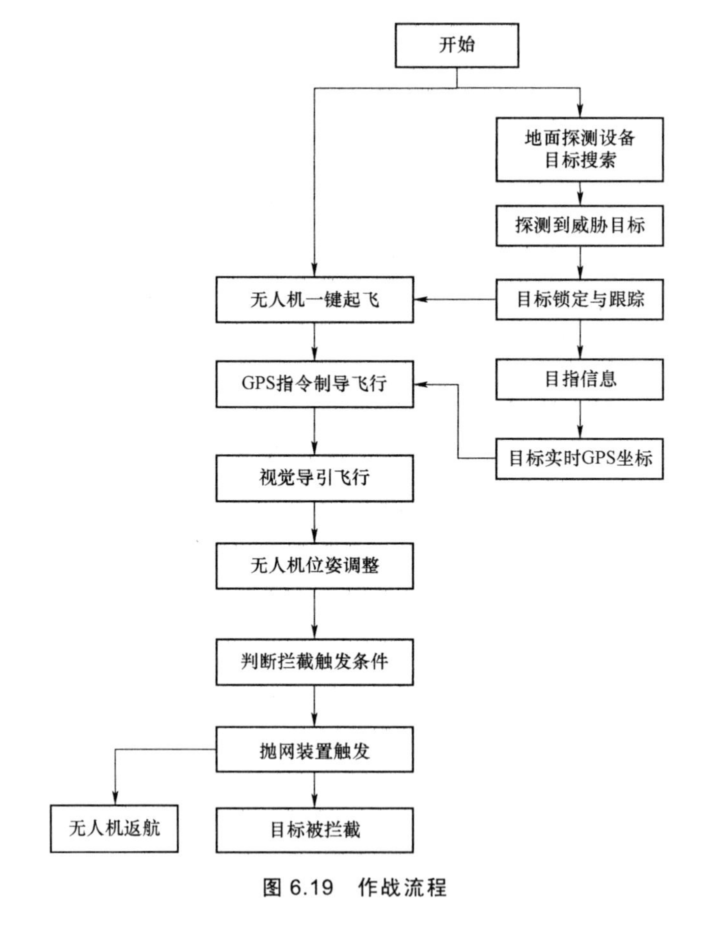

图 6.19　作战流程

（1）值守待命：系统待机值守模式下，无人机在地面加电待命。

（2）目标探测与跟踪：地面探测装置工作后，对目标空域进行搜索探测；探测到可疑目标，经地面确认后，对目标进行锁定跟踪，并实时解算目标位置，如图 6.20 所示。

（3）指令制导飞行：地面站控制拦截无人机一键起飞，悬停至合适位置；然后，地面控制站将解算出的目标坐标位置通过无线数传实时发给拦截无人机，拦截无人机基于自己的位置，在制导指令下不断抵近目标，如图 6.21 所示。

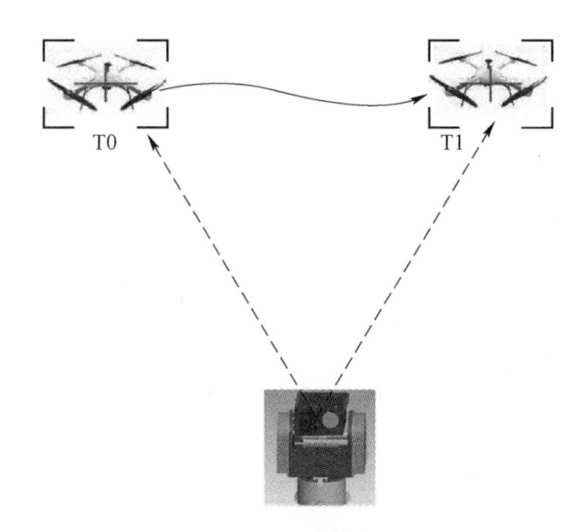

图 6.20 目标探测跟踪

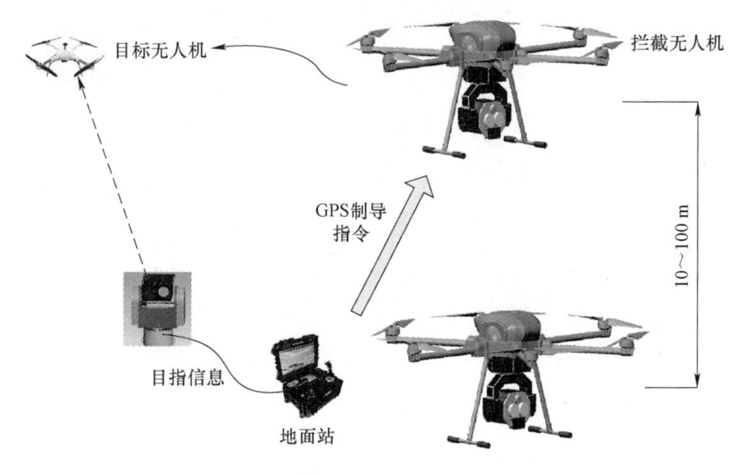

图 6.21 初段 GPS 指令制导飞行

（4）无人机视距锁定跟踪：在指令制导飞行过程中，无人机搭载的云台将始终保持水平，当其靠近目标、目标出现在机载视觉系统的视场中后，无人机将切换至末段视觉导引模式，由视觉处理单元对目标进行识别与跟踪，控制云台始终对准目标，测距模块连续对目标进行测距，由此控制无人机进一步跟踪逼近目标，如图 6.22 所示。

（5）抛网拦截：无人机在视觉导引模式下不断接近来袭目标过程中，无人机将拦截模块瞄准目标，当实时测距模块测量到距离满足拦截发射条件时，无人机搭载的拦截网模块自主发射，目标旋翼被迎面展开的拦截网缠绕后失去动力坠落，如图 6.23 所示。

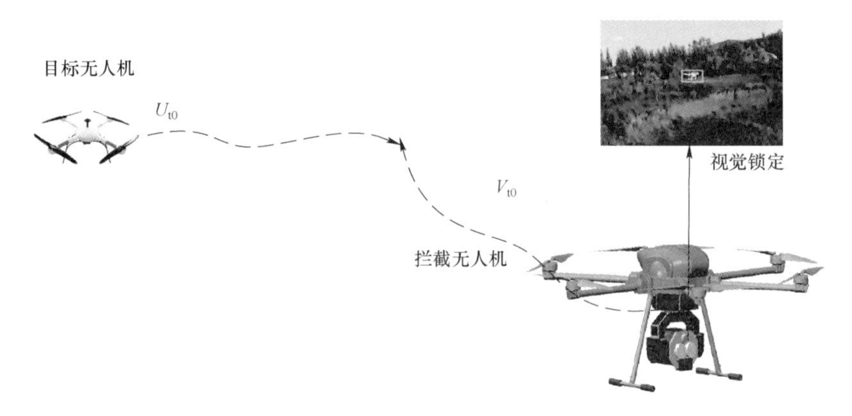

图 6.22　视觉制导飞行

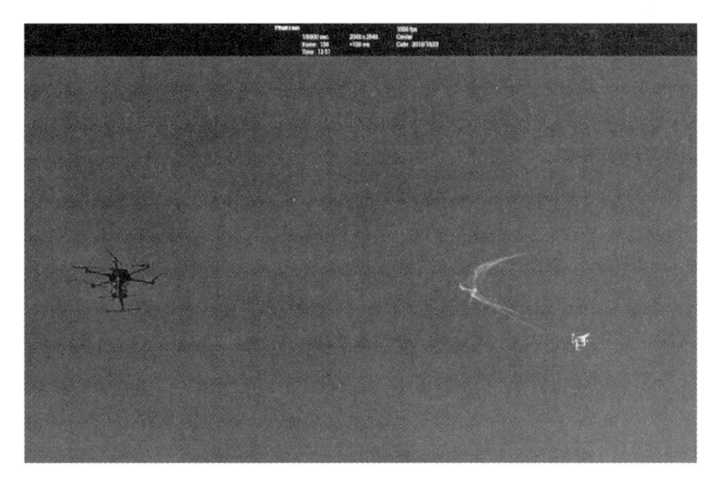

图 6.23　末端抛网拦截过程

（6）自动返航：无人机在执行完成拦截任务后，仍持续对目标进行跟踪，确认目标拦截效果后，可通过自动返航功能设置，自动准确返回至起飞点处。

6.4　电子干扰拦截装备

电子干扰拦截装备是为有效应对"低慢小"航空器而研制的无线电电子对抗系统。它可以对无"低慢小"航空器所使用的无线遥控器、数传电台信号进行侦察；对卫星导航系统、无线遥控器进行电子干扰，进而切断"低慢小"航空器与后台操控者的"脐带"联系，从而达到防控"低慢小"航空器的目的。

6.4.1 电子干扰工程应用方法

1. 数据链干扰反制的工程应用

根据“低慢小”航空器数据链路干扰原理及仿真分析，“低慢小”航空器数据链路通信系统具有较高的扩频增益，因此干扰方需要付出较大的干扰功率代价才能达到干扰目的，并且部分干扰方法需要一定的“低慢小”航空器数据链先验知识才能进行干扰，因此，应当根据实际工作环境，选取合适的干扰策略，以下对不同环境下，“低慢小”航空器干扰策略的选取做部分假想及分析。

（1）近距离“低慢小”航空器。这类“低慢小”航空器距离干扰设备较近，一般为人眼可视范围之内（0～500 m），一般出现在大型集会场所、旅游景区、重要人物出席场所等，此时可在安防场所布设便携式及车载式干扰设备，当发现非法闯入的无人机后，可将干扰功率通过定向天线对准目标进行干扰，由于安防范围较小，干扰设备能够将足够的干扰能量辐射至无人机，因此可以采用宽带阻塞干扰或部分频带阻塞干扰方式，这样无须侦测并收集无人机数据链信号的先验知识，且设备实现简单、成本低廉并能达到干扰目的。

（2）远距离“低慢小”航空器，具有“低慢小”航空器跳频图案等信息。这类“低慢小”航空器距离干扰设备较远（大于 500 m），一般出现在诸如飞机场、发电站等需要安防的范围较广的区域，这种环境下，要求干扰方能够在远距离情况下及时发现入侵的“低慢小”航空器并及时完成干扰反制。干扰难点在于目标距离远且无足够的供干扰设备机动部署的时间。因此可在对信号快速侦测、截获、分析的基础上，短时间内确定干扰对象，引导干扰机将干扰功率瞄准无人机当前通信频率并实施跟踪干扰。这种干扰模式需要在远处通过雷达或光电探测等方式及时发现入侵“低慢小”航空器，对“低慢小”航空器信号进行征收并破译出其跳频图案等关键信息，设备实现难度大、成本高。

（3）远距离“低慢小”航空器，不具有“低慢小”航空器跳频图案等信息。这类“低慢小”航空器多为个人手工设计并制作，频率使用不严格，通信模式多样，对其信号进行侦测、截获及分析的难度较大，当其出现在诸如机场、发电站等需要重点保护的场所时，可能造成的安全危害极大。因此可分布式地部署多台固定式干扰设备以获得足够的干扰能量，雷达及光电探测设备发现“低慢小”航空器目标后，通过宽带噪声干扰、部分频带噪声干扰或多频连续波干扰对其进行干扰反制。

“低慢小”航空器数据链通信负责“低慢小”航空器遥控器上行控制指令及“低慢小”航空器下行图传及状态信息的传输，在切断“低慢小”航空器与遥控设备的通信后，“低慢小”航空器将根据预设失控行为进行应急响应，旋翼“低慢小”航空器的失控行为包括悬停、返航、降落，而固定翼“低慢小”航空器失控行为包括返航和空中盘旋，下面对“低慢小”航空器机数据链干扰生效后几种失控行为的响应模式做简要介绍。

（1）悬停或空中盘旋：“低慢小”航空器失去和遥控器的联系后，若失控行为设定为悬停（旋翼）或空中盘旋（固定翼），“低慢小”航空器将根据当前导航定位信息尽量停留在当前位置，直到续航能力耗尽后坠落或迫降。

（2）返航：“低慢小”航空器设定失控行为为返航后，“低慢小”航空器将根据导航系统指引飞行至起飞地点上空并降落。

（3）降落：“低慢小”航空器设定失控行为为降落后，在断开与遥控器通信后，“低慢小”航空器将缓慢垂直降落至地面。

因此，实际应用中，切断“低慢小”航空器数据链通信后，若“低慢小”航空器悬停在空中，可使用升空设备进行升空抓捕；若“低慢小”航空器缓慢降落，可疏散地面人群并清理地面设施及财物，在“低慢小”航空器降落至地面后抓捕；若“低慢小”航空器返航，则只能完成“低慢小”航空器驱离目标，“低慢小”航空器在较远距离降落或脱离干扰有效范围时，无法轻易地对“低慢小”航空器进行捕获，因此，需要对“低慢小”航空器导航信号干扰进行研究，以达到更佳的“低慢小”航空器干扰与反制目的。

2. 无人机导航信号干扰拦截的工程应用

无人机导航信号干扰能够迫使无人机无法解算或解算出错误的自身位置信息，但无法阻止无人机受遥控器的操纵，因此一般作为无人机数据链干扰的补充，以期达到更好的干扰目的。在掌握了导航信号扩频码码型特征后，可使用均匀分布随机码调相噪声干扰的方式取得更好的干扰效果，在对导航信号无相关先验知识的情况下，使用宽带噪声干扰机窄带噪声干扰也能取得很好的干扰效果且设备实现简单、成本更低，以下对不同的干扰设备开机策略分析干扰效果。

（1）压制干扰无人机导航信号，不干扰无人机测控信号。当干扰了无人机导航信号时，无人机仍然能够根据遥控设备指令行事，但无人机航迹会同时受到风向与风速影响，表现为飞行航迹大体遵从遥控指令，但飘忽不定，无人机作业难度加大。

（2）不干扰无人机导航信号，只干扰无人机测控信号。此时无人机无法接收遥控设备指令，但能根据导航定位信息执行基于返航、悬停或降落的应急响应。

（3）同时压制干扰无人机导航信号及测控信号。此时无人机既无法接收遥控指令，也无法通过导航信号精确定位，无人机将只能迫降至地面或悬停至空中，被动等待干扰方的捕获。

（4）欺骗干扰无人机导航信号，压制干扰无人机测控信号。无人机无法接收遥控设备控制指令，通过欺骗干扰的方式使得无人机计算出干扰方期望的位置信息，从而引导无人机飞行至欲欺骗位置。这种干扰策略能够轻易捕获目标无人机并在干扰过程中做到最大限度规避风险，但其实现难度大，成本高昂。

6.4.2　无线电干扰装备现状

2015 年，美国巴特勒国家安全研究与发展公司研发出一款名为“无人机防御者”的无线电射线步枪，如图 6.24 所示。“无人机防御者”通过发射无线电波束来干扰无人机的控制信号和 GPS 导航信号，有效作用距离为 400 m。无人机在受到干扰后便处于失联、失控状态，要么在半空中悬停，要么迫降。此外，“无人机防御者”非常注重发射速度和便携性。该步枪总质量为 4.5 kg，冷启动时间为 0.1 s，在携带备用电池组的情况下，可持续工作 5 h。

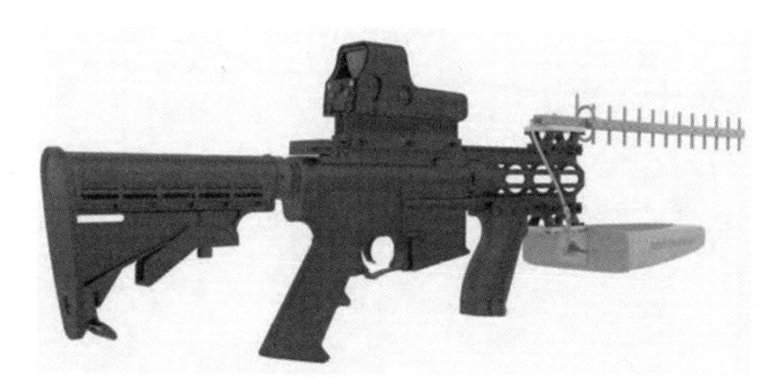

图 6.24　“无人机防御者”无线电射线步枪

同年，美国西点军校研究机构也研制出一款功能类似的反无人机步枪。该步枪由一根天线、无线 Wi-Fi 和“树莓派”电脑等组成，造价只有 150 美元，低于很多消费机无人机的售价和大多数反无人机系统的造价。

英国 Blighter Surveillance Systems，Chess Dynamics 和 Enterprise Control Systems 公司联手开发了 AUDS。该系统中集成了 Enterprise Control Systems 公司的定向射频抑制/干扰系统，能够对 8 km 范围内的无人机进行探测、跟踪、识别、干扰和制止（neutralise），如图 6.25 所示。

成都电科智达科技有限公司的无人机电磁干扰枪 ZD-D022，采用超高频宽带干扰技术，有效功率高，干扰距离远，满足视距内无人机拦截要求，完成无人机驱离或迫降。对无人机各信号段进行干扰，切断控制、导航及图传链路，拦截新号段包括常见的 4 GHz、2.5 GHz 及 900 MHz，并且兼容 5 GHz 飞控信号。其能进行超快速响应，设备介入时间低于 3 s，如图 6.26 所示。

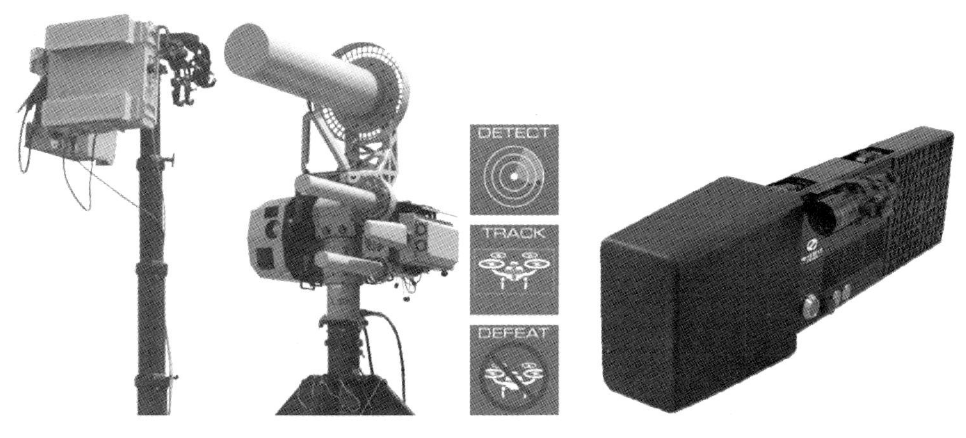

图 6.25　AUDS　　　　图 6.26　无人机电磁干扰枪 ZD-D022

中航翔迅“守护者”系列无人机反制系统是集侦察、锁定、打击于一体的针对无人机滥用的防护系统，包含固定式、车载式和便携式三种形态。其中 XX-GUARD－001 型无人机干扰器是一款单兵便携式打击无人机的利器，如图 6.27 所示，使用远距离电子信号干扰，3 s 内即可使无人机失去控制信号与卫星定位信号，有效驱离无人机或使其迫降。

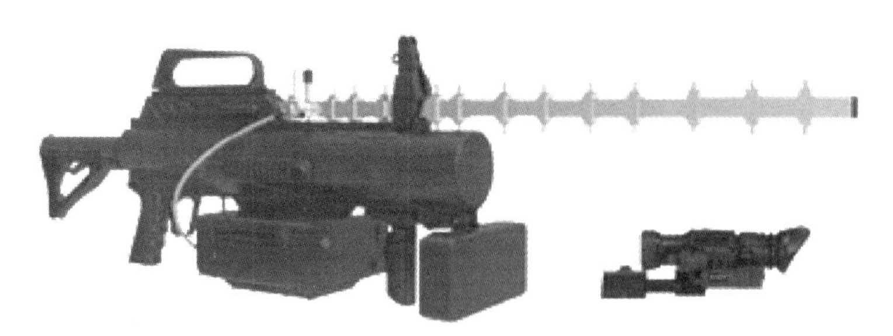

图 6.27　XX-GUARD－001 型无人机干扰器

针对“低慢小”航空器防控领域，应用干扰主动防御技术的无人机的研发企业及其产品统计见表 6.3。

表 6.3 “低慢小”航空器无线电干扰装备

制造商	产品名称	国家或地区	体制	模式
DroneShield	DroneGun MKII	澳大利亚	无线电频段干扰、导航信号干扰	手持式
DroneShield	DroneGun Tactical	澳大利亚	无线电频段干扰、导航信号干扰	手持式
KB Radar Design Bureau	Groza-R	白俄罗斯	无线电频段干扰、导航信号干扰	手持式
KB Radar Design Bureau	Groza-S	白俄罗斯	无线电频段干扰、导航信号干扰	固定平台
KB Radar Design Bureau	Groza-Z	白俄罗斯	无线电频段干扰、导航信号干扰	固定平台
Allen-Vanguard	ANCILE	加拿大	无线电频段干扰	固定平台
CTS	Drone Jammer	中国	无线电频段干扰、导航信号干扰	手持式
Digitech Info Technology	JAM－1000	中国	无线电频段干扰、导航信号干扰	固定平台
Digitech Info Technology	JAM－2000	中国	无线电频段干扰、导航信号干扰	手持式
Digitech Info Technology	JAM－3000	中国	无线电频段干扰、导航信号干扰	固定平台
Fuyuda	Portable Counter Drone Defence System	中国	无线电频段干扰、导航信号干扰	固定平台
Hikvision	Defender Series UAV-D04JA	中国	无线电频段干扰、导航信号干扰	手持式
HiGH＋MiGHTY	SKYNET	中国台湾	无线电频段干扰、导航信号干扰	手持式
Jiun An Technology	Raysun MD1	中国台湾	无线电频段干扰、导航信号干扰	手持式
HP Marketing and Consulting	HP 3962 H	德国	无线电频段干扰、导航信号干扰	固定平台
HP Marketing and Consulting	HP 47	德国	无线电频段干扰、导航信号干扰	固定平台
Chenega Europe	dronevigil Defender	爱尔兰	无线电频段干扰、导航信号干扰	手持式
ArtSYS360	RS500	以色列	无线电频段干扰、导航信号干扰	固定平台

续表

制造商	产品名称	国家或地区	体制	模式
D-Fend Solutions	N/A	以色列	无线电诱骗	固定平台
Elbit	ReDrone	以色列	无线电频段干扰、导航信号干扰	固定平台
ELT-Roma	ADRIAN	意大利	无线电频段干扰、导航信号干扰	固定平台
Broadfield Security Services	Drone Blocker	新西兰	无线电频段干扰	固定平台
Kalashnikov/ZALA Aero Group	REX 1	德国	无线电频段干扰、导航信号干扰	手持式
Drone Defence	Dynopis E1000MP	英国	无线电频段干扰、导航信号干扰	固定平台
Aselsan Corporation	IHASAVAR	土耳其	无线电频段干扰、导航信号干扰	手持式
Aselsan Corporation	IHTAR	土耳其	无线电频段干扰、导航信号干扰	固定平台
Harp Arge	Drone Savar	土耳其	无线电频段干扰	手持式
Drone Defence	SkyFence	英国	无线电频段干扰	固定平台
Kirintec	Recurve	英国	无线电频段干扰、导航信号干扰	固定平台
Battelle	Drone Defender（handheld）	美国	无线电频段干扰、导航信号干扰	手持式
Battelle	Drone Defender（land-based unit）	美国	无线电频段干扰、导航信号干扰	固定平台
Black Sage/IEC Infrared	UAVX	美国	无线电频段干扰	固定平台
CACI	SkyTracker	美国	无线电频段干扰	固定平台
CellAntenna	D3T	美国	无线电频段干扰、导航信号干扰	固定平台
Cobham Antenna Systems	Directional Flat Panel Antenna	美国	无线电频段干扰、导航信号干扰	固定平台
Cobham Antenna Systems	Directional Helix Antenna	美国	无线电频段干扰、导航信号干扰	固定平台
Cobham Antenna Systems	High Power Ultra-Wideband Directional Antenna	美国	无线电频段干扰、导航信号干扰	固定平台

续表

制造商	产品名称	国家或地区	体制	模式
Cobham Antenna Systems	Wideband Om-ni-Directional	美国	无线电频段干扰、导航信号干扰	固定平台
IXI Technology	Drone Killer	美国	无线电频段干扰、导航信号干扰	手持式

6.4.3 电子干扰技术现状

国内外“低慢小”航空器反制模式可分为直接摧毁类、干扰阻断类、监测控制类。直接摧毁类可使用枪械或激光武器直接对目标进行摧毁，但容易造成“低慢小”航空器坠机带来的额外安全隐患，因此民用安防领域很少采纳。干扰阻断类基本思想为发射电子脉冲或高功率微波使得“低慢小”航空器丢失导航信息或切断“低慢小”航空器和遥控器之间的通信链路，迫使“低慢小”航空器一定程度上失控，以至于作业失败。监测控制类“低慢小”航空器防控技术较为复杂，它要求在不损伤“低慢小”航空器的情况下完成对“低慢小”航空器导航及控制信号的阻断，并实现控制指令上的欺骗，最终实现截获并控制“低慢小”航空器的目的。

无论是干扰阻断类“低慢小”航空器反制系统还是监测控制类“低慢小”航空器反制系统，其根本问题都可归结于通信对抗问题，一方面，干扰方要破坏“低慢小”航空器的有效通信；另一方面，“低慢小”航空器要尽量摆脱干扰方的干扰，维持自己的通信畅通无阻，通信对抗发展过程可以用图 6.28 概括。

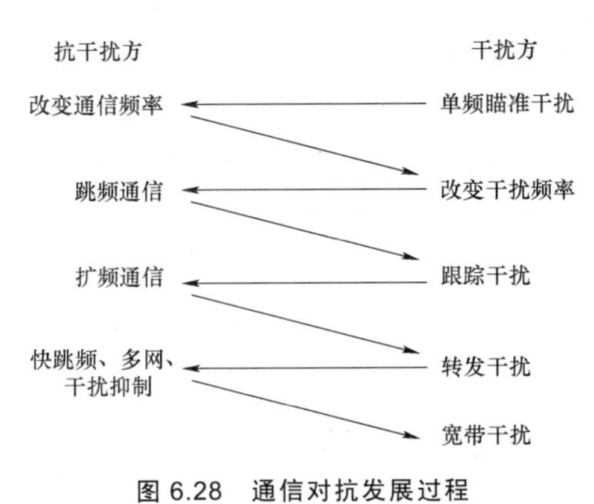

图 6.28 通信对抗发展过程

最早干扰方针对性地对窄带通信系统采用单频瞄准干扰，通信方受到干扰后改变通信频率以规避干扰，干扰方发现干扰无效后随之改变干扰频率再次对准通信频率；后来，通信方不再使用固定的、单一的通信频率，采用扩频技术不断改变通信频率或展宽通信频带，使得干扰方频率无法简单瞄准，干扰方则采用跟踪干扰来跟随通信方频率的变化；随着扩频技术发展，通信方使频率快速、随机地跳变，加大干扰方难度，干扰方便将跳频信号截获、经噪声放大后转发出去，实施转发干扰；对付这种转发干扰，一方面可提高跳频速率，另一方面可采用多网、引诱及其他电子反对抗措施，此时，干扰方只能采取宽带阻塞干扰，付出较大的干扰功率代价。

目前，国内市场上的“低慢小”航空器皆采用民用 GPS 实现自身定位，而 GPS 采用直接扩频通信技术实现高背景噪声环境下的有效通信。“低慢小”航空器机身与遥控器间的数据链路通信采用跳频通信技术对抗有意或无意的噪声与干扰。本小节将讨论对“低慢小”航空器导航系统和数据链路进行电磁压制干扰。

1. 跳频通信技术的发展及其干扰技术

由于跳频通信具备的一系列优良特性，跳频通信技术在军用与民用领域都有广泛的应用，随着相关技术的进步与成熟，民用无人机数据链通信系统也采用了跳频通信技术，极大地提高了其抗截获与抗干扰能力。

目前，国内外针对跳频通信的干扰技术研究已经取得长足进步，技术比较领先和成熟的要数美国。自 1984 年启动对跳频通信干扰技术的研究以来，经过数十年的研究，目前已经研制出 Chief 系统及 AN/ASQ－191 慢速跳频干扰机等能实际投入使用的产品。Chief 系统可同时干扰跳频通信的 6 个信道，干扰总功率达到 2～16 kW，可对跳频系统产生较好的干扰效果。AN/ASQ－191 慢速跳频干扰机为一种超高频应答式干扰机，频率范围覆盖 225～400 MHz，使用特定规则监听及干扰跳频系统的通信网，能够以较低的干扰频率针对 100 跳/s 以下的慢跳频信号实施跟踪干扰。国外现已对跳变速率低于 1 000 跳/s 的跳频通信系统的干扰技术做了长足研究，在一定先验知识的条件下，能够对较高跳频速率的跳频系统进行侦察测向及实施干扰，并能实现对 300 跳/s 的短波跳频电台进行跟踪干扰。

与欧美发达国家相比，国内对跳频通信干扰技术的研究及应用尚有一定差距。多所大学及研究机构都在积极开展对跳频通信的干扰技术研究，在应用方面，国防科技大学罗勇等人提出了一种 FFT－信道化测频方案并设计了基于 FPGA（现场可编程门阵列）与 DDS（直接数字合成）的“超短波跳频通信的侦察与干扰实验系统”，另外，我国研制的 RCT190 通信对抗系统，能够对慢速跳频系统进行侦察测向并实施有效干扰。

从国内外对跳频通信技术干扰的研究情况来看，干扰技术整体滞后于跳频通信抗干扰水平，对慢速跳频系统尚能采用效果较为理想的跟踪干扰方法，而对快速跳频系统多采用宽带阻塞及部分频带阻塞的干扰方法，干扰功率大，效率较低。针对民用无人机反制而言，还应重点关注干扰设备的实现难度、设备成本、操作复杂性等因素。

2. 导航定位技术的发展及其干扰技术

无人机在飞行作业过程中需要通过其导航定位系统进行自身精确定位与导航，1964 年全球定位系统投入使用以来，GPS 以其无可比拟的优越性迅速应用于军用及民用领域，民用无人机导航定位系统也大多依托 GPS，因此研究 GPS 原理及其干扰技术对民用小型无人机的干扰与反制具有重要意义。

国内外针对 GPS 干扰的研究多集中在军用领域，已有相对成熟的技术体系及应用产品投入使用。据公开资料了解，美国现有的 GPS 干扰机产品包括：美制 AN/ALQ－99 干扰吊舱、AN/ALQ－165 干扰机和 AN/ALQ－184（V）干扰机等，俄罗斯研制的一种 GPS 干扰机，能够对“战斧”导弹的正常发射和飞行产生干扰，甚至能够有意识地改变其飞行航向。

我国 GPS 干扰技术也取得了一定成果。2004 年，武汉大学项目组通过软件仿真和硬件实现，研制出了宽带阻塞干扰机。西安理工大学项目组在实验环境下验证了基于 FPGA 实现的混合干扰系统。为将 GPS 干扰技术应用于民用无人机反制领域，需要将研究重点放在获得干扰性能优异、模式多变、操作简单的干扰源上，并提出一种成本较低、易于实现、方式灵活的无人机导航系统干扰机方案。

6.4.4 典型电子干扰装备介绍

“低慢小”航空器协同防控平台中电子干扰装备，如图 6.29 所示。

图 6.29 “低慢小”航空器协同防控平台中电子干扰装备

1. 功能

电子干扰拦截设备在系统引导下，可以随着引导的目标角度进行转动，采用噪声对无人飞行器的遥控遥测数传电台链路、图传电台链路和卫星导航(GPS/GLONASS/北斗)信号进行干扰，可有效拦截遥控类和程控类无人飞行器。对于遥控无人飞行器，无线电干扰拦截设备可以阻断 GPS 信号、数传/图传电台数据链路、遥控信号使得遥控无人飞行器失去控制及自主导航能力，从而引发坠毁。

2. 组成

电子干扰装备的主要组成如图 6.30 所示。

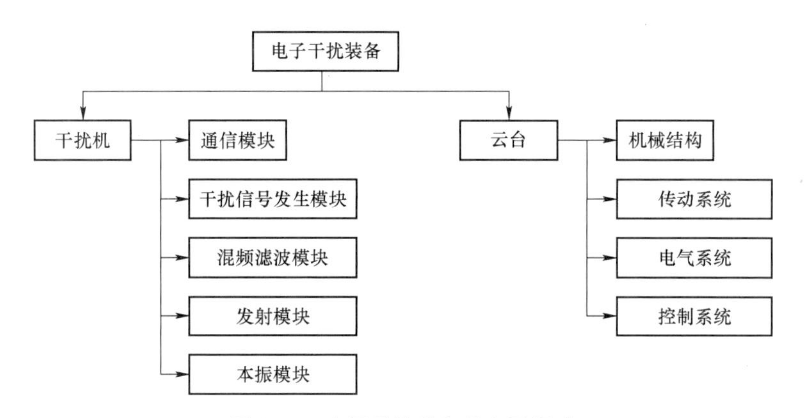

图 6.30 电子干扰装备的主要组成

干扰机由通信模块、干扰信号发生模块、本振模块、混频滤波模块及发射模块五个模块组成；云台由机械结构、传动系统、电气系统、控制系统四部分组成。

云台的机械结构是整个设备的保护及传动支撑，包括内部支撑、云台外壳、旋转支臂和安装法兰；传动系统包括伺服电机、蜗轮蜗杆、滚珠轴承和主轴。

电气系统包括电源控制板和导电滑环，电源控制板将电源分为 3 组，一组给主控制板供电，另外两组经过导电滑环后，一组给伺服传动系统供电，另外一组连接电源输出接口，可给云台外部的负载设备提供电源接口。

控制系统负责整个设备的运行控制，包括主控制板和控制软件。主控制板上集成有串口服务器、交换机、RS485/RS422 等通信模块；外部网络接口连接至主控制板的交换机，交换机可与串口服务器连接，同时交换机经过导电滑环与输出网络接口连接，可实现上位机通过云台与云台架设的负载设备进行通信交互；上位机软件下发的控制指令经过交换机和串口服务器，串口服务器将网络通信转换为 RS422/RS485 通信方式与私服系统进行交互，实现上位机对云台设备方位和俯仰的控制。伺服控制系统主要分为两大模块；方位伺服控制和俯仰伺服控制；收到上位机下发的控制指令时，伺服电机转动，通过蜗轮蜗杆传动实现对俯仰和方位的控制。

3. 技术指标

（1）工作频段：0.8～0.95 GHz；1.15～1.6 GHz；2.4～2.5 GHz。

（2）有效辐射功率：50 dBm。

（3）作用距离：≥2 000 m。

（4）重量：16.2 kg。

（5）工作温度：－10～50 ℃。

（6）工作电压：220 V/50 Hz。

4. 工作原理

干扰机设备工作时，通过网口接收外部控制命令，对外部命令进行转换后通过串口下发给干扰信号产生模块，干扰信号产生模块中的 4 个信号产生通道根据下发的指令产生指定频段、指定干扰样式的干扰激励信号，并把干扰激励信号送给滤波放大模块。滤波放大模块中的 4 个通道对相应通道的干扰激励信号进行滤波、放大处理后，送给发射模块。发射模块对滤波放大模块送来的三路信号分别进行放大处理后得到大功率的干扰信号，通过 3 个天线分别辐射出去。

干扰机涵盖 4 个工作频段，每个工作频段参数可独立设置，4 个工作频段可同时工作，也可根据实际需要控制其中的一个或多个频段组合工作，实现灵活控制。

云台工作原理是基于上位机软件下发控制指令控制伺服传动系统动作，实现云台在方位和俯仰方向上的运动。具体实现方式是：上位机下发控制指令到控制板，经过控制板上的单片机进行数据处理，然后由单片机将处理过的数据经过串口通信模块转发送至伺服电机，伺服电机驱动蜗轮蜗杆将旋转动作通过旋转轴传递给外部结构，实现方位和俯仰方向的转动动作；同时伺服电机在接收到驱动指令后，在运动过程中将伺服电机的位置（步数）回传至控制板，控制板经过数据处理，将数据反馈给上位机软件，形成一个控制闭环，实现云台的实时控制和监测。云台以及云台负载设备与上位机之间由控制板集成的交换机进行信息的传递和转发。云台预留有输入、输出通信接口和电源接口，可以和其他设备进行交换。

6.5 其他拦截装备

前文所列拦截装备包括激光拦截装备、网式拦截装备和电子干扰拦截装备，除了这些常规处置手段，还包括电磁脉冲、机关枪等手段。其他拦截装备统计见表 6.4。

表 6.4 其他拦截装备统计

制造商	产品名称	国家或地区	探测方式	处置方式
Diehl Defence	HPEMcounterUAS	德国		电磁脉冲
Chenega Europe	dronecollider	爱尔兰		自杀式无人机
Chenega Europe	dronesoaker	爱尔兰		水枪
JCPX Development/DSNA Services/Aveillant	UWAS	摩纳哥	雷达、光电、红外	反制
AMTEC Less Lethal Systems	Skynet	美国		网、散弹枪
DRS/Moog	Mobile Low，Slow Unmanned Aerial Vehicle Integrated Defense Systems	美国	雷达	机关枪
DRS/Moog	SABRE	美国	雷达	机关枪

上述处置手段各有优劣，往往综合使用，相互弥补短板。而一旦发现目标，则可以利用柔性网捕捉、激光拦截、射频干扰、微波毁伤和数据链接管。目前，国内外"低慢小"航空器主动防御手段产品中，干扰技术应用产品占比最大，其次为网捕获和诱骗技术，如图 6.31 所示。

在上述"低慢小"航空器处置手段中，从在产品上的应用体现来看，未来干扰技术在"低慢小"航空器防控产品中仍会占据主要地位，网捕和诱骗也会逐渐发展壮大，同时出于各种手段自身的优、劣势，各种手段的综合应用也是一种发展趋势。

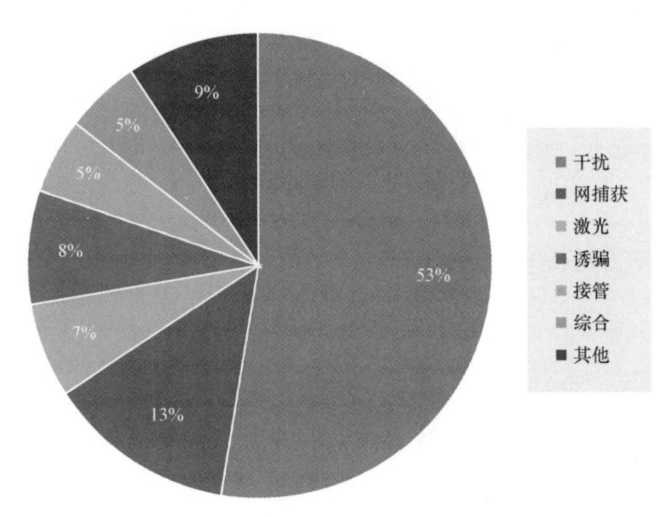

图 6.31 拦截装备统计（书后附彩插）

第 7 章

“低慢小”航空器协同防控平台指挥控制系统

7.1 引　言

在冷兵器时代，指挥控制表现出的更多是指挥员的艺术和智慧，如诸葛亮的火烧赤壁、拿破仑的三皇会战，似乎与现代科学中的“方法”相去甚远，更谈不上作为一个学科方向来进行研究。而随着飞机、坦克、雷达等现代化的武器装备投入作战，指挥控制活动越来越受到武器装备的约束和影响，指挥控制活动中“可量化”的成分越来越突出。

回顾指挥控制技术的发展，第二次世界大战后，自美军提出“军事运筹”的概念，以数理方法辅助完成指挥控制活动逐渐成为现代防控技术的标志。20世纪80年代后，战争进入信息化时代，信息主导了整个指挥控制活动，信息化作战条件下指挥控制与辅助决策越来越如影随形。“指挥控制”作为一种特殊的管理活动，得益于信息技术的发展，借鉴了大量现代管理的理论和方法，采用标准化、流程化和精细化的理念，来组织和管理作战活动。

为实现城市复杂环境下“低慢小”目标的有效防控，当柔性网、激光、无线电干扰、微波等现代化的防控装备投入“低慢小”目标的防控过程后，指挥控制需要组织和管理的作战活动直接影响着防控系统的防控效能。

7.2　指挥控制技术现状

7.2.1　国内外指挥控制技术背景

由于历史、文化、传统以及军队现代化建设现状的差异，世界各国武装力量关于 C^2（指挥与控制）的界定都存在差异，而同一国家/区域范围内，关于 C^2 的定义也存在军兵种的差异以及军事条令与军事学术研究上的差异。对于“低慢小”目标协同防控的指挥控制系统，各国都是针对单一作战装备提出的概念上更接近于火控的控制系统。

美联合参谋手册（JCS Pub.1，军事相关术语词典）指挥控制：“经授权的指挥官在执行使命过程中对配属部队行使职权，实施指导”，其内涵包括：①指挥控制是指挥官对部属行使职权；②指挥控制对象不仅仅是部属人员，还包括系统、设施与程序等；③指挥控制的行为不仅仅限于决策环内的决策和命令发布，还包括态势评估、计划和信息收集；④指挥控制职责还包括确保所属人员的健康和福利、维持部队士气与纪律，也就是说，指挥控制的职责包括部队的士气鼓舞、领导、组织、管理与控制；⑤“控制”是指挥的一部分。

美国海军作战条令（1995 年出版的海军第六号）指挥控制：指挥与控制是指定的指挥官为完成任务对所属和相关部队行使的权力和指导。指挥与控制的职能是指挥官在完成任务的过程中，通过计划、指导、协调和控制部队及作战行动所需的人员、装备、通信、设施和程序的安排来实现的。指挥与控制既是一个过程又是一个系统，指挥官利用这个过程和系统决定必须做什么，并监督其计划的实施情况。

美空军作战条令 2-8（AFDD 2-8，1990.11）指挥与控制：引了美联合参谋手册（JCS Pub.1-02）的定义。关于指挥控制，条令着重强调了其三类因素：一是人的因素，即指挥控制主体行为；二是技术因素，即支持跨越时间与空间而集成作战行动的指控装备、通信与设施等；三是过程，包括战术技术上的 C2 过程、程序或规则。指挥控制的职能包括计划、指导、协调和控制。

美陆军新版野战条令（FM6-0）指挥与控制：指挥是使用可获取资源进行兵力计划、部署、组织、指导、协调和控制以完成赋予使命的职责权力，也包括对维持其部属健康、财富、士气、纪律的职责。控制是确保战场兵力与作战系统在作战目标和意图上与指挥官保持一致的手段，是成功指挥不可或缺的部分。并定义了控制的职能，以及规定了信息、通信和结构三要素的具体内容。

北约（NATO，1988）指挥与控制：是经授权的指挥官对所分配的兵力行使其指挥与指导权力以完成赋予的使命，指挥控制的职能通过人、装备、通信、设施与程序来执行的，这些都是指挥官在计划、指导、协调和控制其兵力以完成其使命过程中所运用的要素。持续获取、融合、审查、描述、分析和评估态势信息，发布计划，分配任务，规划行动，组织协调兵力行动，为部属作战行动提供指挥控制准备，监督和协助下级部属、参谋和兵力，直接领导部队完成作战使命。指挥控制在不同层次上有不同的内涵，在部队层面，C2 确定兵力编成的目的、兵力配置的优先次序，并最终确定其能力；在使命任务层面，C2 根据作战意图或具体的使命/目标确定具体的人员、系统、设施以及这些要素之间的相互关系。

《中国人民解放军军语》（1997 年版）把“控制”具体化为两层含义：①在一定区域内，以兵力或火力限制敌人活动的战斗行动；②掌握、操纵。第二层含义往往是针对武器的使用。在大多数关于“指挥”基础概念研究的文献中，“控制”都认为是“指挥”的一部分。

关于指挥控制，在我军未见整体的定义，与之相近的概念为“作战控制”。关于“作战控制”的理解没有统一的认识，典型的解释有：①“行动说”。作战控制是“指挥员及其指挥机关对所属的部队和分队作战行动的掌握与制约”“指挥者为实现决策、计划的要求，以命令、指示等形式对被指挥者的行动的驾驭与支配，是军队指挥的一种活动”。②“态势说”。作战控制是“指挥员及其指挥机关为左右战场态势的发展而进行的指挥活动，即战场态势是指挥人员控制的对象，也是战场控制活动的受控客体”。③“职能说”。作战控制是“指挥者在作战指挥实施过程中所进行的下达命令（指令）、追踪反馈、态势分析、纠偏调控等一系列活动，是作战指挥的一个重要环节”。④“力量说”。作战控制是指挥员和指挥机构对诸军兵种部队的掌握与驾驭活动，“是为达到一定目的，通过运用指挥控制系统，以信息流对人员和武器系统所产生的物质流和能量流实施有效的组织、协调活动。”

7.2.2 “低慢小”航空器协同防控平台指挥控制技术

尽管指挥与控制对任何军事行动都是不可分割的整体，但在职能划分、执行主体对象上仍存在一定的界限与关联，在不同的战争层次上仍存在不同的耦合关系。针对采用多种手段，在城市复杂环境实现“低慢小”目标的协同防控，达到防控效能最大化，其指挥控制系统具有以下特征。

指挥与控制的关联不是单向串行的，而是并行的。传统观点认为指挥与控制都是指挥官对部属的活动，指挥官对其部属实施控制，指挥官是实施控制的主体，部属是被控制的对象，是指挥客体，指挥与控制都是从指挥主体到指挥客体，是单向的，两者之间是串行的关系，这种关系的理解适合于较低层次的作战活动，如武器级的指挥与控制、战斗级的指挥与控制以及较为简单的战术级指挥与控制。“低慢小”目标的协同防控所涉及的探测装置和拦截装备种类较多，难以通过单向控制实现系统各层级的有效控制与互联互通。

在城市环境下的指挥与控制使上下级相互影响的动态表征更为彻底全面。指挥是权威的运用，而控制是行动效果的反馈，指挥官的指挥确定要做什么，指导和影响部属行动的实施。控制则是通过持续的信息流向指挥官反馈战场态势情况，需要时让指挥官根据需要调整和改变指挥行动。针对城市复杂的天候、气象、高层建筑物遮挡、复杂的电磁环境以及安全性约束等因素，任何要素的改变，都会对上下级的指挥控制形成干扰，而这些要素又都是时变量，固使得城市环境下的指挥控制的上下级相互影响更为彻底全面。

近几年，“低慢小”航空器对于军事要地、重要行政场所、重大工程场地等设施以及领导人的室外活动、大型公共活动现场的威胁频发，引起了民事领域和军事领域的重点关注，相关的“低慢小”航空器防控装备、系统、平台类产品层出不穷，对此形成的各层级的指挥控制系统所协同的探测装备和拦截装备数量不一。其主要的研究工作包括指挥控制系统的设计研究、指挥控制防控过程的拦截效果仿真模拟等。

城市环境下的“低慢小”航空器防控应以网络为中心，大量集成无人作战系统的自组织、自同步与有人作战系统的协同是未来“低慢小”航空器的主要特点。未来“指挥”与“控制”关系建立这一基础，须具有以下特点。

（1）没有严格意义上的指挥主体与指挥客体。

（2）指挥仍然是各处置装备协同防控的初始输入，将各处置装备的状态、约束条件作为输入，通过协作准则与规则，控制处置装备的协同，是实现协同防控。

（3）指挥与控制并不能简单分离为输入与输出实施途径方式，它同时存在复杂的交互过程，这种交互体现在作战进程中，控制结点持续感知反馈战场态势信息，指挥结点根据战场态势变化改变或调整其作战意图/目标、作战计划、作战任务等要素，在需要时控制结点角色可转换指挥结点角色以实现从感知到行动的快速效果，指挥结点也可转换为控制角色以实现从决策判断到行动的敏捷反应。这种角色的转换需要建立一种机制或程序，这是未来指挥与控制关系实现的关键。

本节重点针对指挥控制模型在"低慢小"航空器指挥控制系统中的适应性和指控控制体制的适应性。

1. 指挥控制模型适应性

由于城市环境下的"低慢小"目标防控的环境复杂、光/热源繁多、安全性要求高和决策时间短的要求，只有将预警探测与处置拦截进行系统综合，在合适的指控模型下开展技术研究，才能解决发现难、处置难的问题。要在城市有限区域内并在有限时间内进行安全可靠的"低慢小"目标拦截，决定了指挥控制模型应具备抗毁、灵活、可重构等特性。指挥控制模型适应性研究通过针对研究 Lawson、OODA、四域、C3I 等指挥控制模型，研究它们在典型防控场景下的实时性、拦截概率和作战效费比，来评价具体模型效能。

1）Lawson 模型

Lawson 模型是 Joel S.Lawson 在 20 世纪 70 年代中期基于控制论思想提出的指挥控制过程的概念模型，他用"感知、处理、比较、决策、执行"来刻画这个过程，如图 7.1 所示。指挥控制过程表现了指挥控制应完成的功能及其先后次序，具体包括：情报/信息获取，局势评估、分析与比较，作战计划的产生，作战计划选择，制订作战计划，以及发布命令与决策执行等。

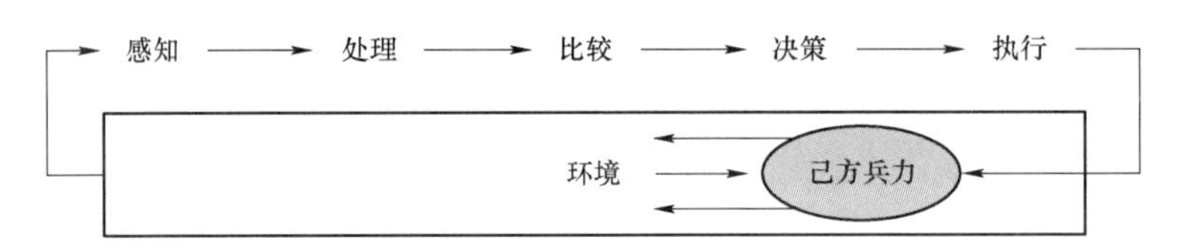

图 7.1 Lawson 模型

2）OODA 模型

OODA 模型由观察（observation）—判断（orientation）—决策（decision）—行动（action）四个环节组成，如图 7.2 所示。OODA 形成一个环路，在此环模型中，OODA 环具有周期性，周期的长短与作战的兵力规模、空间范围、作战样式有关，一个周期的结束是另一个周期的开始，OODA 环以嵌套的形式关联，如在舰队作战系统中，最小的 OODA 环是近距武器系统的火力闭环控制环，在单个飞机作战层级上有 OODA 环，即飞机作战指挥控制环，在编队层次同样有 OODA 环。这些指挥控制环相互嵌套，内环周期短，外环周期长。OODA 环模型弥补了 J.G.Wohl 的 SHOR 模型和 Lawson 模型的不足，得到了广泛的应用，此模型在解释指挥控制战中敌我互动关系时比较成功。

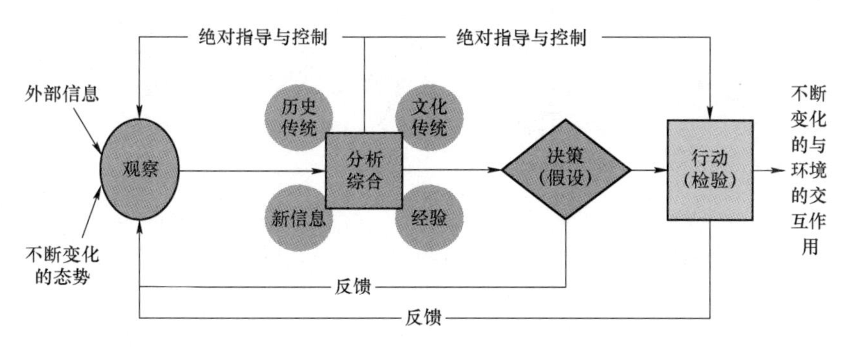

图 7.2　OODA 模型

3）四域模型

指挥控制的四域模型体现为在物理域、信息域、认知域和社会域上的感知、理解、决策和行动的行动过程。作战行动发生在物理域，物理域的信息通过感知达到信息域和认知域。每个人对任何给定的军事态势有自己独特的感知。理解包含了具备能从当前态势进行逻辑推理得出推论的足够知识，以及对当前态势足够的感知预测未来模式，其行为与指挥员的素质息息相关，同样发生在认知域。而决策是做什么的选择，按照决策行事或通过信息域传递到他人按照决策行事，并导致或影响物理域的动作或其他人的决策。行动由认知域中的决策触发，决策可以直接转变为行动，同时决策也是通过信息域进行协同获得的。图 7.3 描绘了知识状态对感知、理解和决策的影响，以及四域模型中指挥控制的活动。

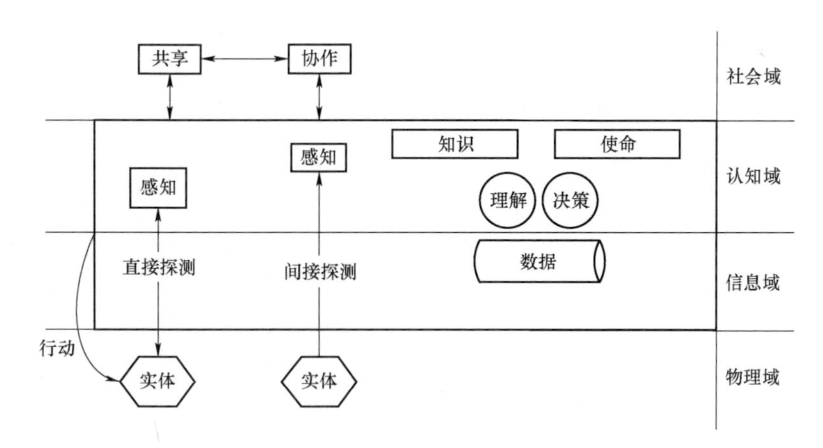

图 7.3　四域模型

城市环境所蕴含的信息包括市政、装备、目标、天候、气象等，这些信息种类繁多，信息量大，针对信息化条件下的“低慢小”目标的协同防控，必须构造概念内涵比四域模型和 OODA 模型更为丰富的指挥控制模型，这里引入信息化条件下指挥控制的流程模型，该模型以 OODA 环为基础将四个阶段赋予了新的内容。四个阶段分别是：情报计划与态势综合阶段、作战筹划、任务计划和执行与控制，如图 7.4 所示。

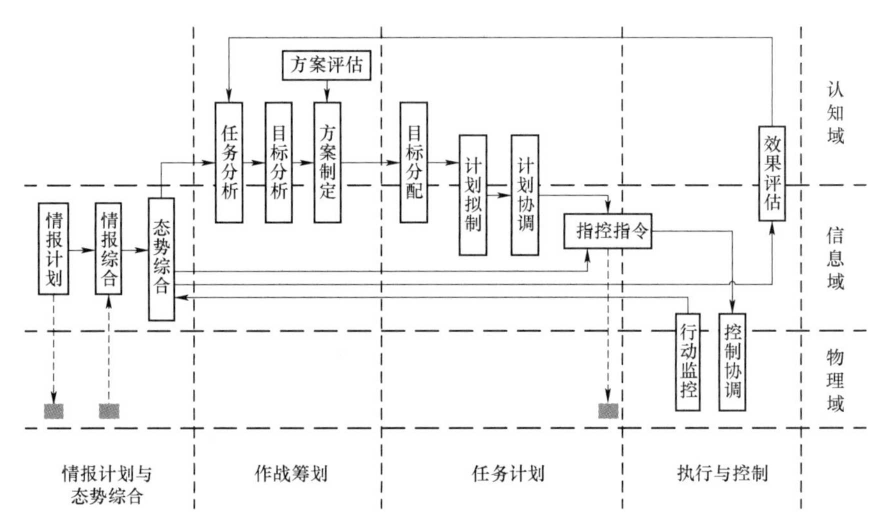

图 7.4　信息化条件下的指挥控制模型

2. 指挥控制系统结构

随着信息技术的发展对指挥控制产生的影响，指挥控制结构模式也没有停止过变革和更新。基于管理学界提出的组织中管理结构的基本类型，下面主要讨论三种类型的指挥控制结构。实际上，多个国家进行兵力组织的指挥控制结构都是以这些结构模式为基础进行变通的结果。

1）层次型指挥控制结构

如图 7.5 所示，这是一种集中指挥控制权的策略，主要是从兵力资源隶属关系出发，逐层向上汇报各个资源主体任务完成情况，最终到达共同的最高作战指挥机构，并等待执行下一任务的命令。这种策略体现了统一集中指挥控制的思想，也称“烟囱”型指控结构。其优点是，结构简单，易于控制，容易针对作战任务执行中出现各种异常情况时进行统一的调整。其缺点是，由于实施统一指挥，越上层的节点工作负载和信息交互量越大，容易出现过载现象。结构抗毁性弱，当某一节点受损或失效，可能造成其下属节点瘫痪。

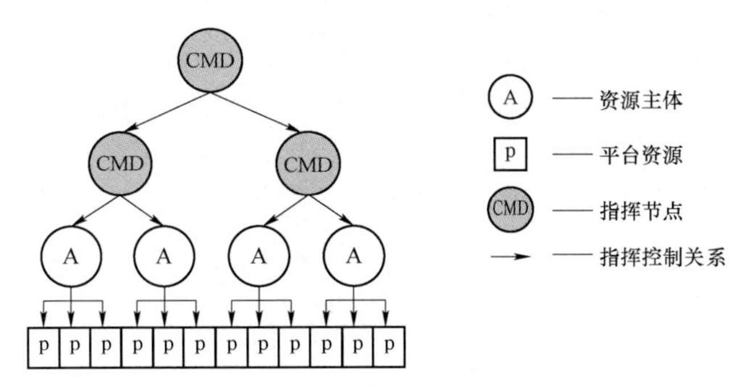

图 7.5　层次型指挥控制结构

2）扁平型指挥控制结构

进入信息时代，指挥控制结构从“烟囱”结构向扁平结构转变已成为多数人接受的共识。扁平结构是相对层次结构而言的，结构的扁平化即改变传统指挥链的多层级和复杂性，减少指挥层次，增加横向的协作和信息交互，强调纵向贯通和横向融合。指挥机构通过使命规划产生指挥意图，资源主体通过控制其资源与其他主体在指挥链底层进行高效的协作，快捷地交互信息。在执行任务流程中，将指挥控制权临时下放到各个资源主体，按照组织运作机制高效协作、同步完成作战任务。指挥机构对资源主体的任务执行情况进行监控，出现异常时，指挥结构进行协调处理，保证任务序列的顺利执行，如图 7.6 所示。

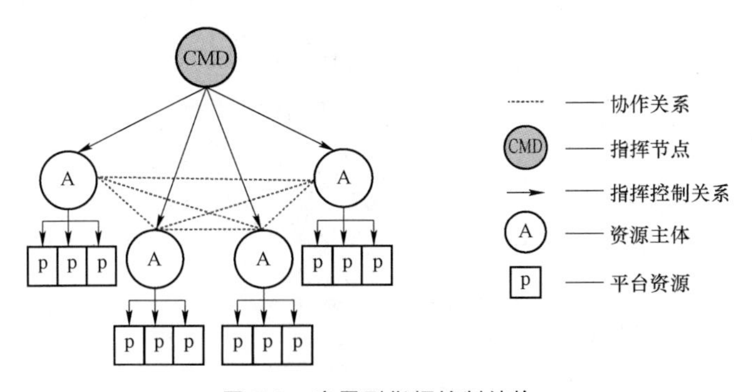

图 7.6　扁平型指挥控制结构

相比层次结构，扁平结构将导控式指挥与调控式指挥结合，灵活性得到提升，同时抗毁能力得到增强，是现阶段最适合与城市环境下“低慢小”目标协同防控系统的指挥控制结构模式。

3）无指挥节点型指挥控制结构

此结构以资源主体间基于任务的协作为核心，将指挥控制权全部交给各个资源主体，根据作战行动计划进行信息交互，直接协同执行作战任务。这种策略体现了未来网络中心战的思想，优点是提高资源主体间协作的能力，加快作战任务的节奏，提高了组织的整体作战效能，抗毁性最为理想。这类指挥控制结构通过自同步、组织的涌现行为来协调和处理异常。但是，如果任务执行的监控机制和统一协调机制缺乏，则会导致处理异常能力较差，甚至陷入无序状态，如图 7.7 所示。

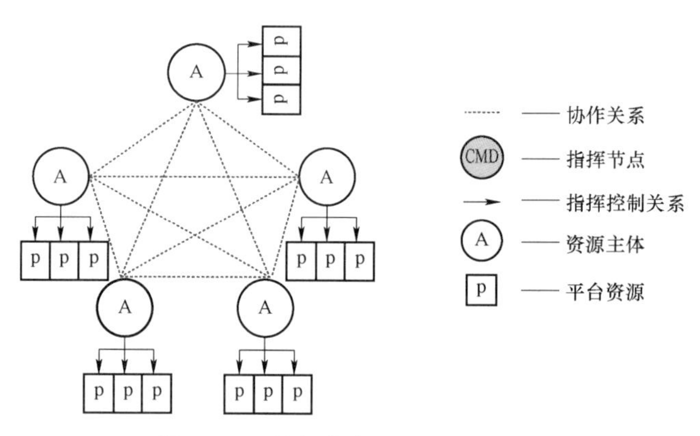

图 7.7　无指挥节点型指挥控制结构

综合考虑扁平型指挥控制结构与无指挥节点型指挥控制结构的优缺点，针对“低慢小”航空器防控的实际需要，图 7.8 是以基础通信网络为平行防控节点的信息传输通道，以重点防控区域为主防控节点，其他防控区域为从防控节点提供辅助防控，构建的覆盖多区域、多方向的“低慢小”航空器协同防控指挥控制结构。由柔性网拦截或激光拦截手段等组成的拦截系统与预警探测系统均和基础通信网络连接，向主防控节点上传防控信息，主防控节点和上级指控中心连接，实时上报区域防控效果。根据威胁场景，自动调整系统指挥控制结构，使系统结构能够在扁平化和无指挥节点指挥控制结构之间进行自由切换。

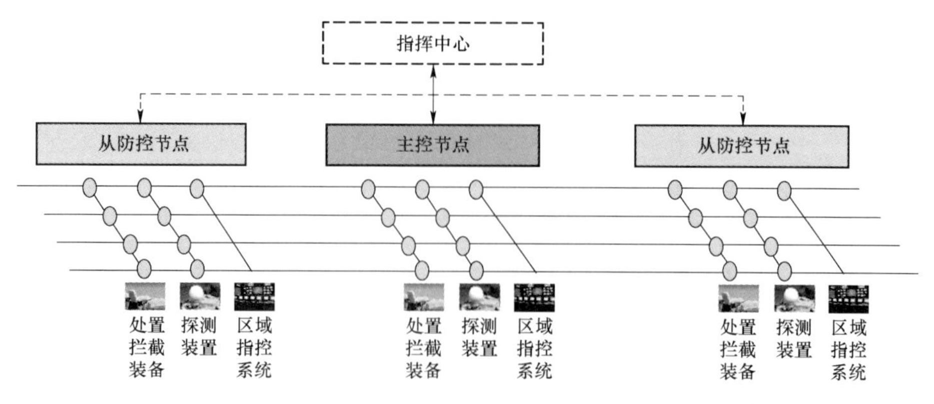

图 7.8　“低慢小”目标协同防控指挥控制结构

应该说，上述“低慢小”航空器协同防控的指挥控制结构综合了扁平型、无指挥节点型两种指挥控制策略的优点，实施“分散指挥，集中控制”的混合指挥控制策略，在兵力组织执行其行动计划流程中将指挥控制权预先下放，各个资源主体根据指控策略自行协调，同步作战，上级作战指挥结构负责对各个资源主体进行监控，帮助协调，处理异常。当出现异常时，如行动计划和指控结构需要进行调整变化，则收回指挥控制权，由其集中处理和协调。在此阶段，资源主体负责对所控制平台资源的指挥，并根据作战指挥控制策略建立主体之间的协作关系，上级指挥机构只负责作战任务执行情况的监督、异常处理以及拦截确认。

7.3　“低慢小”航空器协同防控平台指挥控制系统介绍

设定有多个区域（3 个）需要进行协同防控，包括一个主节点和两个从节点，见图 7.8，据此建立“一级组织指挥、区域探测与处置拦截分布控制”的“低慢小”航空器协同防控平台。指挥中心指挥控制系统与防空节点的区域指挥控制系统将多个区域有效地协同起来；区域指挥控制系统将单个区域内的探测装备和拦截装备进行协同，通过两个层级的协同，实现“低慢小”航空器协同防控平台的协同防控。

7.3.1　协同防控指挥控制系统的功能

指挥控制系统包括一个主防控节点、两个从防控节点和一个指挥中心。以主防控节点为主，从防控节点辅助的方式进行区域目标防控，系统具备根据目标威胁特性进行主从节点自动切换能力。主防控节点和从防控节点各自都包括处置拦截装备、探测装置和区域指控系统。处置拦截系统与预警探测系统均和基础通信网络连接，向主防控节点上传防控信息，主防控节点和指控中心连接，实时上报区域防控效果。

7.3.2　协同防控指挥控制系统的组成

协同防控指挥控制系统由指挥中心指挥控制软件、区域防控指挥控制软件、系统维护软件三部分组成，如图 7.9 所示。实际应用时，指挥中心指挥控制软件、系统维护软件部署在指挥中心，区域防控指挥控制软件部署在区域防控节点。

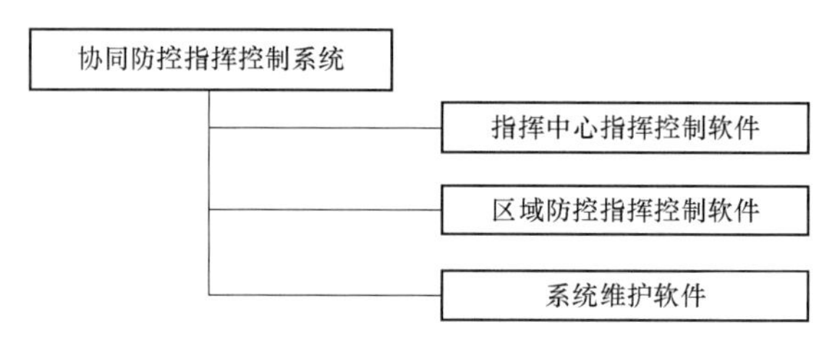

图 7.9　协同防控指挥控制系统的组成

1. 指挥中心指挥控制软件

其接收各区域防控节点的态势信息并进行态势融合与综合显示，接收区域防控节点拦截请求并下达最高决策指令。

1）功能

指挥中心指挥控制软件用于接入跨区域综合目标态势信息，展示各区域防控节点部署情况，收集和处理综合情报态势信息，接收区域防控节点的拦截请求并下达拦截指令。

2）组成

指挥中心指挥控制软件主要由跨区域综合态势显示、区域防控决策以及综合情报信息处理等功能模块组成，如图 7.10 所示。

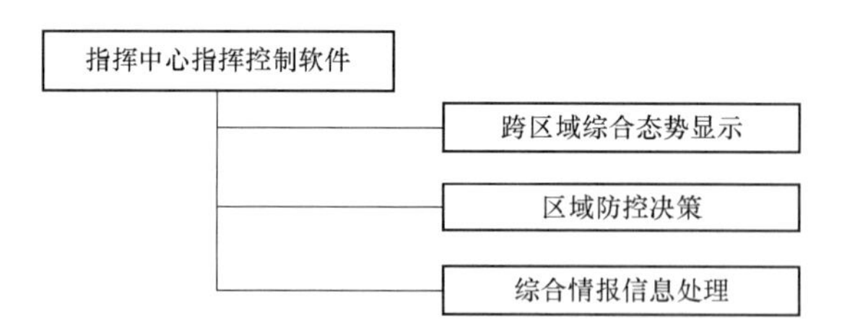

图 7.10　指挥中心指挥控制软件的组成

跨区域综合态势显示主要由二维电子地图和装备与目标信息两部分组成。在地图上实时显示目标位置、状态、威胁范围、类型、轨迹、来袭方向等，并显示各防控区域探测装备与拦截装备的状态信息。对于探测装备，主要显示其工作状态、探测范围等；对于拦截装备，主要显示其部署情况、工作状态、打击范围、打击类型等；具有全局和局部态势切换显示功能。

区域防控决策主要是接收区域防控节点的拦截请求和拦截方案，根据当前态势，决定是否下达拦截命令。对所各类传感器获得的目标进行数据融合，针对“黑飞”或敌方目标，依据目标所属防控区域，下达拦截指令；若防控区域出现重叠或接近，结合上报拦截方案和威胁排序，则形成协同拦截策略及主从节点切换下发至区域防控节点。

综合情报信息处理，首先将各区域防控节点上报的目标态势信息进行态势融合和目标属性识别。将不同区域防控节点对同一目标信息进行合并，不同传感器的目标信息进行扩维，并完成所有目标的统一编批；对所有目标进行威胁排序，形成排序列表。

3）工作流程

中心指控与三个区域指控台相连，接收区域指控台上报的信息，形成综合态势，依据态势需求向区域指控台下发作战指令。它与区域指控协调内容如下。

（1）区域指控加电后，向中心指控周期发送区域信息报文；中心指控加电后，向区域指控发送心跳报文。

（2）中心指控根据收到的各区域信息进行态势显示。

（3）发现目标的区域指控向中心指控发送作战请求。

（4）中心指控收到区域指控作战请求后，立即进行收到确认回复。

（5）中心指控根据目标信息与布防信息，以及威胁程度，确定作战模式，向区域指控发送作战指令。

（6）区域指控收到作战指令后，进行作战指令确认回复。

（7）区域指控根据既定方案完成打击后，上报拦截效果，中心指控根据拦截效果做拦截成功转入值守或拦截失败进行二次拦截。

2. 区域防控指挥控制软件

其接收多元探测设备的目标数据进行融合处理，必要时进行协同探测规划，形成目标态势并进行威胁判断，规划选择拦截方案，向拦截装备下达拦截命令及方案。

1）功能

根据目标信息、拦截装备状态、探测装备状态、城市环境要素所形成的综合态势，制定拦截方案。

2）组成

区域防控指挥控制软件由态势分析与显示、任务规划、指挥决策和拦截效果评估等功能模块组成，如图7.11所示。

态势分析与显示：接入各探测装备的目标数据，进行数据融合，并在电子地图上进行显示；通过获取到的目标参数（如类型、位置、速度、角度、方向、是否报备等）和我方当前各装备的配置参数和系统状态，生成合理的二维可视

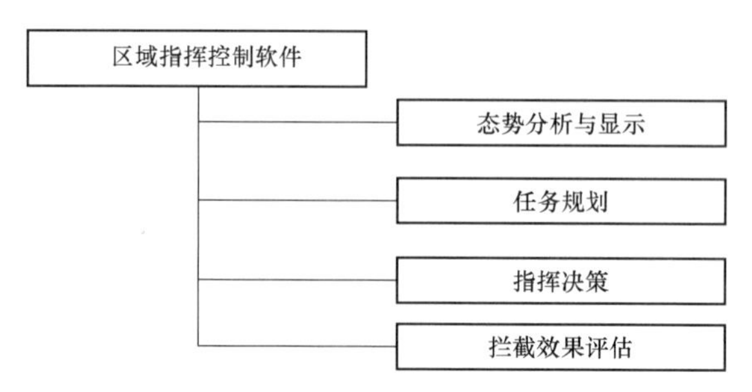

图 7.11　区域防控指挥控制软件的组成

化防控态势，并对所有可疑目标的威胁程度进行评估，得到威胁评估值并排序；对探测和拦截装备状态进行实时监控和显示。

任务规划：首先根据目标信息（如轨迹、航速、类型等）、拦截设备信息（如拦截装备位置、拦截装备类型、拦截装备准备状态等）分析给出的推荐方案；也可依据已选定的攻击策略从各拦截装备中选择合适的拦截装备，并制定初步火力计划，包括确定打击波次、拦截装备编号、拦截时间等，根据规范化格式生成相应的打击方案；同时负责协同探测方案的制定，决定雷达、光电的检测任务，形成雷达控制信息与光电控制信息。

指挥决策：主要负责与指挥中心通信，向指挥中心发送拦截方案与请求拦截指令，接收指挥中心的拦截命令；还负责与友邻区域防控节点进行通信，实现主从防控节点的自由切换。

拦截效果评估：根据当前探测装备的实装数据判断拦截效果，并上报给指挥决策模块以决定是否进行后续拦截。

3）工作流程

系统工作是指从发现目标开始，至拦截行动结束为止的一系列循环递进过程，主要流程为：数据接入、数据融合与综合识别、威胁评估、防控方案匹配与生成、任务规划、拦截命令制定与分发、打击效果评定。

（1）数据接入：接入探测到的目标数据（航向、航速、轨迹、类型）、设备状态数据（探测设备、拦截设备），进行分析计算，展现战场态势。

（2）数据融合与综合识别：对来自不同探测源的目标轨迹数据进行融合处理，进行目标综合识别，如果目标识别置信度较低则执行协同探测规划，对目标进行协同探测。

（3）威胁评估：分析目标数据，区分敌我属性，对具有威胁的目标进行报警，支持威胁等级排序，同时将威胁评估结果上报指挥中心。

（4）防控方案匹配与生成：根据当前态势与目标威胁评估进行拦截方案的匹配，匹配失败则使用任务规划模块进行动态规划，同时将拦截方案上报指挥中心请求拦截。

（5）拦截命令制定与分发：区域防控节点收到指挥中心拦截确认命令后，直接将命令发送给拦截装备对目标执行拦截。

（6）打击效果评定：根据再次探测的目标数据评定打击效果，并再次进行威胁评定，循环过程以至威胁消失。

3. 系统维护软件

其管理与配置系统运行所需条件参数。

1）功能

系统维护软件用于配置决策终端界面元素、配置服务器功能、用户管理、模拟训练。对指控系统的资源进行统一管理和服务，能够对系统的功能进行按需配置，实现对系统各类运行状态的日志管理，支持用户的定义和权限设置，并能够模拟目标、进行作战训练等。

2）组成

系统维护软件包括作战体系构建、日志维护、席位功能配置、用户管理、资源管理、模拟训练、报警参数设置、威胁范围设置和其他设置等模块，如图 7.12 所示。

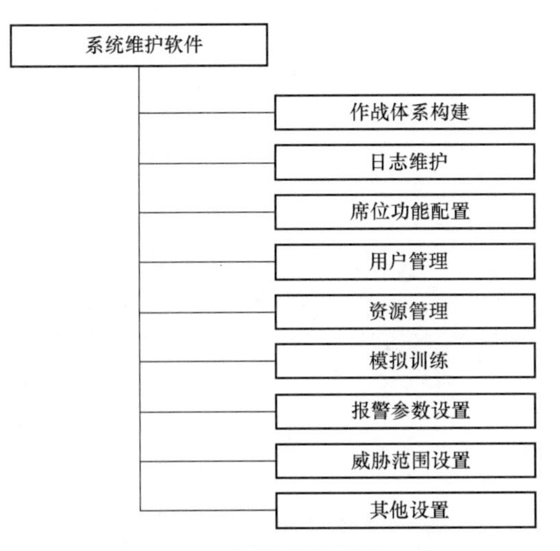

图 7.12 系统维护软件的组成

（1）作战体系构建：能够根据防控任务或者当前态势，对己方区域防控系统的数量、位置、责任区、主要防御目标类型等进行部署。

（2）日志维护：设置日志存储期限、轨迹日志存储周期。

（3）席位功能配置：能够根据指挥中心和区域防控节点的实际需要，进行态势分析与处理、任务规划、日志查询、轨迹回放等功能配置，并能对接替指挥等关系进行配置。

（4）用户管理：维护用户信息，能够设置用户对态势、日志、规划方案等功能的查看或控制权限。

（5）资源管理：主要对指控系统的实体模型进行构建和分类管理；能够对系统运行过程中生成的各类数据，如拦截方案、拦截效果报告等数据进行存储和管理。

（6）模拟训练：主要用于全数字仿真试验，可在无实际防控任务时进行全装备全流程模拟训练，达到在实际防控行动中熟练操作的目的，也可检验系统各终端是否运行正常。启用模拟训练模式后，由后台模拟产生目标数据，各区域防控节点指挥者经过融合判断等操作后，进行拦截方案匹配或者动态进行任务规划生成新的拦截方案，并向指挥中心发送请求拦截命令，待收到确认命令后下达指令给拦截设备对目标进行拦截。

（7）报警参数设置：根据目标类型，对不同参照物设置报警级别。

（8）威胁范围设置：根据不同型号目标，设置威胁范围。

（9）其他设置：包括拦截装备配置、责任区域配置、拦截装备密码配置、气象配置。

7.3.3 技术指标

指挥控制系统的主要指标如表 7.1 所示。根据防控流程，流程涉及协同探测、综合识别、信息处理、威胁评估、复合拦截、拦截效果评估、方案决策等流程，各流程指标分为三个等级。

表 7.1 指挥控制系统的主要指标

一级指标	二级指标	三级指标	指标值
协同探测能力	探测目标类型	目标类型	“低慢小”目标
		综合探测概率	≥95%
		综合探测范围	20～2 000 m
		同时探测目标数	≮5 个
		同时跟踪目标数	≮3 个
		目标最大跟踪距离	≮0.5 km

续表

一级指标	二级指标	三级指标	指标值
综合识别能力	对目标识别正确率	综合识别概率	≥95%
	综合识别时间		≯1 s
	识别数据精度	俯仰角精度	≮4 mrad
		方位角精度	≮4 mrad
		距离精度	±1 m
		速度精度	≮9° /s
信息处理能力	态势建立时间		≯1 s
	态势更新时间		≯500 ms
威胁评估能力	威胁评估时间		≯200 ms
复合拦截能力	拦截装备协同控制能力	协同控制武器类型	≮3
	打击目标类型	目标类型	固定翼、多旋翼
	综合能力	综合打击概率	≥95%
		综合打击范围	20～1 500 m
		同时处理目标数	≮10 个
		同时打击目标数	≮3 个
拦截效果评估	时间	拦截效果评估时间	≯2 s
方案决策能力	指挥拦截装备类型	柔性网、激光、无线电干扰	≮3 类
	指挥规模	多区域指挥能力	≮5 个
	辅助决策工具支持能力	作战方案匹配时间	≯3 s
系统反应时间	指控系统	主从节点切换	≯4 s
		接收预警信息到平台的指令发出时间	≯8 s
信息传输能力	模块信息传输时延/容量	指控内部模块	≯24 ms
	态势信息传输时延/容量	区域指控系统至指挥中心	≯50 ms
	指挥信息传输时延/容量	指控到火控、探测装置	≯24 ms
	共用信息传输时延/容量	网络信息至指控	≯24 ms

7.3.4 指挥控制系统架构

协同防控指挥控制系统总体结构如图 7.13 所示。在设计上采用分层结构，主要由硬件平台层、基础软件层、数据服务层、应用服务层、应用软件层等构成。通过分层架构将协同防控平台中的物理结点、应用软件和模型数据映射到一个公共的分层体系结构之中。

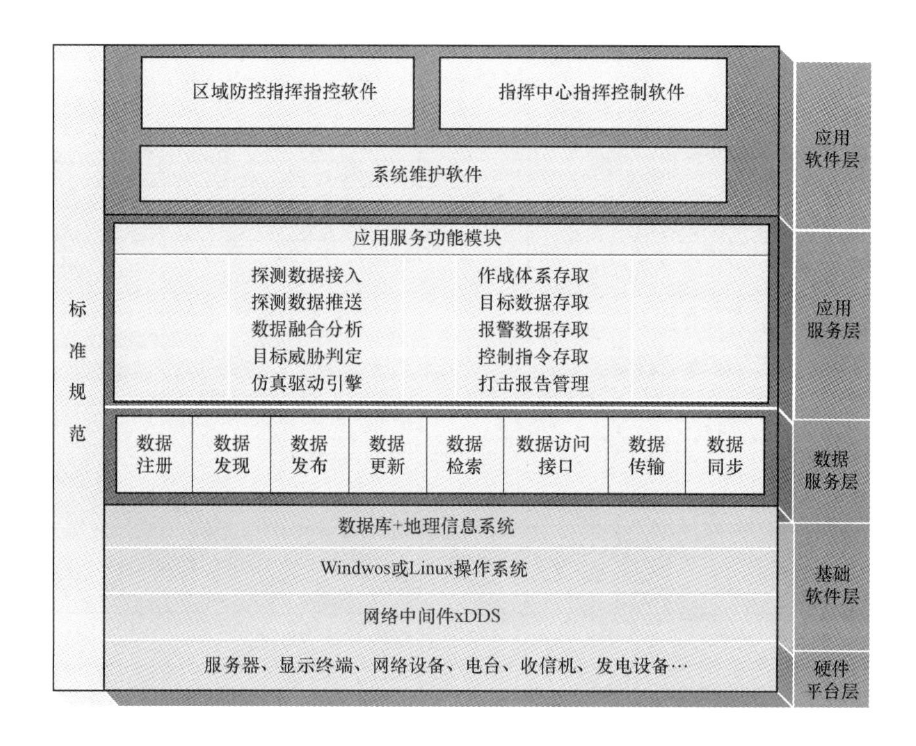

图 7.13 协同防控指挥控制系统总体结构

应用软件和应用服务之间为 C/S 架构，即 client/server（客户机/服务器）架构。应用软件调用应用服务层中的功能模块完成面向用户的功能需求，功能模块以服务的形式存在。这种架构的好处，一是确保系统的灵活性，将任务合理分配到 Client 端和 Server 端，不同应用系统的功能模块被复用；二是确保系统的扩展性，服务化的功能模块可以被不断地补充、完善和扩展。

硬件平台层主要由服务器、显示终端、网络设备、电台、收信机、发电设备等构成，目的是提供基础的适用可靠的设备环境，保证系统的正常运转。

基础软件层主要由网络通信系统、Windows 或 Linux 操作系统（服务器支持 Windows、Linux 操作系统，客户端支持 Windows 操作系统）、PostgreSQL 数据库、地理信息系统等构成，其中网络中间件提供系统设备的互联，确保系统底层网络的连通性和健壮性，使用统一的协议作为访问接口。

数据服务层提供数据服务支撑，包括数据注册、数据发现、数据发布、数据更新、数据检索、数据访问接口、数据传输、数据同步等功能。

应用服务层主要由探测数据接入、探测数据推送、数据融合分析、目标威胁判定、仿真驱动引擎、作战体系存取、目标数据存取、报警数据存取、控制指令存取、打击报告管理等模块组成，主要提供计算服务和数据存储服务。

应用软件层主要由区域防控指挥控制软件、指挥中心指挥控制软件、系统维护软件组成。其中系统维护软件主要面向系统维护人员，提供实体模块管理、初始态势构建、日志管理、权限管理、网络状态监视等功能；指挥中心指挥控制软件、区域防控指挥控制软件主要面向指挥控制人员，提供态势分析、拦截方案制定、作战命令下发等功能。

7.3.5 指挥控制系统接口

接口设计涉及用户接口和数据接口两方面工作。

系统有：两类用户，分别是指挥中心指挥员/区域防控节点指挥员和系统维护人员；三类外部系统，分别是侦察探测系统、拦截系统和网管系统。

区域防控节点指挥员通过查看雷达、光电、声学等侦察探测数据与拦截系统态势数据，并对数据进行融合处理、威胁评估，然后选择/规划拦截方案，发送拦截请求命令给指挥中心指挥员，指挥中心指挥员确认目标信息后下达最高决策的拦截命令，区域防控节点指挥员发送拦截命令给拦截系统对目标实施拦截打击。维护人员主要负责系统的可靠运行，可进行资源管理、席位功能配置、作战体系构建、网络状态监控、日志维护等操作。系统用户接口关系如图 7.14 所示。

外部数据接口如图 7.15 所示。协同防控指挥控制系统主要与光电探测系统、声学探测系统、雷达系统、外部情报系统、激光拦截系统、网式拦截系统、无线电干扰系统等进行数据交互。

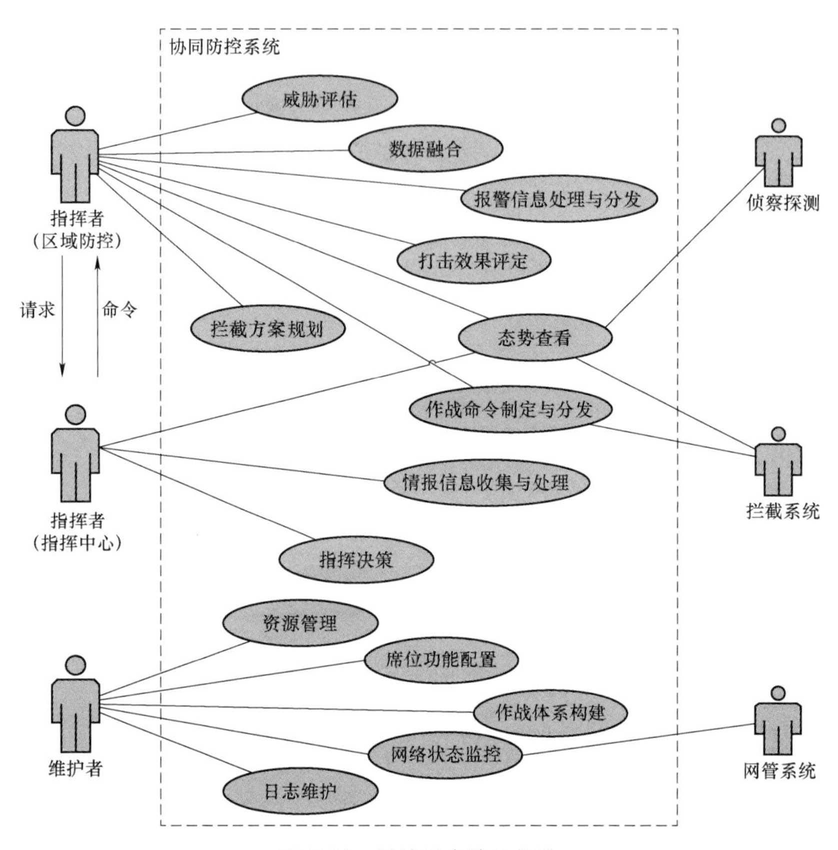

图 7.14　系统用户接口关系

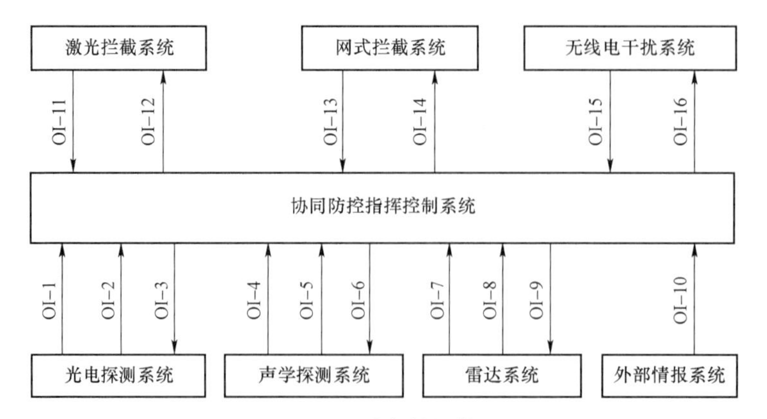

图 7.15　外部数据接口

外部接口信息如表7.2所示。

表 7.2 外部接口信息

交互对象	接口名称	类型	源	目标	说明
光电探测系统	OI-1	信息流	光电探测系统	指挥控制系统	上报目标信息
	OI-2	信息流	光电探测系统	指挥控制系统	上报光电探测设备状态
	OI-3	信息流	指挥控制系统	光电探测系统	控制光电探测设备开关机
声学探测系统	OI-4	信息流	声学探测系统	指挥控制系统	上报目标信息
	OI-5	信息流	声学探测系统	指挥控制系统	上报声学探测设备状态
	OI-6	信息流	指挥控制系统	声学探测系统	控制声学探测设备开关机
雷达系统	OI-7	信息流	雷达系统	指挥控制系统	上报目标信息
	OI-8	信息流	雷达系统	指挥控制系统	上报雷达设备状态
	OI-9	信息流	指挥控制系统	雷达系统	控制雷达开关机
外部情报	OI-10	信息流	外部情报	指挥控制系统	接收外部情报信息
激光拦截系统	OI-11	信息流	激光拦截系统	指挥控制系统	上报激光拦截装备状态
	OI-12	信息流	指挥控制系统	激光拦截系统	下达拦截指令
网式拦截系统	OI-13	信息流	网式拦截系统	指挥控制系统	上报网式拦截装备状态
	OI-14	信息流	指挥控制系统	网式拦截系统	下达拦截指令
无线电干扰系统	OI-15	信息流	无线电干扰系统	指挥控制系统	上报无线电干扰装备状态
	OI-16	信息流	指挥控制系统	无线电干扰系统	下达干扰指令

内部数据接口如图7.16所示。系统采用C/S模式，有指挥中心指控和区域防控指控两级架构，客户端有指挥中心指挥控制软件、区域防控指挥控制软件及系统维护软件。

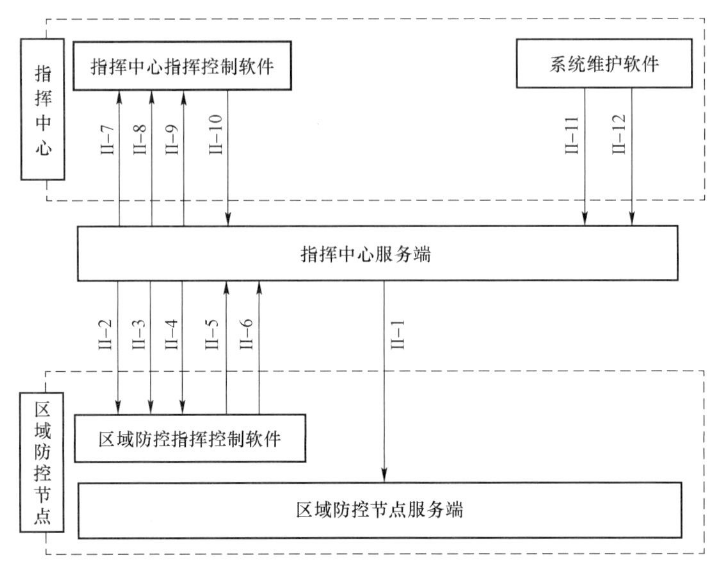

图 7.16　内部数据接口

内部接口信息见表 7.3。

表 7.3　内部接口信息

接口名称	类型	源	目标	说明
II-1	信息流	指挥中心服务端	区域防控节点服务端	同步数据库
II-2	信息流	指挥中心服务端	区域防控指挥控制软件	推送光电、雷达等探测数据
II-3	信息流	指挥中心服务端	区域防控指挥控制软件	推送数据融合结果
II-4	信息流	指挥中心服务端	区域防控指挥控制软件	推送拦截规划方案
II-5	信息流	区域防控指挥控制软件	指挥中心服务端	向指挥中心提交拦截方案
II-6	信息流	区域防控指挥控制软件	指挥中心服务端	推送效果评估结果
II-7	信息流	指挥中心指挥控制软件	指挥中心服务端	接收综合态势信息
II-8	信息流	指挥中心指挥控制软件	指挥中心服务端	接收区域节点拦截请求信息
II-9	信息流	指挥中心指挥控制软件	指挥中心服务端	接收外部情报信息（气象）
II-10	信息流	指挥中心服务端	指挥决策软件（连）	发送拦截打击命令
II-11	信息流	系统维护软件	指挥中心服务端	部署信息
II-12	信息流	系统维护软件	指挥中心服务端	用户权限设置

7.3.6 指挥流程与授权模式

在指挥控制体制牵引下，针对防护区域的防护等级、威胁模式等方面不同，开展指挥模式与指挥流程研究，以实现对来袭目标防控效能的最大化。

“低慢小”航空器目标协同防控的威胁态势主要为防区外来袭和防区内来袭。防控指挥流程一般包括战前筹划、战时处置拦截和战后评估总结三个阶段。针对区域防护等级不同，采用战前授权与战时授权两种防控授权方式：对于防护等级高的区域采用战前授权方式，做到发现、确认，即拦截，并将信息上报指控中心；针对防护等级不高的区域采用战时授权方式，做到发现、确认，向所属防控单元的指控节点上报目标信息，并经指控中心最终确认并生成处置拦截方案，分配并下发区域防控任务指令。

图7.17为“低慢小”航空器协同防控指控流程，具体如下：当探测装备探测到“低慢小”航空器目标后，向识别模块发送探测数据，识别模块进行初步识别后，形成协同探测方案，向各单元传感器下达跟踪探测指令，根据协同探测的结果进行“低慢小”航空器目标的综合识别；识别模块将识别数据传递至评估模块进行威胁评估，并将评估数据发送至指控模块，生成对应的威胁态势，并完成向上级指控中心的态势预报；上级指控中心根据威胁态势，判定是否需要开展处置拦截，同时进行区域任务分配，接收任务的防控区域自动升级为主防控节点；主防控节点接收到拦截指令后，形成防控方案，向探测装备和处置拦截装备下达拦截指令，从识别模块向评估模块上传信息至此，时间为8 s；处置拦截装备进行目标跟踪和处置拦截，并根据处置结果进行拦截效能评估并上传毁伤数据评估模块，指控模块根据评估数据重新定义威胁态势，并进行防控方案调整，根据防控效果决定是否要开展二次拦截；二次或多次拦截后，向上级指控中心上报防控态势，上级指控中心根据威胁态势判定是否要进行进一步的处置拦截，如否，拦截任务终止；如是，进行区域拦截任务的再次分配，如此循环，直至拦截任务完成。

7.4 协同防控指挥控制流程中的若干问题分析

“低慢小”航空器协同防控流程中的装备部署、协同探测、综合识别、威胁评估、复合拦截、效能评估等问题的处理，决定了“低慢小”航空器协同防

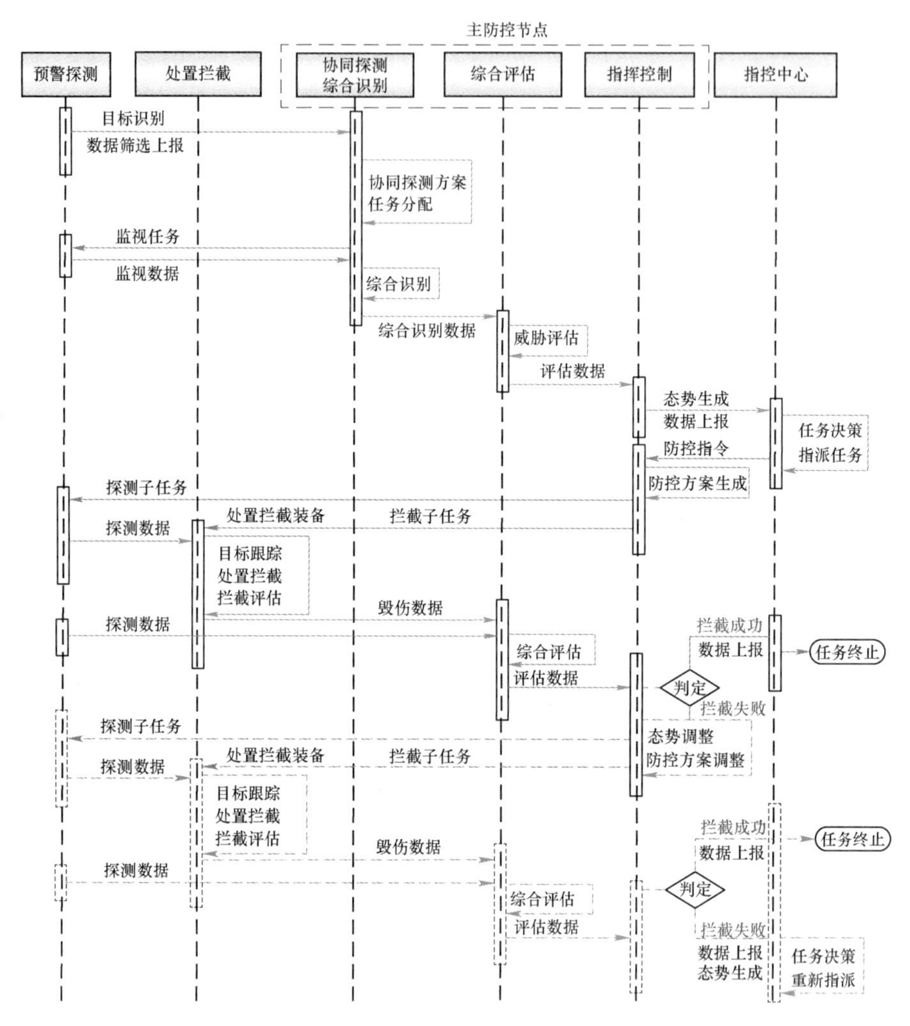

图 7.17 “低慢小”航空器协同防控指控流程（书后附彩插）

控平台的防控效能。本节从围绕以上六个方面的问题进行详细的分析。

针对装备部署问题，通过计算防控区域内装备威力范围的覆盖率和各方向的拦截率，建立优化部署模型，利用遗传算法获取拦截武器的最优部署方案，并结合典型算例进行了说明。

针对协同探测问题，结合探测手段的特性分析以及任务分析，指出通过对多元传感器的工作时间、扫描空间等资源进行统一规划、管理和分配，对各传感器的工作模式、波束指向、波束驻留时间、搜索数据率、跟踪数据率等进行编排和调度，可实现多元传感器防控区域内“低慢小”航空器的协同探测。

针对综合识别问题，研究该问题能够从城市复杂环境背景中辨识出固定翼航模、多旋翼航模等典型“低慢小”目标，提供目标特性参数信息，为协同防控平台的处置提供数据支撑与决策依据。后文围绕综合识别方法、综合识别流程、综合识别内容以及综合识别的相关技术要点，对该问题的四个方面进行阐述。

针对威胁评估问题，作为指挥控制系统决策的重要依据之一，它依赖于敌兵力作战/毁伤能力、作战企图，以及我方的防御能力。后续章节对常用的威胁评估方法进行了说明，围绕动态贝叶斯网络方法，对基本原理、分析流程和应用案例进行了说明。

针对复合拦截问题，因不同的应用场景，单一体制的拦截手段无法满足无人机防控需求，只有利用多种拦截武器的协同合作，才能对来袭目标实施有效拦截。基于动态火力分配模型、目标状态转移模型、目标状态转移模型、拦截武器状态转移模型以及优化算法，对复合拦截的基本原理进行了说明。同时介绍了复合拦截的分析流程，并结合应用案例进行了说明。

针对效能评估问题，为描述防控平台对任务的完成程度，需要通过建立“低慢小”航空器协同防控平台指标体系，并结合效能评估算法来对问题进行剖析。后续章节从效能评估的基本原理、分析流程和应用案例对效能评估问题进行描述。

以上问题的处理，都是基于在研制过程中的实际问题，所提供的解决方案都已在工程实践中得到检验与校核，对于指挥控制系统的研制具备较强的指导性意义。

7.4.1　装备部署问题

1. 问题概述

针对不同的应用场景，单一体制的拦截手段无法满足“低慢小”航空器防控需求，需要重点开展多体制拦截手段综合集成技术研究。为了使多种拦截装备协调地完成作战任务，对来袭目标进行多次有效拦截，高效的拦截武器部署策略是“低慢小”航空器防控成功的前提条件。

在单一优化指标建模方面，冯卉、耿振余等以要地保卫效能指标为优化目标函数，利用遗传算法进行求解，得到了最优部署方案。赵鹏蛟等考虑了多道防线横向和纵向的防控兵力区分与配置，利用排队论方法，计算敌方在各防控区域突击成功的概率，并建立了多种武器的扇形部署模型。陈杰等利用网格离散化思想对防控区域进行划分，构造了基于 Memetic 算法的优化求解方法，但该方法仅仅能解决单一防控武器的部署问题，不符合实际的作战需求。刘瑶等以武器拦截纵深为指标，将拦截纵深最大的位置作为最优部署位置。

实质上，防空系统的武器部署问题需综合分析多个指标因素的影响。吴家明等利用 Markov 状态转移链进行防控武器的防御效能建模，将平均防御总成本考虑在内，建立了多目标的防控部署模型。刘文涛等在弹炮结合目标防控问题上，选取有效杀伤重叠区、有效火力区域、主攻方向角等 9 个评估准则，基于 AHP 方法提出防控部署方案的优化模型，但该方法过度依赖专家先验知识。王超东等综合考虑保护目标的重要性以及防控兵群火力单元的毁伤效能，利用动态规划，计算保护目标的兵力部署最优方案。刘立佳等基于排队论开展多种防控武器扇形优化部署模型研究。该方法以扇形和环形防御样式考虑了多种防控武器在多道防线上的部署问题,但未分析各防线内每个区段的具体部署情况。为了给实际作战提供决策支持，还需要对问题进行进一步优化。

在传统防空作战中，无论是从单一指标还是从多指标入手构建的兵力部署模型，其研究对象都主要是高炮、地对空导弹等，相对于“低慢小”航空器防控问题中的不同拦截武器来说，传统防空作战兵力部署模型需要考虑的武器性能参数相对简单，应用场景也相对简单，因此面向“低慢小”航空器防控实际应用，还需要有针对性地研究其部署问题。

2. 分析流程

“低慢小”航空器防控问题中首要研究的是多体制拦截武器的部署，多体制复合拦截装备的部署优化方案如下。

首先，将防控区域进行网格离散化处理，对拦截转呗和防控区域内各点（简称“防控点”）之间的距离进行量化分析，利用二元感知模型判断防控点是否在有效威力范围内，得出防控区域覆盖率。

其次，根据各拦截装备的属性，确定各拦截装备的威力范围，研究无人机以各个极角方向来袭的总拦截概率。

最后，以防控区域装备覆盖率以及拦截率作为优化目标，利用多目标优化算法，获取三种拦截装备的最优部署方案，具体实施过程如图 7.18 所示。

3. 详细说明

1） 防控区域离散化处理

为了计算防控区域内拦截装备的覆盖率和拦截率，需要对备选部署位置进行量化处理。假设防控区域是以防控区域中心为原点的圆形区域，在极坐标系

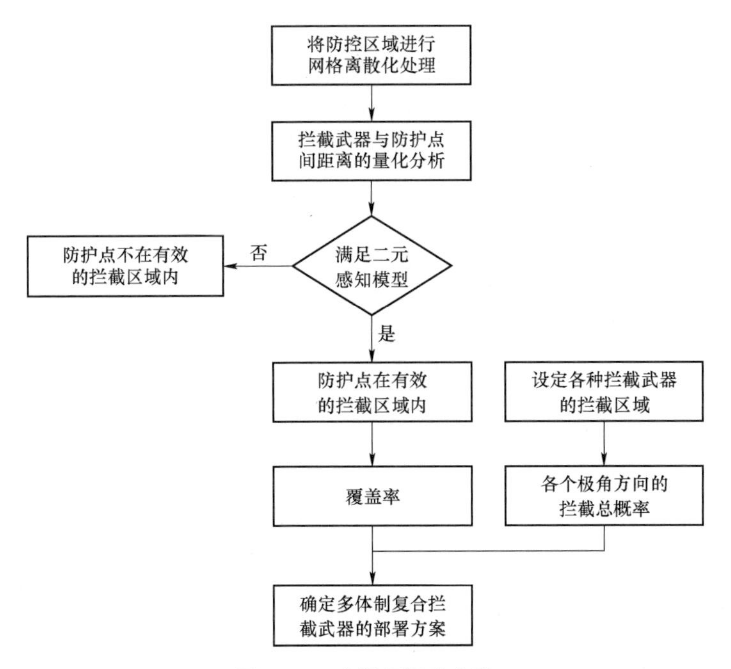

图 7.18　武器部署的方案

下，利用等极角的射线和等长度的极径对防控区域进行分割，网格大小按照防控区域的范围以及装备部署的要求而定，如图 7.19 所示。网格划分得越小，则备选的拦截装备部署位置越多，越可能实现最优的效果，但必降低计算速度以及增加计算量。因此，网格大小需充分考虑计算量和存储量，此外，还需考虑拦截装备的占地面积以及威力范围。

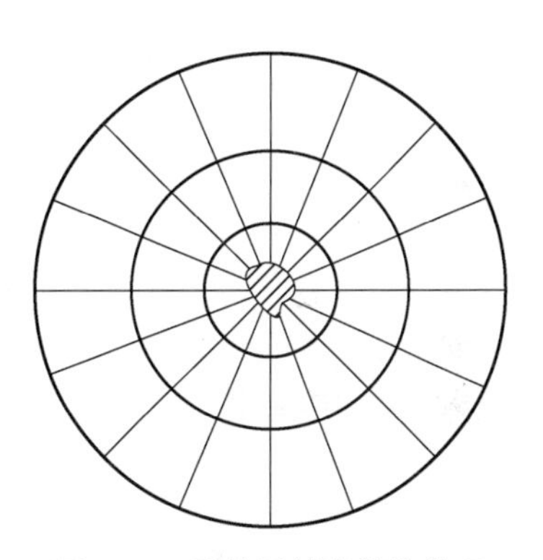

图 7.19　防控区域离散化处理

由图 7.19 可以看出，越靠近防控区域中心点，装备部署的采样点越密集。在防控技术体系下，越靠近防控区域中心，对其防控的要求越强烈，所以该网格划分与实际情况是相符合的。事实上，在防控区域中并不能准确掌握目标的来袭方向，因此采用极坐标形式的防控区域离散化方法相比于栅栏网格离散化方法，更利于度量防控技术体系对不同来袭方向目标的总体拦截概率。

2）防控区域覆盖率分析

假设在防控区域内同时部署无线电干扰、激光装备以及柔性网三种拦截装备，设其射程分别为 r_1、r_2 和 r_3，且 $x_{i(\rho,\theta)1}$、$x_{i(\rho,\theta)2}$ 和 $x_{i(\rho,\theta)3}$ 表示含义如下：

$$x_{i(\rho,\theta)1}=\begin{cases}1, & \text{在}i(\rho,\theta)\text{处部署无线电干扰设备}\\0\end{cases} \quad (7.1)$$

$$x_{i(\rho,\theta)2}=\begin{cases}1, & \text{在}i(\rho,\theta)\text{处部署激光武器}\\0\end{cases} \quad (7.2)$$

$$x_{i(\rho,\theta)3}=\begin{cases}1, & \text{在}i(\rho,\theta)\text{处部署柔性网设备}\\0\end{cases} \quad (7.3)$$

式中，$i(\rho,\theta)$ 为防控区域内的一个装备部署采样点；ρ 为极径；θ 为极角。

假设无线电干扰拦截设备的部署位置 $c_{i(\rho,\theta)1}(x_{i(\rho,\theta)1},y_{i(\rho,\theta)1})$，则对于防控区域的任一点 $q(x_{j(\rho,\theta)},y_{j(\rho,\theta)})$，无线电干扰拦截装备与该点间的欧式距离为

$$d(c_{i(\rho,\theta)1},q)=\sqrt{(x_{i(\rho,\theta)1}-x_{j(\rho,\theta)})^2+(y_{i(\rho,\theta)1}-y_{j(\rho,\theta)})^2} \quad (7.4)$$

同理，激光装备和柔性网拦截设备与该点间的欧式距离分别为

$$d(c_{i(\rho,\theta)2},q)=\sqrt{(x_{i(\rho,\theta)2}-x_{j(\rho,\theta)})^2+(y_{i(\rho,\theta)2}-y_{j(\rho,\theta)})^2} \quad (7.5)$$

$$d(c_{i(\rho,\theta)3},q)=\sqrt{(x_{i(\rho,\theta)3}-x_{j(\rho,\theta)})^2+(y_{i(\rho,\theta)3}-y_{j(\rho,\theta)})^2} \quad (7.6)$$

防控区域内点 $q(x_{j(\rho,\theta)},y_{j(\rho,\theta)})$ 被 $i(\rho,\theta)$ 所覆盖的事件定义为 r_{ijk}，其中 $k=1$ 代表无线电干扰拦截设备，$k=2$ 代表激光装备拦截设备，$k=3$ 代表柔性网拦截设备。采用简单的二元感知模型来判断点是否在拦截设备的威力范围内，即

$$p(r_{ijk})=\begin{cases}1, & d(c_{i(\rho,\theta)3},q(x_{j(\rho,\theta)},y_{j(\rho,\theta)}))\leqslant r_k\\0\end{cases} \quad (7.7)$$

假设 S_1 为无线电干扰拦截设备的威力范围，S_2 为激光装备拦截设备的威力范围，S_3 为柔性网拦截设备的威力范围。若 $p(r_{ijk})=1$，则 $q(x_{j(\rho,\theta)},y_{j(\rho,\theta)})\in S_k$，则说明点 $q(x_{j(\rho,\theta)},y_{j(\rho,\theta)})$ 在第 k 种拦截装备的威力范围内。因此，防控区域内拦截装备的覆盖率为

$$F_1=\frac{S_1\cup S_2\cup S_3}{S} \quad (7.8)$$

式中，S 为防控区域的总面积；$S_1\cup S_2\cup S_3$ 为三种拦截装备的总覆盖面积。

3）防控区域拦截率分析

评价拦截装备部署方案的优劣时，不能简单地用覆盖面积指标来衡量，同时要考虑当前部署方案下拦截装备对防控区域的拦截概率这一重要指标。在上述覆盖率分析计算的基础上，下面结合防控装备拦截率分析对拦截装备的部署方案进行优化。

在“低慢小”航空器防控问题上，拦截装备主要是无线电干扰、激光装备以及柔性网拦截装备，它们与传统装备的性能参数、作战样式相差较大。无线电干扰在其威力范围内都可以实施拦截，激光装备在实施拦截时可以追踪目

标，而柔性网拦截装备不能追踪目标，其符合迎头射击规律。因此，三种装备的拦截示意图各有不同，对此本书针对各拦截装备进行具体分析。

若已知目标来袭方向，根据这三种装备的拦截特性，将单个拦截装备的拦截范围描述为一个与目标来袭方向垂直的圆形区域，如图 7.20 所示。其中，图 7.20（a）是防控原点在无线电干扰装备的威力范围内的拦截示意图，图 7.20（b）是防控原点在无线电干扰装备的威力范围外的拦截示意图，图 7.20（c）是防控原点在激光装备的威力范围内的拦截示意图，图 7.20（d）是防控原点在激光装备的威力范围外的拦截示意图，图 7.20（e）是柔性网拦截目标的拦截示意图。假设防控区域中心点为 O 点，某个拦截装备单元位于 $Q(\rho,\theta)$ 点，当来袭目标 m 以极角 θ_m 方向来袭时，目标 m 经过该威力范围的拦截范围为 l_z，则该拦截装备 k 对来袭目标 m 的毁伤概率为 $P_k(\theta_m)$，其中 $P_k(\theta_m)$ 与来袭目标 m 的运行速度和拦截装备的拦截时间有关，即

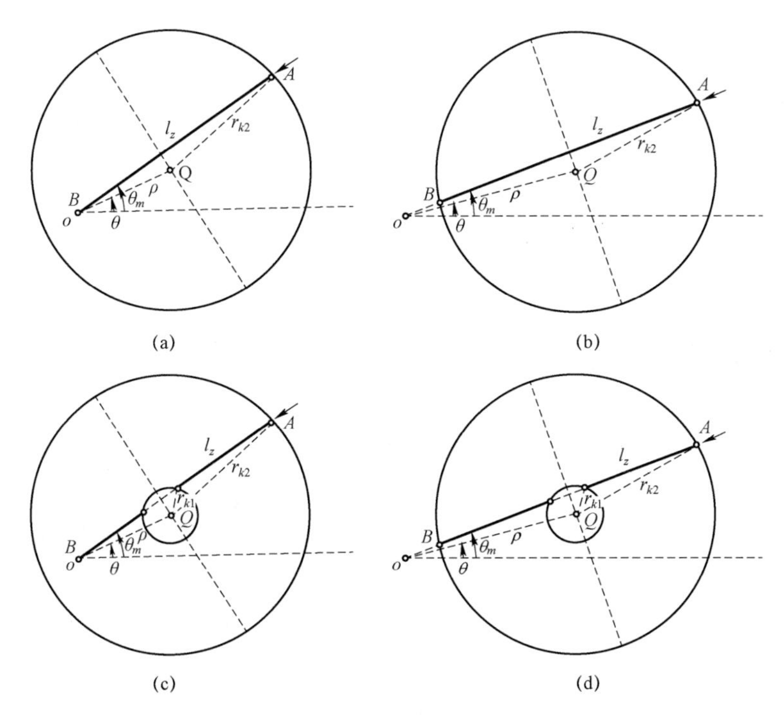

图 7.20 装备拦截目标的示意图

（a）防控原点在无线电干扰装备的威力范围内的拦截示意图；（b）防控原点在无线电干扰装备的威力范围外的拦截示意图；（c）防控原点在激光装备的威力范围内的拦截示意图；（d）防控原点在激光装备的威力范围外的拦截示意图

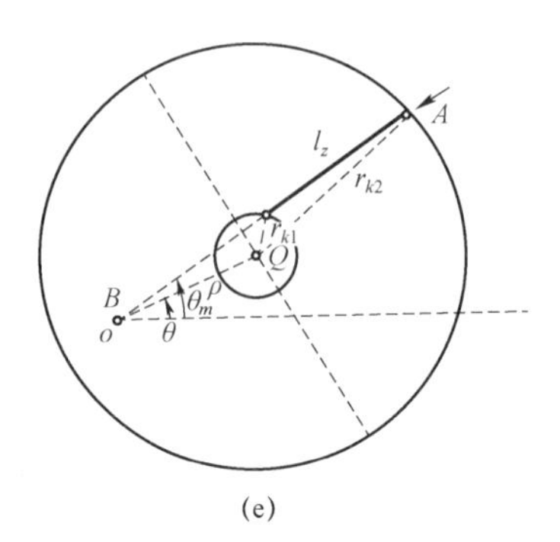

(e)

图 7.20　装备拦截目标的示意图（续）

（e）柔性网拦截目标的拦截示意图

$$P_k(\theta_m)=\begin{cases}p_k,\dfrac{l_z}{v}\geqslant t_k\\0,\dfrac{l_z}{v}<t_k\end{cases}\tag{7.9}$$

拦截范围 l_z 的长度与拦截装备的拦截半径以及来袭目标 m 的来袭方向角有关。由于各拦截装备的性能参数不同，拦截目标时的拦截范围 l_z 根据图 7.20 计算如下：

$$l_z(a)=\sqrt{r_k^2-(\rho\times\sin|\theta_m-\theta|)^2}+\rho\cos(\theta_m-\theta)\tag{7.10}$$

$$l_z(b)=2\sqrt{r_k^2-(\rho\times\sin|\theta_m-\theta|)^2}\tag{7.11}$$

$$l_z(c)=\sqrt{r_{k2}^2-(\rho\times\sin|\theta_m-\theta|)^2}+\rho\cos(\theta_m-\theta)-2\sqrt{r_{k1}^2-(\rho\times\sin|\theta_m-\theta|)^2}\tag{7.12}$$

$$l_z(d)=2\sqrt{r_{k2}^2-(\rho\times\sin|\theta_m-\theta|)^2}-2\sqrt{r_{k1}^2-(\rho\times\sin|\theta_m-\theta|)^2}\tag{7.13}$$

$$l_z(e)=\sqrt{r_{k2}^2-(\rho\times\sin|\theta_m-\theta|)^2}-\sqrt{r_{k1}^2-(\rho\times\sin|\theta_m-\theta|)^2}\tag{7.14}$$

式中，r_k 表示拦截装备的拦截半径；θ 表示中心点 O 与拦截装备部署点 Q 之间的极角。

式 7.9 标以极角 θ_m 方向来袭时经过单个拦截装备的毁伤成功概率，则通过所有可能的 n 个拦截装备拦截成功的概率为

$$P(\theta_m)=1-\prod_{t=1}^{n}(1-P_k(\theta_m))\tag{7.15}$$

因此，目标以各个极角方向来袭的拦截成功总概率为

$$F_2=\sum_{m=1}^{u}(1-\prod_{t=1}^{n}(1-P_k(\theta_m)))\tag{7.16}$$

式中，u 为防区不同度量方向极角的总数。

4）多目标优化问题分析

将区域覆盖率以及拦截概率作为拦截装备部署问题的优化目标，即

$$\max F = \max\{F_1, F_2\} \tag{7.17}$$

根据防控区域覆盖率以及拦截率分析，将多体制复合拦截装备的部署问题看作一个多目标优化过程，利用遗传算法解决上述多目标优化问题，从而获取三种拦截装备的最优部署方案。

5）优化部署可行性分析

假设防控区域为半径 3 000 m 的圆形区域，我方待部署的拦截装备分别为无线电干扰设备、激光装备以及柔性网拦截设备各一套。假设目标从离散的来袭方向突袭的概率相同，即各方向突袭概率为 1/12，利用上述部署模型求解出一组部署方案，根据经验选取最满意解，其装备部署效果如图 7.21 所示。

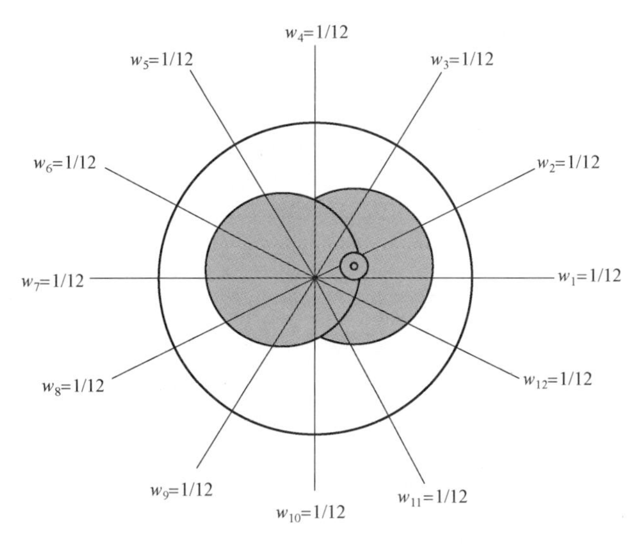

图 7.21　无主攻方向的装备部署效果

根据图 7.21 可知，当目标从离散的各来袭方向突袭的概率一致时，无线电干扰设备、激光装备以及柔性网这三套拦截装备的部署可以兼顾各个来袭方向，使得拦截装备在各个方向达到最优的防御效能。

在复杂环境下，由于建筑物遮挡或外界环境的影响，无人机来袭方向的概率通常是不一致的。当目标从各离散方向来袭的概率不同时，即目标有主攻方向，利用部署模型获取一个部署方案，其部署效果如图 7.22 所示。

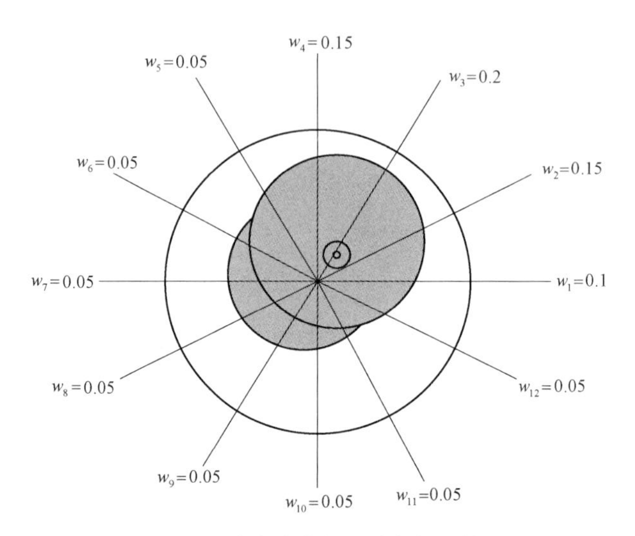

图 7.22 有主攻方向的装备部署效果

在“低慢小”航空器防控问题中，当目标有主攻方向时，无线电干扰设备、激光装备以及柔性网这三套拦截装备偏向于在重要方向部署，且兼顾了其他来袭方向的防御，可使有限的拦截装备达到最大的防御效能。

7.4.2 协同探测问题

1. 问题概述

为了更高效地利用多元传感器，提高对固定翼航模、多旋翼航模等典型“低慢小”航空器的协同探测能力，需要从两个层面开展工作。首先，需要在对各传感器特性以及协同防控任务需求进行统一的系统分析。其次，通过对多元传感器的工作时间、扫描空间等资源进行统一规划、管理和分配，研究多元传感器的多模式协调管控技术，合理安排各体制传感器搜索方式与跟踪方式之间基于空间部署的空间、时间交替，统筹分配多元传感器的能量资源，对各传感器的工作模式、波束指向、波束驻留时间、搜索数据率、跟踪数据率等进行编排和调度，最终实现多元传感器防控区域内“低慢小”航空器的协同探测。

2. 多元传感器特性分析

对低空飞行的“低慢小”航空器，可供使用的传感器主要包括可见光、红外、激光、雷达等多种类型。考虑到探测目标的多变性以及实际探测时探测环境的多样性，唯有充分发挥各类传感器的观测优势，使其优势互补，协同使用多元传感器进行探测目标的探测，以达到圆满完成“低慢小”航空器探测任务的目的。而达到这一目的的一个前提是需要对各类传感器的观测特性有足够的认识。以下对可见光、红外、激光、雷达四类传感器的探测特性进行了分析。

可见光遥感，具有高分辨率的遥感影像广泛应用于地面目标的识别，可用于探测目标的定性识别。但可见光遥感受到太阳光照条件的极大限制，只有在白天可用，不能进行全时段、全天候的目标探测，且易受到天气的影响。在实际目标的探测中遇到背景或前景遮挡时，无法对目标进行有效跟踪。

红外遥感，是应用红外遥感器（如红外摄影机、红外扫描仪等）探测远距离外地物所反射或辐射红外特性差异的信息，以确定地面物体性质、状态和变化规律的遥感技术。红外遥感又分为近红外、中红外、远红外和超远红外。近红外波段主要用于光学摄影，如红外或彩色红外摄影，只能在白天工作；也用于多波段摄影或多波段扫描。远红外由于是地物自身辐射的，主要用于夜间红外扫描成像。红外遥感在军事侦察，探测火山、地热、地下水、土壤温度，查明地质构造和污染监测方面应用很广，但不能在云、雨、雾天工作。

激光遥感，又称激光束遥感，是利用激光束对被测目标进行远距离感测。将激光用于回波测距和定向，并通过位置、径向速度及物体反射特性等信息来识别目标。它体现了特殊的发射、扫描、接受和信号处理技术。激光遥感技术以其高精度、主动工作、高分辨率等优点，在三维成像、高精度对地观测和深空探测等领域得到广泛的应用，表现出良好的空间应用前景。这里主要是通过激光对探测得到的目标进行测距，获取目标的相对观测点的距离。

雷达遥感，发射雷达脉冲以获取地物后向散射信号及其图像并进行地物分析的遥感技术，是主动微波遥感的主要方式，其显著特点是主动发射电磁波，具有不依赖太阳光照及气候条件的全天时、全天候对地观测能力，并对云雾、小雨、植被及干燥地物有一定的穿透性。此外，通过调节最佳观测视角，其成像的立体效应可以有效地探测目标地物的空间形态特征。可用于地表动态地物变化的探测。表 7.4 对各类传感器的探测特点进行了归纳总结。

表 7.4　传感器特性总结

传感器类型	探测特点	探测阶段
可见光遥感	高分辨率的遥感影像可用于探测目标的定性识别；受到太阳光照条件的极大限制，只有在白天可用	定性探测
红外遥感	在军事侦察，探测火山、地热、地下水、土壤温度，查明地质构造和污染监测方面应用很广；只能在白天工作，不能在云、雨、雾天工作	定性探测

续表

传感器类型	探测特点	探测阶段
激光遥感	具备高精度、主动工作、高分辨率等优点	定性探测
雷达遥感	全天时、全天候对地观测能力，可用于地表动态地物变化的探测	定性探测 动态探测

3. 任务分析

对于实际情况中的“低慢小”航空器的探测任务，主要分为搜索和跟踪两个阶段，其中搜索是确定探测目标的过程，该过程可以看作“低慢小”航空器的探测任务的前期预警过程，而跟踪则是在确定探测目标之后，对探测目标的变化轨迹进行监测的过程。要解决“低慢小”航空器的协同探测问题，主要需要考虑探测目标的识别、多元传感器协同探测与跟踪、多目标跟踪、跨区域探测与跟踪等几个方面，如图 7.23 所示。

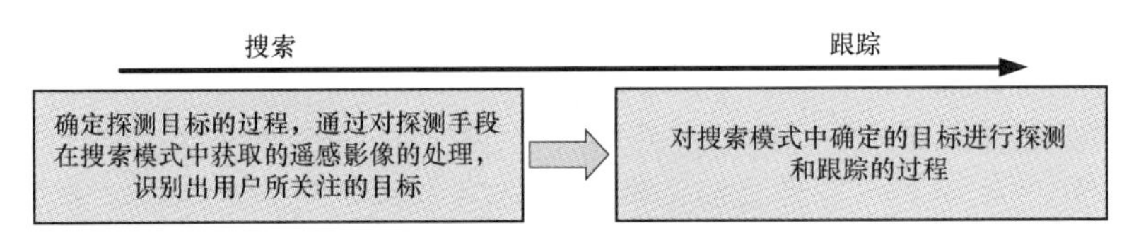

图 7.23　探测过程

该过程涉及目标的识别问题，现阶段基于深度学习的目标检测与识别算法的运用已经较为成熟，主要有基于区域建议的目标检测与识别算法、基于回归的目标检测与识别算法、基于搜索的目标检测与识别算法等，这些算法在目标探测中的应用可以对用户所关注的特定类型的“低慢小”航空器进行快速有效的检测与识别，同时由于探测影像的不断更新，可以对探测目标的运行趋势进行判断，从而预测探测目标的运行轨迹，为实际的探测提供依据。

4. 多层级协同探测应用说明

对于跟踪过程中所涉及的多元传感器协同探测与跟踪、多目标跟踪、跨区域探测与跟踪，是“低慢小”航空器的探测任务中需要着重分析和解决的问题。以下分别对“低慢小”航空器实际探测过程以及具体探测任务类型进行分析。

图 7.24 所示为标号为 T1、T2、T3 共 3 个探测设备的展示图，每个探测设备均配备了可见光、红外、激光、雷达四类传感器，受传感器型号等因素的限制，各探测设备的最大可探测半径大小不一，探测设备最终形成一个如图 7.24

所示的圆形区域，由于探测设备的实际安装位置的原因，探测设备之间可能存在一个可共同探测的交集区域，如图 7.24 中 A1、A2 区域所示，故在该区域内发现的“低慢小”目标会被不同探测设备同时识别，进而分别发布跟踪探测任务。故此种情况下，为降低观测成本，提高资源利用率，需要对两个或多个探测设备可共同探测的交集区域内同时识别到的“低慢小”目标进行“同一性”判定，若目标相同，则只需要指定一个探测设备进行跟踪探测；若目标不同，则分别进行探测跟踪。

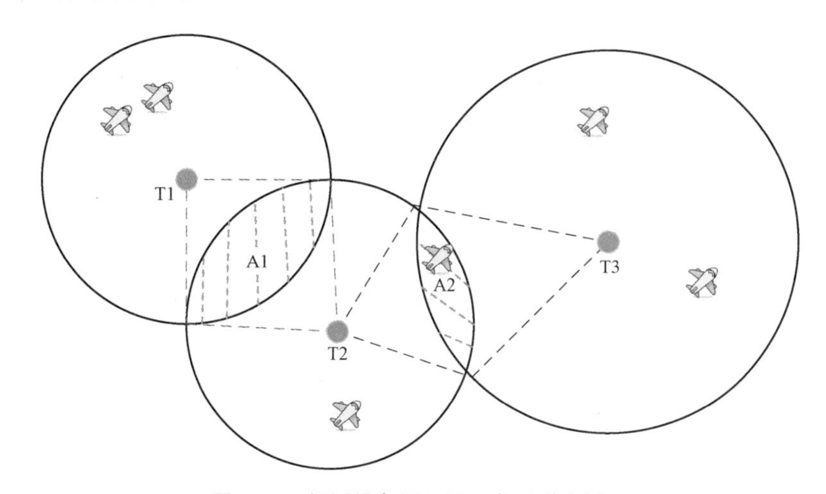

图 7.24 探测设备展示图（书后附彩插）

图 7.25 展示了实际探测设备进行具体目标探测的一个大致过程，包含正常情况下探测设备对目标的探测跟踪，如图 7.25 中对 UAV1 和 UAV4 的探测跟踪。两个探测设备可共同探测的交集区域内同时识别的同一目标的探测，如图 7.25 中对 UAV5 的探测跟踪。另外图 7.25 中红色椭圆内则展示了一种较为特殊的探测跟踪过程，该过程的产生主要是基于提高资源利用率以及多目标探测的考虑，对于相同或相近时间内识别到的具有相同或相似的运行轨迹，且位置较近的两个或多个探测目标，可考虑进行目标融合以提高资源利用率及可同时探测的目标数量。

跨区域探测的过程分为图 7.26、图 7.27 两种情况，对于图 7.26 中的情况，探测目标在进入 T1、T2 的共同探测区域之后，会被搜索状态下的 T2 识别，经过“同一性”判定为 T1、T2 的共同目标，经过运行轨迹的预测发现探测目标会进入 T2 的独立探测区域，此时只需要将探测任务由 T1 向 T2 尽心交接即可。对于图 7.27 中的情况，由于探测目标不会进入 T1、T2 的共同探测区域，需要经过探测目标的轨迹预测，进而由 T1 对 T2 进行坐标引导，才能完成探测任务由 T1 向 T2 的交接。

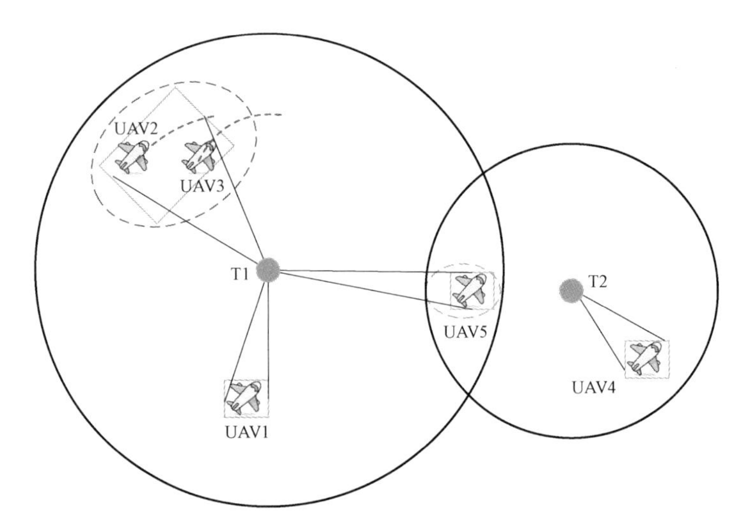

图 7.25 探测过程展示图（书后附彩插）

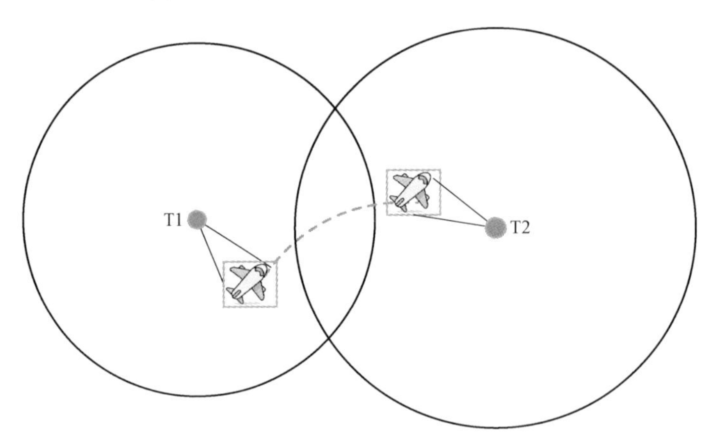

图 7.26 跨区域探测过程 1

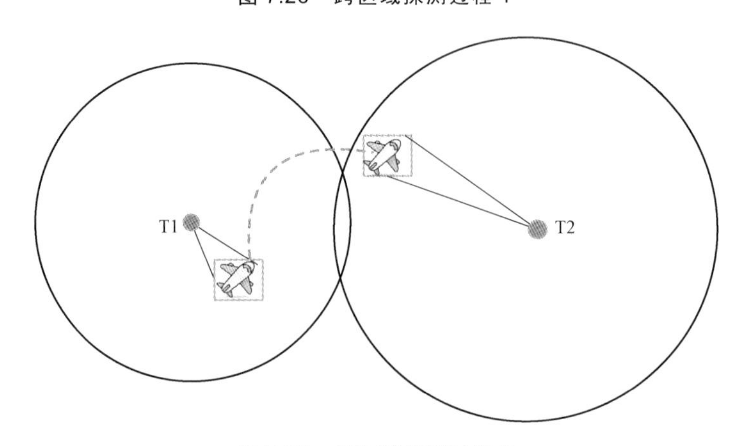

图 7.27 跨区域探测过程 2

5. 协同探测要点

对“低慢小”航空器的探测任务的圆满解决还需要考虑雷达搜索目标后如何通过坐标引导光电进行跟踪；在遇到背景或前景遮挡时，探测装备如何进行协同，以防止出现探测盲区、生成持续的目标信息等情况。图 7.28 对“低慢小”航空器多元传感器协同探测的问题的解决要点进行了总结，主要包括轨迹预测、目标融合、空间协同、“同一性”判定、坐标引导、共同探测区域计算等几个方面。唯有合理解决这些方面的问题，才能有效、快速地解决对于“低慢小”航空器标的多元传感器协同探测问题，现逐一对这几个要点进行分析，并探讨解决方法。

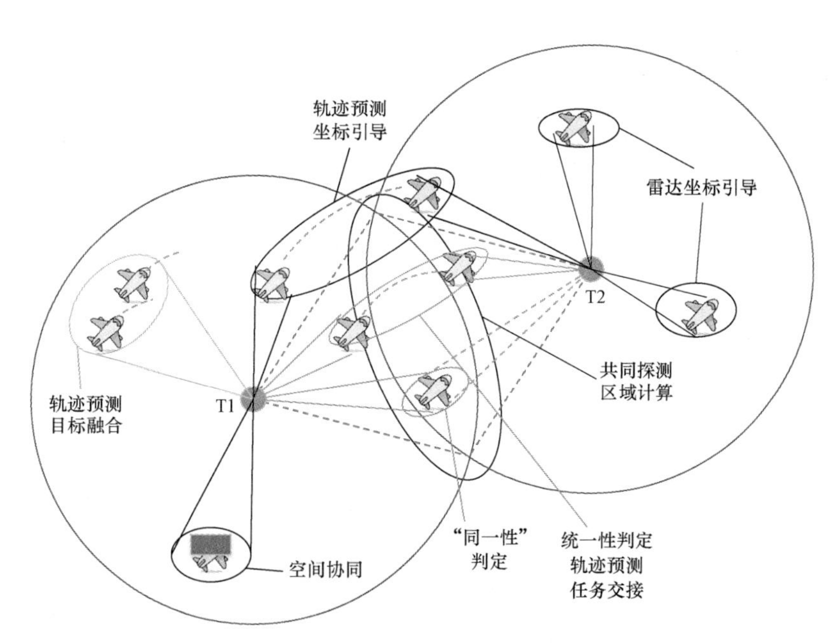

图 7.28　“低慢小”航空器多元传感器协同探测要点（书后附彩插）

1）轨迹预测

对于探测目标的轨迹预测，实际是对探测目标识别过程的延伸，通过不断的更新和获取探测目标的遥感影像，能够得到对应时间内探测目标的运行轨迹，进而在此基础上可以对探测目标的轨迹进行预测，如图 7.29 所示。

2）目标融合

判定两个或多个目标是否能够进行目标融合，需要满足以下几个要求：①时间相同或相近；②位置接近；③运行轨迹相同或接近，只有满足这几个条件，才能考虑两个或多个目标的探测任务融合。进行探测目标的融合，有利提高探测设备的利用效率，在一定时间段、一定程度上增加单个探测设备实际可探测目标的数量，如图 7.30 所示。

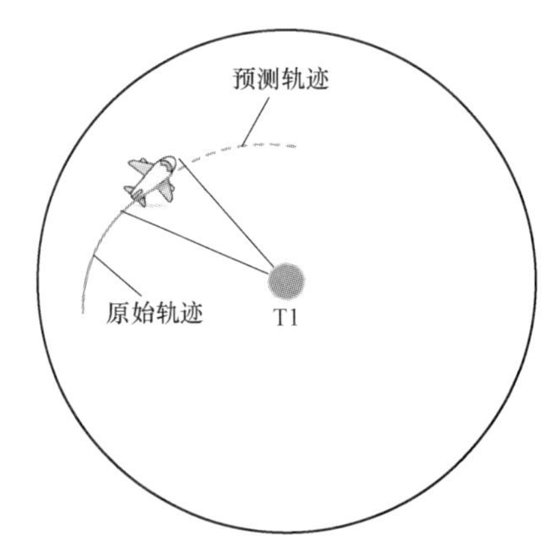

图 7.29　轨迹预测

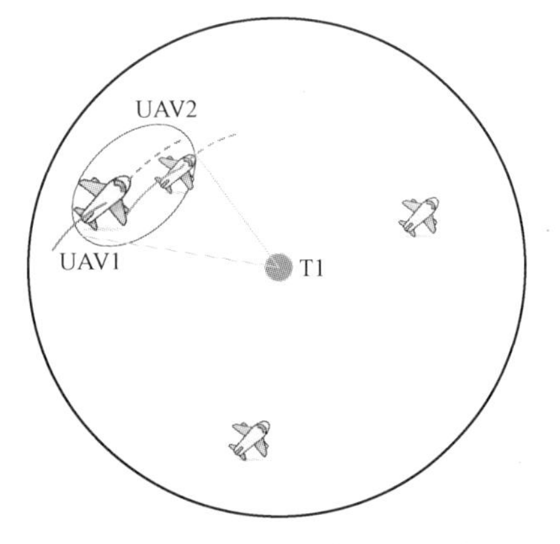

图 7.30　目标融合（书后附彩插）

3）空间协同

对于空间协同问题，则需要充分发挥各类探测手段的探测优势，弥补各自在进行探测任务时的不足，做到优势互补，如遮挡问题，如图 7.31 所示。在遇到背景或前景遮挡时，可见光类型的探测手段无法继续进行探测目标的探测任务，可由雷达类型的传感器对探测目标进行跟踪，以获得持续的目标信息，在背景或前景遮消失时，再通过坐标引导，利用可见光类型的探测手段继续进行该探测目标的探测跟踪任务。空间协同建立在对各类探测手段的探测特点有足够认识的基础之上，而合理协调各类探测手段的优势并加以应用则是解决该问题的关键。

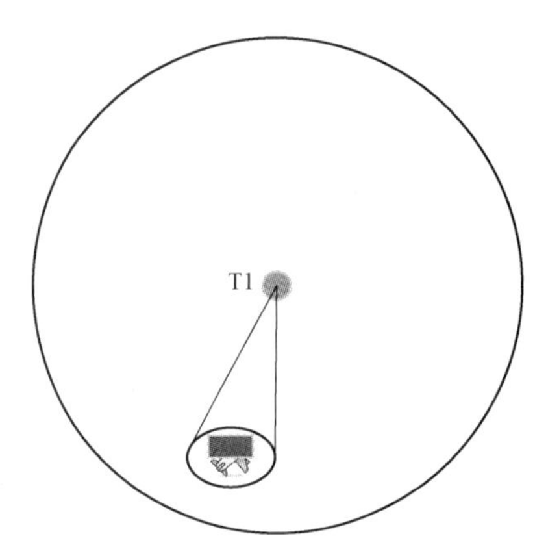

图 7.31　背景遮挡于空间协同（书后附彩插）

4）共同探测区域计算与“同一性”判定

两个或多个探测设备的可共同探测区域的计算依赖于对应探测设备的实际位置和探测半径，由探测设备的实际位置和探测半径可以确定该探测设备可进行探测的具体范围，对可探测区域进行交集求解，即可得到两个或多个探测设备的可共同探测区域，如图 7.32 所示。

“同一性”判定则是基于共同探测区域计算的结果。首先判断两个或探测设备在同一时间内识别到“低慢小”航空器是否位于共同探测区域之内，进而通过识别“低慢小”航空器所用遥感影像对应的探测设备的探测角度，结合具体的探测角度进行计算，以确定该探测目标是否相同，若相同，则可以指定其中一个探测设备进行探测跟踪；若不同，则需要对应探测设备分别进行各自所识别到“低慢小”目标的探测跟踪。

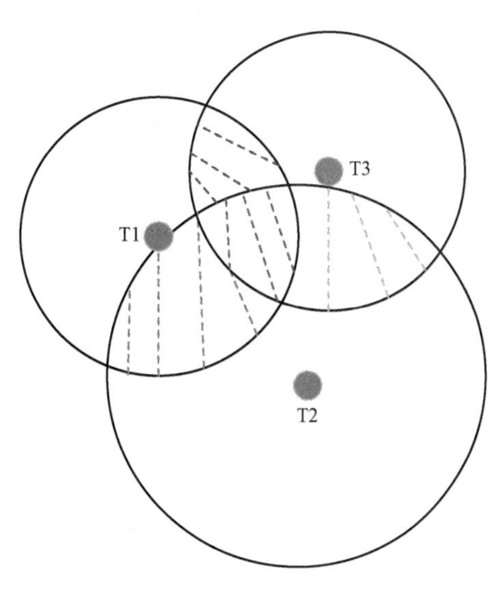

图 7.32 共同探测区域计算（书后附彩插）

5）坐标引导

坐标引导分为探测设备内的坐标引导以及探测设备之间的坐标引导两种情况，解决这个问题主要需要加强探测设备内和探测设备之间的通信与信息交互。

7.4.3 综合识别问题

1. 问题概述

多传感器协同的识别是一门综合多门学科的应用性技术，该技术起源于军事领域，涉及的学科范围包含传感器技术、测试技术、数学建模等。该技术被各国军工企业重点研究，并部分应用于军事领域。国外对于该技术的研究与使用出现在 20 世纪的第二次世界大战期间，当时的火炮打击定位信息的来源是基于雷达成像和部分光学传感器提供的图像信息，但该种方式是基于人工的分析，效果并不是很好。自 20 世纪 70 年代，美国的部分军工企业开始研究多源信息的协同处理技术，并研究出了一些基于水下目标识别的方案系统。

在 20 世纪 90 年代的海湾战争中，以美国为核心的多国部队通过美方提供的卫星雷达遥感侦察图像和侦察机监视相结合的方式，对伊拉克境内的军事目标进行全面侦察，为后续的目标打击提供了指引。在科索沃危机中，美国使用了敏感炸弹技术、末端制导技术、修正弹技术，这类武器都具备目标探测与识别的能力，通过将可见光图像、红外图像、毫米波图像、声音等技术结合，使武器本身可以控制飞行姿态，通过目标识别跟踪技术，实现目标的命中。这种将多种类传感器协同的技术应用于实战当中的例子，被后续各国争相模仿。我国在多传感器协同协作领域的研究相对较晚，改革开放以后，红外成像、毫米波成像、雷达成像的协同识别技术被国家军工部门列为重点研究项目，一些国防科技工业技术也做出了相应的转型，大量的军工技术转向民用，用于改善社会的生产力，对大范围环境内实现昼夜全天候监视。多传感器图像技术在20世纪80年代被提出，随着图像传感器技术的进步，多传感器协同识别中可视部分的图像融合技术被人们重点研究，该技术整合了传感器技术、图像处理、计算机视觉、人工智能等多个领域的前沿技术。国外的一些机构已经成功开发出多套基于多信息源融合的侦察识别系统。例如欧洲的SKIDS项目、英国的信息融合系统（AIDO）、美国的 C^4I 及 C^4ISR，以及法国的多传感器信号与知识综合识别系统。经过了两次中东战争以后的美国发现，多传感器协同目标识别的技术在实战中的效果比预期更好，从而加大了对该方向技术的投资力度。

多元传感器协同的"低慢小"目标识别本质上是计算机视觉领域的一个经典问题：对运动目标的识别。运动目标识别方法研究的主要任务是对影像序列中的运动目标进行自动探测，并判断目标物体属于某个类别。影像采集过程中存在复杂背景、光照强度变化、运动目标遮挡等干扰，导致运动目标影像发生形变，因此运动目标探测和识别需要在实际应用中解决上述问题并不断进行扩展，它在武器自动跟踪、基于内容的影像检索、基于计算机视觉的人机交互、智能影像监控和运动行为分析等领域，有着良好的应用前景和重要的经济价值。

基于多元传感器协同的技术，可以适应复杂的条件环境，在噪声较大或环境差异变化明显的环境中，由于目标的信息是不完备的，存在不确定信息，因此通过多传感器获取的信息，经协同算法分析以后可以得到一个对于目标相对全面、客观的描述，对计算机的后续处理提供了更好的基础。多传感器综合识别技术相对于以往的单一传感器的识别方案有着以下优势。

（1）多传感器识别方案，可以获取更多目标的数据集，可以在个别传感器获取不到信息时，通过剩余的传感器采集信息，增加了识别的成功率。

（2）多传感器构成的识别系统，可以实现更大空间范围的覆盖，可以识别的单位面积更广，扩展了系统的使用范围。

（3）对于目标信息不完备的目标，多传感器带来的多源信息，可以增强对目标的辨识能力。

这一研究能够从城市复杂环境背景中辨识出固定翼航模、多旋翼航模等典型"低慢小"目标，提供目标特性参数信息，为协同防控平台的处置提供数据支撑与决策依据。

2. 综合识别方法

常用的目标识别方法主要有 Generative Model（生成模型）和 Di-scriminative Model（判别模型）两种，生成方法通过大量的数据进行训练，来获取某个目标类别的概率分布。而判别模型在现有的训练数据中，直接寻找到划分各个目标类别之间的差异的分类函数。

最常用的生成模型方法是高斯混合模型（Gaussian Mixture Model，GMM）。用高斯混合模型对不同的图像进行建模，可以有效地表示同一类图像的不同表现形式，因此高斯混合模型取得了较好的检索结果。另一种常见的生成模型是概率隐含语义分析模型 PLSA（Probabilistic Latent Semantic Analysis），Quelhas、Sivic 等通过特征计算求取表示目标类别的隐含语义，然后利用贝叶斯概率计算方法得到目标类别的概率。此外，由于 PLSA 没有考虑到空间分布的情况，LDA（Latent Dirichlet Alloca-tion）模型作为一个改进方法，用于自然场景图像的分类问题。为此，Fergus、Wang 等通过对 PLSA 模型加入空间信息来进行扩展。

常用的判别模型方法有 K 近邻分类方法、支持向量机方法、金字塔匹配核（Pyramid Match Kernel，PMK）方法和 Boosting 分类方法。K 近邻分类方法是寻找查询图像特征距离最近的训练图像的特征，但是 K 近邻分类方法计算复杂，所需内存空间较大，不适用于大容量图像数据库的使用。支持向量机方法在解决小样本、非线性及高维模式识别中表现出许多特有的优势，由于某些图像类别的数据很难一次性获取，因此支持向量机被广泛地推广应用到目标分类和识别问题中。金字塔匹配核方法利用核函数对特征进行映射，使得低维内不可分的特征在高维空间内线性可分，将特征映射到一个高维的多分辨率直方图，然后赋予高分辨率的直方图较高的特征权重，最后利用加权的直方图进行特征匹配。通过加入空间结构信息对金字塔匹配核 PMK 方法进行了改进。此外，Boosting 分类方法也是一种提高任意给定学习算法准确度的方法。

3. 综合识别流程

综合识别流程如图 7.33 所示，涉及的关键点主要包括以下几个。

（1）目标身份命题的形成。必须建立合理的基本信任分配函数（BBA）来尽可能合理地表示传感器感知过程中的各种不确定性，以便于后续的综合识别处理。

（2）数据关联。数据关联是将经过预处理的当前各传感器点迹或航迹与已存在的航迹进行关联，并将关联后的位置信息、身份信息分发给航迹融合与身份融合，数据关联的效果直接关系到目标综合识别的性能。

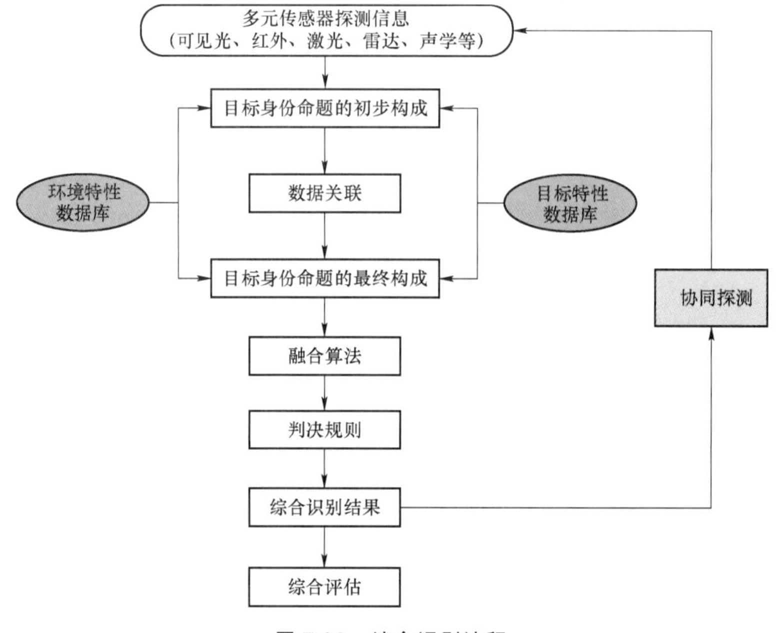

图 7.33 综合识别流程

（3）目标综合识别算法。针对不同传感器输入信息的特点和工程背景，在不同条件下设计合理实用的融合算法，充分利用多源目标信息进行优化综合，以获得身份的有效识别。

（4）判决规则。制定判决规则在设计目标综合识别时，必须作为一个重要内容加以考量，必须考虑规则的复杂程度、置信水平、融合技术和实际应用的类型等因素。

（5）综合识别数据库。数据库存储着一些直接有关目标身份的信息，如目标的种类、类型、敌我属性等。实际上，目标综合识别的效果在很大程度上取决于综合识别数据库建立的完备程度上。

（6）综合识别效能评估。一种算法是否有效和实用，能否在实际系统中发挥效能，目标综合识别算法的评估技术将起到重要作用，通过可靠且客观的评估，将不断优化目标综合识别算法，提高目标综合识别概率。

4. 综合识别内容

对于城市复杂环境下“低慢小”航空器的探测，多元传感器综合识别主要考查以下方面。

（1）数据级综合识别，其输出结果为光电传感器（主要是可见光、红外）输出的目标图像信息或红外辐射信息。

（2）特征级综合识别，其输出结果为目标的形状、尺寸、位置（距离、方位角、仰角、高度等）、速度、航迹等信息。

（3）决策级综合识别，其输出结果主要为目标的种类（航模、气球等）、类型（固定翼、多旋翼）、级别（如翼展的大小）、型号（如大疆的精灵）、威胁等级（敌我判别）等信息。

1）数据级融合

数据级融合是最低层次融合，数据级融合要求待融合的数据是由同体制传感器获得的。数据可以是未经过传感器处理的原始信号，也可以是经过变换后的幅相信息，如一维距离像数据等。常用的融合方法有加权平均法、卡尔曼滤波法等。经过单元传感器变换、处理后的数据，原始信号的融合处理只做可行性分析。数据级融合流程如图 7.34 所示。如将两个可见光/红外摄像头的测量原始数据进行关联和配准后，进行融合，以获得更多的信息量，然后对融合后的数据进行特征提取与目标识别。为了实现目标综合识别，两个雷达必须进行“空域融合”，以获得更精确的参数估计和距离分辨能力。这种方式融合损失小，信息互补性强，精度高，但只能对同类信息处理，数据配准要求、时空一致性高，需要传输原始数据，对信息传输能力要求高，计算量大。

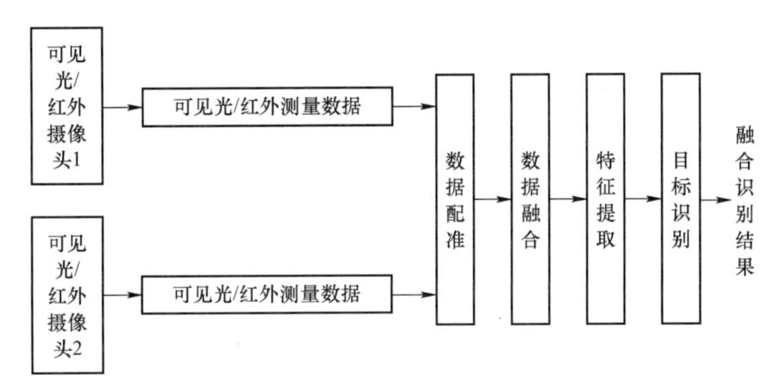

图 7.34 数据级融合流程

2）特征级融合

特征层融合是中等层次的融合方法，各单元传感器先在本地进行预处理、特征提取，融合中心对各单元传感器提供的目标特征矢量进行融合。常用的融合方法有搜索树法、遗传算法等。光电传感器（可见光、红外、激光）和雷达从不同的侧面反映出“低慢小”目标的特性，另外，通过光电传感器和雷达本身所提取的特征也是多维的，每个特征量具有相对独立的目标识别置信度，对多个特征的融合处理可以提高目标识别的置信度。特征级融合过程如图 7.35 所示。如雷达、可见光/红外摄像头、激光根据测量数据，提取出目标特征，融合处理中心将目标特征矢量数据关联处理后进行融合，并将融合后获得的融合特征矢量进行分类得到目标识别结果。这种融合方式保留了足够数量的特征信息，实现了信息压缩。对雷达、可见光/红外摄像头、激光部署无特殊要求，对数据配准、时空一致性、计算能力、信息传输能力的要求介于数据级融合和决策级融合之间，也可以是异质传感器识别结果融合。其缺点是丢失了部分信息，需要融合特征矢量维数比较高，量纲不统一，精度比数据层融合差。

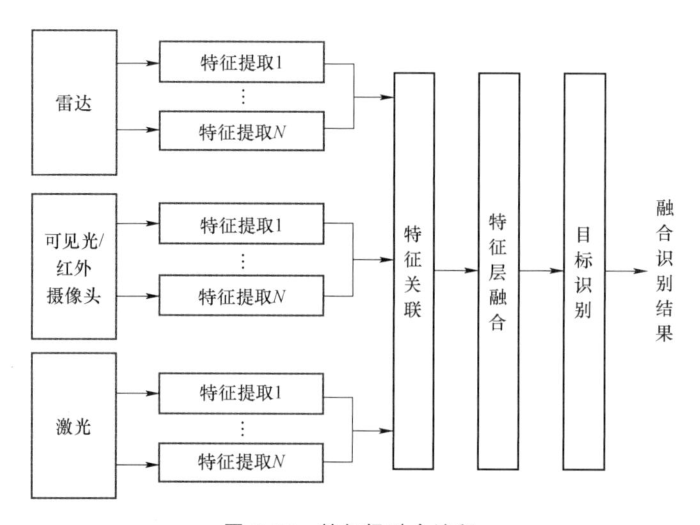

图 7.35　特征级融合流程

3）决策级融合

在决策级融合中，重点研究度量层的识别结果融合。常用的融合方法有 Bayes 推理、神经网络，D-S 证据理论、模糊逻辑等。决策级融合过程如图 7.36 所示。如雷达经过特征提取、模式分类和综合识别后，得出识别结果和度量值（概率、相似度、距离等）；可见光/红外摄像头根据识别结果对重点目标进行识别，两者的结果进行关联，确保识别结果来自同一目标；激光根据探测信息对威胁目标进行精确测距；最后由融合中心得出最终融合结果。这种层次的融合易于实现，数据量小，但信息损失量大，对雷达、可见光/红外、激光的部署、观测数据配准、时空一致性、计算能力、信息传输能力要求较低。

5. 综合识别技术要点

1）图像增强技术和方法

传统的图像增强技术和方法通常是针对单一的低质图像的某些感兴趣区域或是整幅图像进行改善增强。但其增强的结果受到图像捕获设备和光照条件

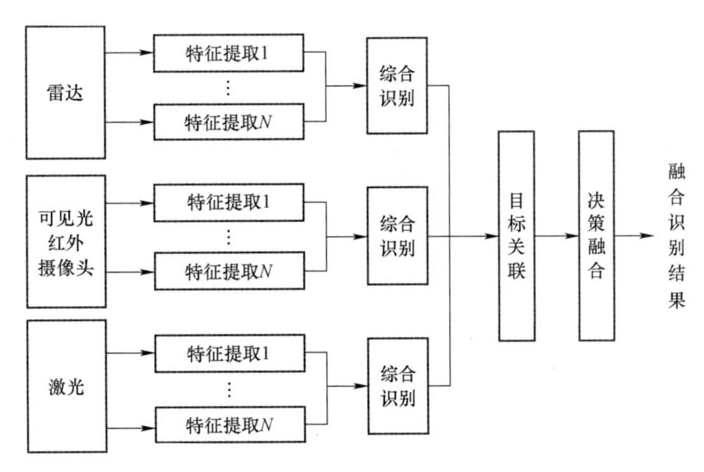

图 7.36 决策级融合流程

等因素的限制，所保留的细节信息非常有限。为了更好地获得真实场景的充分细节信息再现，HDRI 技术成为关注和研究的焦点。本节将就基于多曝光连续图像序列合成一幅高质量的高动态范围图像的方法进行讨论，为克服常见融合增强中权值设计未充分考虑图像重要信息问题，对基于梯度域信息相应评估因子综合处理的多曝光图像增强方法进行描述。

近年来，针对图像/视频处理的基于梯度域的方法得到了广泛的应用。而 Agrawal 等所提出的基于梯度的图像增强方法，其不能解决动态场景问题，仅限于静态场景图像的应用。通过对上述方法的综合分析，此类方法通常遵循以下几个步骤：①将图像/视频帧序列、表面、网格等原始信息转换到梯度域；②针对图像亮度的梯度场进行操作，如拉伸、压缩、融合、拼接、编辑等；③实现重建。经过处理需要重建以获得与该梯度场最为接近的图像等。其重建的核心是求解 Possion 方程。梯度域彩色图像增强的流程如图 7.37 所示。

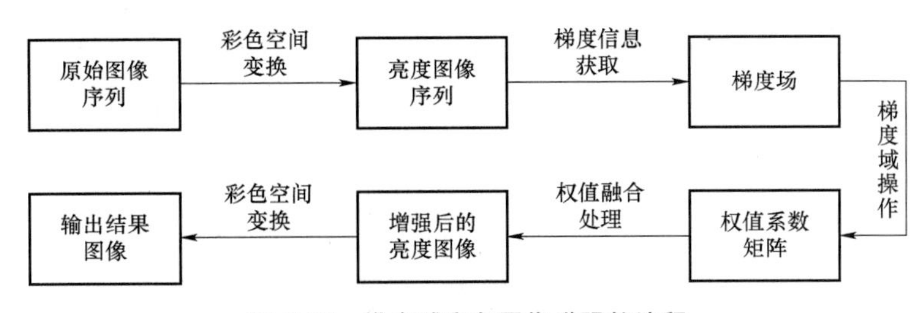

图 7.37 梯度域彩色图像增强的流程

在梯度域上对图像进行处理可以按操作对象和操作方式分为以下类型：①对单幅图像的操作，通常在像素空间实现单幅图像的梯度场的相应变换处理；②对多幅图像序列对应位置的梯度场处理，对梯度场进行的运算主要有向量运算、选择运算、极值/中值运算、梯度场接缝等操作，主要应用在去除图像中的反射光晕、图像融合、图像克隆以及基于无缝的图像拼接和全景制作等，在沉浸式数字娱乐中具有很高的应用价值。与传统的直接灰度域图像操作比较而言，梯度场作用算法设计在考虑场景信息相关性和重要性特征后，具有直观性和简单性的特点，特别是对梯度域中 Poisson 方程求解方法的改进和加速处理，为其实际应用提供了更好的计算模式方法。

对单一图像基于梯度域的增强处理方法，在一定程度上对原图像具有增强效果，但依然存在单一图像包含信息量不足，如存在光晕现象、彩色失真、部分区域对比度低等缺点。为此，将增强处理由单一图像扩展到同一场景的多次不同曝光图像集的处理。而基于梯度域进行操作的方法扩展到多曝光图像要融合为单一图像时，一种最明了的步骤是：①按单图像方法先求出各个待融合通道 I_i 的梯度场 ∇I_i，其中 i 为多图像序列，$i=1,\cdots,n$；②按一定的准则将它们融合为一个整体，即合成目标梯度场 G；③求出一个与目标梯度最为接近的梯度场，并完成增强后的图像重建。在此过程中，合适的融合规则选择是保证各通道内细节信息与相关性结构特征得以保持的关键问题。当然，最简单的方法莫过于将各图像的梯度场按相应权重做线性组合，如式（7.18）所示。

$$G=\sum_{i=1}^{n}W_i \cdot \nabla I_i \tag{7.18}$$

通过式（7.19）可以获得一幅信息量更大的真实场景的全部细节的研究思想驱动。

$$O(x,y)=\sum_{i=1}^{N}W_i(x,y)I_i(x,y) \tag{7.19}$$

其中，O 为合成图像，N 为输入的多曝光图像的数目，$W_i(x,y)$ 和 $I_i(x,y)$ 分别表示第 i 幅曝光图像在位置 (x,y) 处的权值贡献和像素值。其权值应满足两个基本条件：①对所有图像在对应位置 (x,y) 上所有像素的权值和为 1，即满足公式 $\sum_{i=1}^{N}W_i(x,y)=1$ 的归一化要求。②对图像空间任何位置 (x,y) 的权值都应具有非负特性，即 $W_i(x,y)\geqslant 0$。从对上式的分析可以看出，融合权重因子的设计是影响整个融合质量的关键。为了得到期望的权值，利用梯度场信息作为解决图像质量评估因子的重要手段。

为克服在 RGB 颜色空间中直接在三个不同的颜色通道进行增强处理所带来的颜色非连续性和不自然的增强结果，算法首先将原始图像序列从 RGB 颜色空间转换到 Lab 颜色空间，再将优化设计的权值矩阵应用到 L 亮度通道进行亮度调整增强，最后再转换回 RGB 颜色空间得到增强后的 HDR 图像。

例如，算法将静态多曝光图像序列进行相应的融合处理，以改善图像质量、增强目标，使图像更适合人的视觉特征或机器的识别系统，如图 7.38 所示。在天气晴好的情况下放飞一架大疆 Phantom 4 PRO 无人机，并在其距离地面一定距离之后使用光学摄影机对其进行拍摄，拍摄原图的一部分如图 7.38（a）所示，经过影像目标增强处理之后，如图 7.38（b）所示。显然，在经过目标增强处理之后，空中的无人机目标更为显著，从人类的视觉中看来也能更轻易地将其识别出来。

(a) (b)

图 7.38 影像目标增强处理前后对比（书后附彩插）

（a）目标增强处理前；（b）目标增强处理后

2）基于深度学习的特征提取

如何学习到好的“特征”，一直是计算机视觉中的基础性问题。传统图像识别方法中，大多通过设计者的先验知识，手工设计特征，如 SIFT、HOG 等，往往很难真正捕捉到物体的本征特征。深度学习是在 2012 年被首次提出的，Geoffrey Hinton 等在 IMAGENET 数据库上的分类算法竞赛中夺冠，而取得成功的关键就是他们所提出的深度神经网络模型。

由于实践证明，对图像进行语义分割（基于一个语义单元，对图像的每个像素进行分类，以提取所需要的目标对象）的分类精度较高，本节对采用全卷积神经网络（U-Net）和分层融合全卷积网络（HF-FCN）对图像进行分割进行介绍。

（1）全卷积神经网络。U-Net 是 2015 年 Ronneberger 等在 ISBI 细胞跟踪挑战提出的，该网络具有很高的分割精度，除此之外网络的训练速度也大大加快。

如图 7.39 所示，U-Net 的相似基本可以分为卷积部分和反卷积部分改进后的网络结构与 U-Net 相似基本可以分为卷积部分和反卷积部分。图中卷积层是指对输入的图像矩阵进行卷积计算，公式如式（7.20）。

$$y_i = \sum x_i * \omega_i + b_i \tag{7.20}$$

式中，x_i 表示卷积层输入；ω_i 表示卷积核参数；b_i 表示偏置；$*$代表卷积运算。

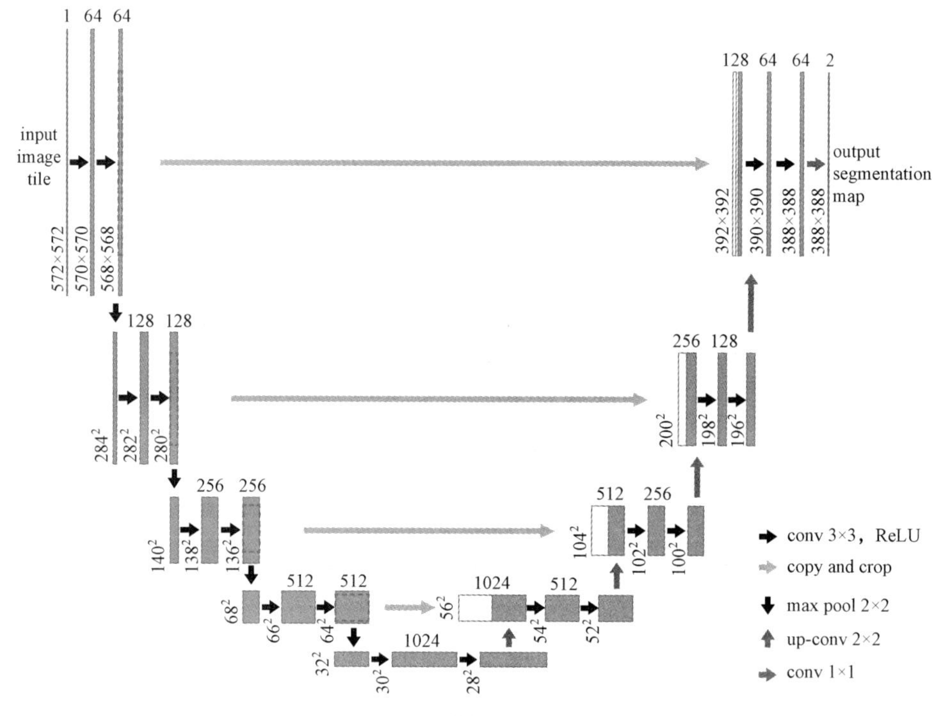

图 7.39　U-Net 结构图（书后附彩插）

激活层的作用则是将卷积运算的输出处理成为激活图，本书使用的激活函为 ELU，具体公式如式（7.21）。

$$f_{elu}(x)=\begin{cases} x & ifx > 0 \\ \alpha(exp(x)-1) & ifx \leqslant 0 \end{cases} \tag{7.21}$$

式中，x 表示激活函数输入值；α为超参数。

得到激活图后，为了加速损失函数收敛，控制过拟合，需要加入 BN 层（Batch Normalization），使得输出结果（各个维度）的均值为 0，方差为 1。具体的计算公式为

$$\hat{x}_i^{(k)} = \frac{x_i^{(k)} - E(x^{(k)})}{\sqrt{\mathrm{Var}(x^{(k)})}} \tag{7.22}$$

各个维度归一化后的激活图再次进行卷积计算并激活，最后输入池化层（MaxPooling），池化层的大小为取 n×n，取输入图中 n×n 像素块中的最大值作为输出值。

$$x_{ij} = \max\{x_{ij}, x_{i(j+1)}, x_{(i+1)j} \cdot x_{(i+1)(j+1)}\} \tag{7.23}$$

而图中对应的上采样（upsampling）层，是通过内插值方法，即在原图像像素之间插入新的像元值将特征图还原至输入时候的大小。

将上采样层的输出结果与每一步卷积过程中得到的特征图融合（merge），以还原特征在原图上的位置信息。

最后通过 sigmoid 分类函数基于图像特征进行分类，得到输出结果。Sigmoid 函数公式如式（7.24）。

$$S(x) = \frac{1}{1+e^{-x}} \tag{7.24}$$

式中，x 表示输入的数据；Sigmoid 函数的输出值为 0 或 1；适用于二分类问题。

$$y_i = \sum x_i * \omega_i + b_i \tag{7.25}$$

式中，x_i 表示卷积层输入；ω_i 表示卷积核参数；b_i 表示偏置；*代表卷积运算。

激活层的作用则是将卷积运算的输出处理成为激活图，本文使用的激活函为 ELU，具体公式如式（7.26）。

$$f_{elu}(x) = \begin{cases} x & ifx > 0 \\ \alpha(exp(x)-1) & ifx \leqslant 0 \end{cases} \tag{7.26}$$

式中，x 表示激活函数输入值；α为超参数。

得到激活图后，为了加速损失函数收敛，控制过拟合，需要加入 BN 层（Batch Normalization），使得输出结果（各个维度）的均值为 0、方差为 1。具体的计算公式如式（7.27）。

$$\hat{x}_i^{(k)} = \frac{x_i^{(k)} - E(x^{(k)})}{\sqrt{\mathrm{Var}(x^{(k)})}} \tag{7.27}$$

各个维度归一化后的激活图再次进行卷积计算并激活，最后输入池化层（MaxPooling），池化层的大小为取 n×n，取输入图中 n×n 像素块中的最大值作为输出值。

$$x_{ij} = \max\{x_{ij}, x_{i(j+1)}, x_{(i+1)j} \cdot x_{(i+1)(j+1)}\} \tag{7.28}$$

而图中对应的上采样层，是通过内插值方法，即在原图像像素之间插入新的像元值将特征图还原至输入时的大小。

将上采样层的输出结果与每一步卷积过程中得到的特征图融合（merge），

以还原特征在原图上的位置信息。

最后通过 softmax 分类函数基于图像特征进行分类。得到输出结果。

（2）分层融合全卷积网络。分层融合全卷积网络是 Zuo T 等于 2016 提出的一种新型结构，具体如图 7.40 所示。

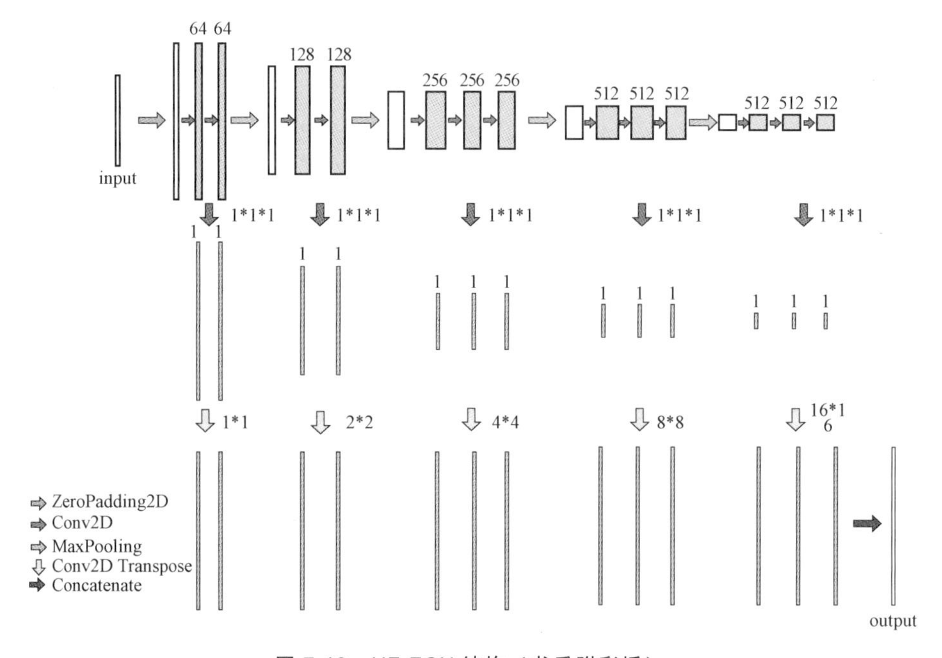

图 7.40 HF-FCN 结构（书后附彩插）

HF-FCN 也可大致分为卷积过程和反卷积过程，其卷积过程和上述 U-Net 的卷积过程一致。而在反卷积的过程中，将卷积部分得到的每一个特征图（多维）融合成一维，然后输入反卷积层，最后将每个反卷积层得到的新特征图的信息融合在一起，得到最后的输出结果。

基于二者的基于深度学习的综合识别流程如图 7.41 所示。

①将深度学习模型 U-Net 和 HF-FCN 进行集成（集成两种模型的优点）。

②将经过预处理的遥感图像输入集成模型中预测，得到探测结果 A。

③提取融合模型中的参数迁移至校准模型 U-Net 中，将待预测遥感图像输入校准模型中得到探测结果 B。

④将探测结果 A、B 进行对比，如果标记块部分只有 20%及以下的重叠，则认为消除该部分标记，重叠部分在 20%～80%之间则以重叠的部分作为标记输出，重叠部分在 80%以上就取两者的并集作为新结果输出。

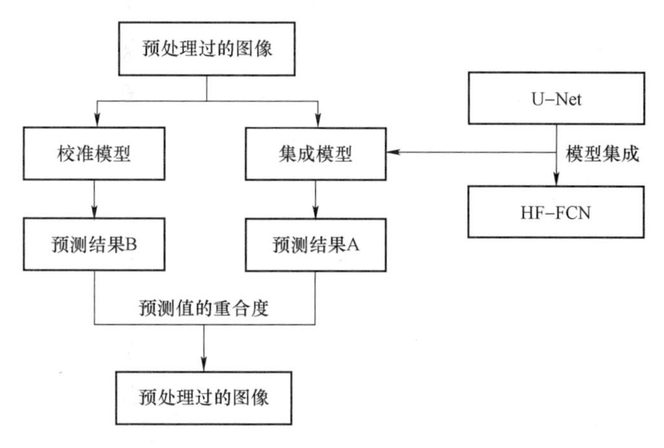

图 7.41 深度学习的综合识别流程

7.4.4 威胁评估问题

1. 问题概述

威胁评估（threat assessment，TA）是指挥员作战决策过程中的重要环节，它是建立在目标状态与属性估计以及态势评估基础上的高层信息融合技术。威胁评估反映敌方兵力对我方的威胁程度，它依赖于敌兵力作战/毁伤能力、作战企图，以及我方的防御能力。威胁评估的重点是定量估计敌方作战能力和敌我双方攻防对抗结果，并给出敌方兵力对我方威胁程度的定量描述，是战场火力与指挥控制系统的关键技术之一。

为了能够及时有效地对来袭“低慢小”目标有效处置，目标威胁度评估成为指挥控制过程的一个重要环节。目标威胁度是“低慢小”目标对防空预警监视系统的威胁程度，是防空作战行动中选择攻击目标的重要依据。

2. 评估方法

目前常用的威胁估计方法主要有层次分析法、灰色关联度分析（GIA）、逼近理想解的排序法、贝叶斯网络、模糊集方法、云模型理论方法等。下面对前四种各方法做简要的说明与分析。

1）层次分析法

目标威胁度与多种因素相关，其中既有定性因素又有定量因素，必须综合考虑。层次分析法能够通过定性判断和定量计算，将经验判断给予量化，对决策方案进行排序，是一种定性分析与定量分析相结合的决策分析方法。层次分析法的基本步骤如下。

（1）分析系统中各因素之间的关系，建立系统的层次结构。

（2）对同一层次的各元素关于上一层次中的某一准则的重要性进行两两比较（1-9 标度法），构造两两比较判断矩阵 $\boldsymbol{A}=(a_{ij})_{n\times n}$。

（3）由判断矩阵计算被比较元素对于该准则的相对权重。

（4）求判断矩阵 $\boldsymbol{A}$ 的最大特征值 $\lambda_{\max}$ 及相应的特征向量 $(\eta_1,\eta_2,\cdots,\eta_n)^T$，将 η 归一化，得到 $u_i=\eta_i/\sum\limits_{j=1}^{n}\eta_j$，向量 $\boldsymbol{u}=(u_1,u_2,\cdots,u_n)^T$ 即为相对排序权重向量。

（5）求一致性指标 $I_c=(\lambda_{\max}-n)/(n-1)$，计算一致性比率 $R_c=I_c/I_R$ 判断矩阵的一致性检验。

（6）计算各层元素对系统总目标的合成权重，并进行排序。

层次分析法的优点有：将研究对象作为一个系统，按照分解、比较判断和综合的思维方式进行决策；可以处理定性分析与定量分析相结合的问题，可以将决策者的主观判断与经验导入模型，并加以量化处理。

层次分析法的缺点有：只能在给定的策略中去选择最优的，而不能给出新的策略；该方法中所用的指标体系需要专家系统的支持，如果给出的指标不合理，则得到的结果也就不准确，过分依赖专家系统；多层比较时需满足一致性比较，若不满足，则方法失效；当选取的指标数量过多时，系统层次的构造会很复杂，这对决策者给出正确的判断增加了困难。

2）灰色关联度分析

灰色关联度分析是一种多因素统计分析方法。它是以各因素的样本数据为依据用灰色关联度来描述因素间相关性的强弱。其基本思想是如果样本序列反映出两因素变化的态势基本一致，则它们之间的关联度就大；反之，关联度就小。

利用灰色关联度分析法进行威胁度评估时，首先确定威胁评估指标，利用模糊隶属函数将各指标进行量化处理，然后利用灰色关联分析法进行威胁度评估，其步骤如下。

首先，确定分析序列。设定参考序列，一般为理想最优参考序列或理想最劣参考序列；利用隶属函数将指标进行量化处理，生成 n 个目标隶属值矩阵：

$$(X_1,X_2,\cdots,X_n)^T=\begin{bmatrix} x_1(1) & \cdots & x_1(N) \\ \vdots & \ddots & \vdots \\ x_n(1) & \cdots & x_n(N) \end{bmatrix} \tag{7.29}$$

理想最优参考序列：

$$X_0 = \max(x_i(1), \cdots, x_n(1)) \tag{7.30}$$

理想最劣参考序列：

$$X_0 = \min(x_i(1), \cdots, x_n(1)) \tag{7.31}$$

其次，计算求差序列、最大差和最小差，按下式计算，可形成绝对值差矩阵

$$\varDelta_{0i}(k) = |x_0(k) - x_i(k)| \tag{7.32}$$

分别记最大差和最小差：

$$\varDelta(\max) = \max\{\varDelta_{0i}(k)\} \tag{7.33}$$

$$\varDelta(\min) = \min\{\varDelta_{0i}(k)\} \tag{7.34}$$

式中，$i = 1, 2, \cdots, n$；$k = 1, 2, \cdots, N$。

计算关联系数 $\xi_{0i}(k)$；

$$\xi_{0i}(k) = \frac{\Delta(\min) + \rho\Delta(\max)}{\Delta_{0i}(k) + \rho\Delta(\max)} \tag{7.35}$$

式中，分辨系数 ρ 在（0，1）内取值，一般情况下 ρ 越小，越能提高关联系数间的差异，一般取 $\rho = 0.5$。

最后，计算关联度 r_{0i}：

$$r_{0i} = \frac{1}{N}\sum_{k=1}^{N}\xi_{0i}(k) \tag{7.36}$$

根据关联度对空中目标进行威胁评估与排序。

灰色关联分析的优点有：对样本量的多少没有要求，不需要典型的分布规律，且计算量较小。

灰色关联分析的缺点有：需要对各项指标的最优值进行现行确定，主观性过强，同时部分指标最优值难以确定。

3）逼近理想解的排序法

TOPSIS 法是一种理想目标相似性的顺序选优技术，在多目标决策分析中是一种非常有效的方法。TOPSIS 的基本原理是：通过检验评价对象与最优解、最劣解的距离来进行排序。若评价对象最靠近最优解同时最远离最劣解，则为最好；否则不为最优。

它通过归一化后的数据规范化矩阵，找出目标中最优目标和最劣目标（分别用理想解和负理想解表示），分别计算各评价目标与理想解和反理想解的距离，获得各目标与理想解的贴近度，按理想解贴近度的大小排序，以此作为评价目标优劣的依据。TOPSIS 方法的基本步骤如下。

（1）构造目标属性矩阵并进行归一化处理，得到归一化矩阵。

（2）代入目标属性权重，计算加权标准化矩阵。

（3）确定理想解和负理想解。理想解为每个指标属性中取该属性下最具威胁的解；负理想解为威胁值最小的解。

（4）计算各目标到理想解和负理想解的距离（欧几里得距离）S_i^+/S_i^-。

（5）计算各目标的相对贴近度，根据相对贴近度的大小即威胁度的大小，对各目标进行威胁评估排序。相对贴近度计算公式为

$$A_i=\frac{S_i^-}{(S_i^-+S_i^+)} \tag{7.37}$$

其中第二步中目标属性权重的确定方法有 Delphi 法、对数最小二乘法、层次分析法、熵等。

TOPSIS 方法的优点有：应用 TOPSIS 方法进行综合评价，对数据分布、样本含量指标多少均为严格限制，既适用于小样本资料，也适用于多评价单元、多指标的大系统资料。

TOPSIS 方法的缺点有：求规范决策矩阵时比较复杂，由于各指标权重设定方法的不同，权重具有一定的随意性。

4）贝叶斯网络

基于贝叶斯网络的威胁评估思路是：首先根据影响威胁评估因素之间依赖关系构建威胁评估的贝叶斯网络模型；然后根据观测事件，运用贝叶斯网络推理，得到威胁评估结果。

贝叶斯网络又称信念网络或有向无环图模型，是一种概率图模型。它是一种模拟人类推理过程中因果关系的不确定性处理模型，其网络拓扑结构是一个有向无环图。一个贝叶斯网络主要由网络结构和条件概率两部分组成。考虑一个随机变量集合 $U=\{X_1,X_2,\cdots X_n\}$，每个变量 X_i 具有有限个状态。一个贝叶斯网络可以由二元组 $S=<G,P>$ 来表示，G 代表网络结构，P 代表条件概率。图 7.42 为典型的贝叶斯网络。

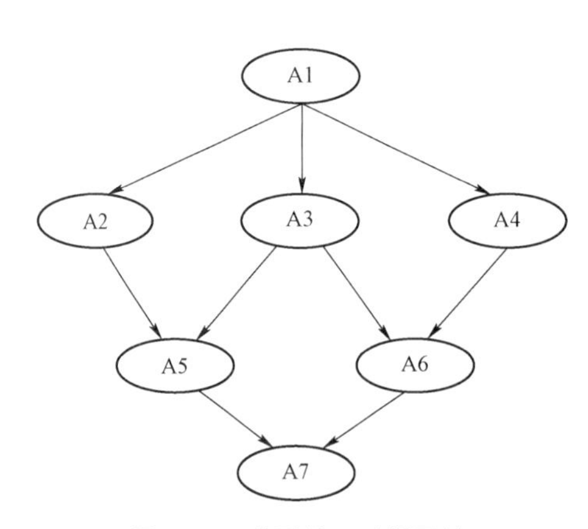

图 7.42　典型的贝叶斯网络

（1）G 是一个有向无环图，图 7.42 中用节点表示随机变量 $X_1,X_2,\cdots X_n$，有向边表示事件之间的条件依赖关

系。它蕴含了下面的条件独立假设：贝叶斯网络规定图中的每个节点 X_i 条件独立于由 X_i 的父节点给定的非 X_i 后代节点构成的任何节点子集，用 $A(X_i)$ 表示非 X_i 后代节点构成的任何节点集。用 $Pa(X_i)$ 表示 X_i 的直接双亲节点，则

$$P(X_i|A(X_i),Pa(X_i)) = P(X_i \mid Pa(X_i)) \quad (7.38)$$

（2）条件概率表是反映变量之间关联性的局部概率分布集，即概率参数，可以用 $P(X_i \mid Pa(X_i))$ 来描述。它表达了节点同父节点的相互关系-条件概率。根节点没有条件概率，其为先验概率。

当已知贝叶斯网络结构及其条件概率表时，就可以表达网络中所有节点（变量）的联合概率密度，并可以根据先验概率信息或某些节点的取值计算其后任意节点的概率信息。将条件独立性应用于链规则式可得

$$P(X_1,X_2,\cdots X_n) = \prod_{i=1}^{n} P(X_i \mid Pa(X_i)) \quad (7.39)$$

图 7.42 所示贝叶斯网络的联合概率分布为：$P(A_1,A_2,\cdots,A_7)$ 根据式（7.39），其值为 $P(A_7|A_5,A_6)P(A_6|A_3,A_4)P(A_5|A_2,A_3)P(A_4|A_1)P(A_2|A_1)P(A_1)$。

可见，贝叶斯网络可以对变量的联合概率分布进行表达，并且大大简化了变量的联合概率的求解。

贝叶斯网络推理又称贝叶斯网络计算，是指利用贝叶斯网络结构及其条件概率表计算某些所关心的变量的概率或某些特殊取值。现有的推理算法可以分为两类：一类是精确推理算法，即要求概率计算必须精确，这类算法有桶消元算法、证据传播算法及联合树算法等，桶消元法和证据传播算法只适用于单联通网络，联合树算法是目前计算速度最快、应用最广的贝叶斯网络精确推理算法，适用于单连通网络和多连通网络的推理；另一类是近似算法，即在不改变推理结果正确性的前提下，适当降低计算精度，从而简化计算的复杂性，常见的算法有 Gibbs 抽样算法和搜索法等。精确推理算法适合于结构简单、网络规模小的贝叶斯网络，近似算法主要用于网络结构复杂、规模较大的贝叶斯网络推理。

创建贝叶斯网络的步骤如下。

（1）确定节点的内容和节点之间的关系。

（2）分配条件概率和选择推理算法。

（3）创建贝叶斯网络。

（4）输入推理证据，产生推理结果。

贝叶斯网络方法的优点有：贝叶斯网络使用节点和有向边来表示领域知识，节点之间可以通过有向边来传播新的信息。网络中保存的知识可以由专家

指定，也可以通过样本进行学习，网络节点之间的连接有明显的实际意义，符合人们对军事领域知识的理解；贝叶斯网络作为一种描述不确定信息的专家系统，应用在目标威胁评估的量化描述方面具有明显优势；贝叶斯网络在构建的过程中，已经对专家知识进行了编码；相对于模糊理论而言，具有严格的数学和统计学基础，建立的模型具备通用性，便于理解和应用。

3. 基于动态贝叶斯网络的威胁评估分析流程

威胁评估的重要环节是影响因素的选取与处理，目前的威胁评估模型大部分从目标本身的特性出发，选取反映目标威胁的影响因素，忽略了防控平台对威胁目标处置能力的影响。对于定量因素，首先根据各隶属函数求解相应的威胁值，其次基于 AHP 方法确定各个因素的权值，然后计算定量因素的威胁值；对于定性因素，考虑到威胁在时间上具有连续性，构建动态贝叶斯网络拓扑，基于贝叶斯理论推出定性因素的威胁值；最后将定量因素威胁值与定性因素威胁值结合计算出综合威胁值。

针对“低慢小”目标进行威胁评估的步骤如下。

（1）分析影响“低慢小”目标威胁评估的因素，将其分为定性因素和定量因素；针对定性因素构建相应的动态贝叶斯网络拓扑。

（2）输入当前时刻各定量因素的取值，通过各隶属函数求解定量威胁值 TH_s。

（3）输入当前时刻各定性因素的取值，基于动态贝叶斯网络计算出定性威胁值 TH_b。

（4）根据马尔科夫性获取下一时刻的威胁概率分布，在此基础上更新下一时刻的威胁先验概率分布。

（5）将定量因素与定性因素的威胁值相结合，求解综合威胁值并输出。

（6）检查是否含有下一时刻的观测数据，若有，则把下一时刻更新为当前时刻，返回步骤 2；否则，结束本流程。

图 7.43 为“低慢小”目标威胁评估流程。

4. 基于动态贝叶斯网络的威胁评估应用说明

选取目标的速度、高度、距离、类型、作战能力、威胁意图以及我方处置能力作为“低慢小”目标威胁评估影响因素，其中目标的速度、高度以及距离是可取得的连续性信息，归类于定量因素，目标的类型、作战能力、威胁意图以及我方的处置能力归类于定性因素。图 7.44 为“低慢小”目标威胁评估框架。

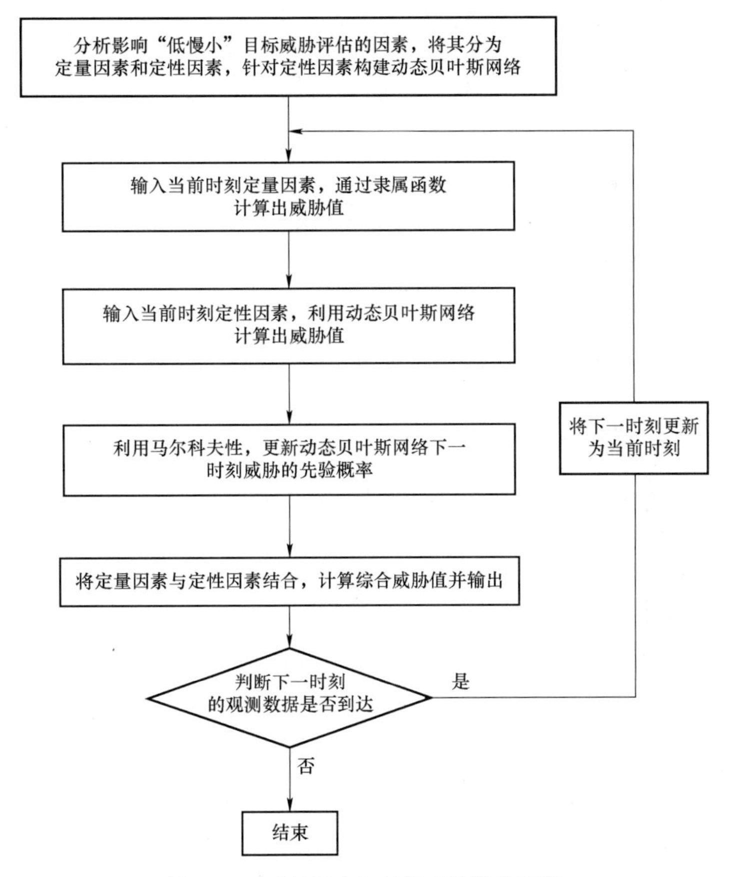

图 7.43 “低慢小”目标威胁评估流程

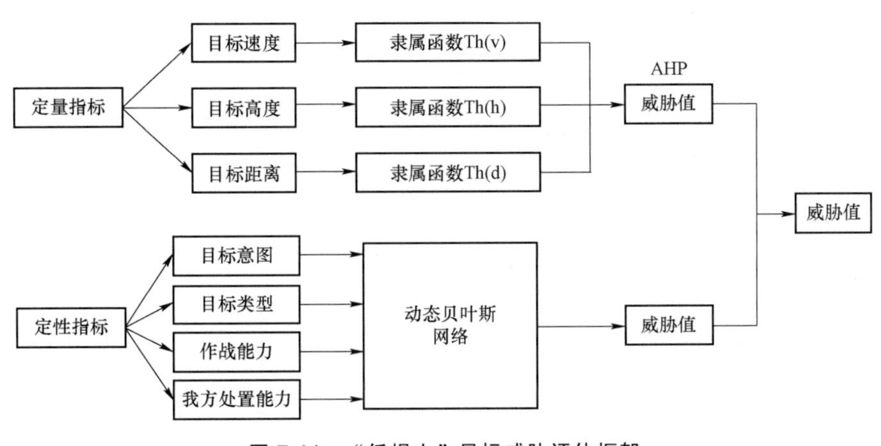

图 7.44 “低慢小”目标威胁评估框架

1） 定量因素的处理

通过雷达探测可以获取“低慢小”目标的速度、高度以及距离，利用隶属函数对定量因素进行处理。根据“低慢小”目标的自身运动特性以及专家经验，设定相应的隶属函数。

目标速度：理论上目标的飞行速度越大，则靠近我方越快，即威胁越大，因此隶属函数呈上升型。本书设定：当目标飞行速度大于 30 m/s 时，目标的威胁为 1；当飞行速度小于 2 m/s 时，目标的威胁为 0.2，则速度的隶属函数见式（7.40）。

$$Th(v)=\begin{cases}0.2, v_i < 2\\(v-2)^2\times 0.001\,02+0.2, 2\leqslant v\leqslant 30\\1, v > 30\end{cases} \tag{7.40}$$

目标高度：目标高度越低，越容易躲避探测装备的探测，因此目标威胁随着高度的降低而增加，隶属函数呈下降型。本书设定：目标的最小高度取值为 50 m，则高度的隶属函数可表示为

$$Th(h)=\begin{cases}1, h < 50\\\exp((50-h)/200), h\geqslant 50\end{cases} \tag{7.41}$$

目标距离：目标距离越小，靠近我方越快，则携带的威胁越大，因此隶属函数呈下降型。本书设定：目标的最小距离取值为 50 m，即距离的隶属函数为

$$Th(d)=\begin{cases}1, d < 50\\\exp((50-d)/200), d\geqslant 50\end{cases} \tag{7.42}$$

针对“低慢小”目标威胁评估的定量因素，首先利用隶属函数计算相应的威胁值，其次使用层次分析法确定各个定量因素的权重。AHP 方法确定权重的步骤如下。

（1）将定量因素两两做比较，设置判断矩阵。

（2）根据判断矩阵求解被比较矩阵对威胁度的相对权重。

（3）在比较矩阵上做一致性检验，进而确定各定量因素的权重，即

$$TH_s=\alpha Th(v)+\beta Th(h)+\lambda Th(d) \tag{7.43}$$

其中，对目标速度、高度以及距离设置的判断矩阵见表 7.5。

表 7.5 定量因素判断矩阵

项目	速度	高度	距离
速度	1	2	1/2
高度	1/2	1	1/3
距离	2	3	1

经过计算得到 $\lambda_{\max}=3.0092$，其余特征值接近于零，则其最大特征值 $\lambda_{\max}>3$，因此判断矩阵满足基本一致性。根据一致性的指标 $CI=(\lambda_{\max}-n)/(n-1)$ 和一致性比例 $CR=CI/RI$，其中 RI 的值经查表可知为 0.52，因此 $CR=0.009<0.1$，即该判断矩阵近似满足一致性。最大特征值对应的归一化特征向量为 $\boldsymbol{u}=[0.2970 \quad 0.1634 \quad 0.5396]$，即为目标速度、目标高度以及目标距离的权重，因此定量因素的威胁值为

$$TH_s=0.2970Th(v_i)+0.1634Th(h_i)+0.5396Th(d_i) \tag{7.44}$$

2）动态贝叶斯网络拓扑

动态贝叶斯网络是以时间为轴展开的一系列静态贝叶斯网络，且其网络结构及参数是一致的。前后两个时间片之间有弧连接，反映了变量之间的依赖关系，针对本书研究问题，基于马尔科夫性，利用威胁的状态转移矩阵根据时间的发展，持续地革新目标威胁的先验概率分布，前后时间片可反映出威胁在时间上的连续性，因此本书基于动态贝叶斯网络构建模型求解目标的威胁。

针对影响“低慢小”目标威胁评估的定性因素，即作战能力、目标类型、目标威胁意图以及我方处置能力，建立动态贝叶斯网络拓扑。

（1）利用专家知识和经验，构造针对“低慢小”目标进行威胁评估的动态贝叶斯网络结构，如图 7.45 所示。

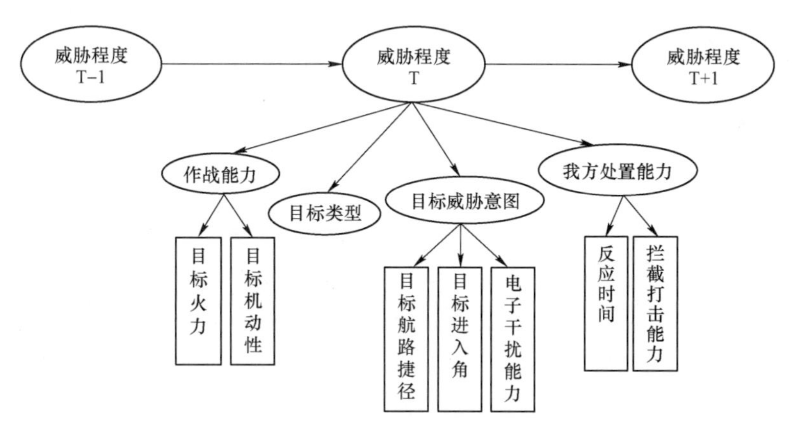

图 7.45 动态贝叶斯网络拓扑

网络节点包括：可观测节点和隐藏节点，其中可观测节点包括目标类型、目标火力、目标机动性、目标航路捷径、目标进入角、目标电子干扰能力、我方反应时间以及我方拦截打击能力，隐藏节点包括：我方处置能力、目标的作战能力、威胁意图以及威胁程度。动态贝叶斯网络含有两层推理结构，首先将

目标的火力和机动性融合为目标的作战能力；目标的航路捷径、进入角以及电子干扰能力融合为目标的威胁意图；我方反应时间和拦截打击能力融合为我方处置能力；其次将我方处置能力、目标的作战能力、威胁意图以及类型融合为威胁程度。

（2）设置各网络节点内容。

威胁（TH）：威胁分为高、较高、中、低。

目标作战能力（CE）：作战能力分为强、中、弱。

目标类型（ID）：目标类型分为固定翼、多旋翼。

目标威胁意图（IN）：目标威胁意图分为攻击、侦察、恐怖、民用。

我方处置能力（DC）：我方处置能力分为强、中、弱。

目标火力（IF）：目标火力分为强、中、弱。

目标机动性（IM）：目标机动性分为强、中、弱。

目标航路捷径（L）：目标航路捷径分为范围内、边缘、范围内。

目标进入角（C）：目标进入角分为进入、远离。

目标电子干扰能力（J）：目标电子干扰能力分为强、中、弱。

我方反应时间（T）：我方反应时间分为快、中、慢。

我方拦截能力（S）：我方拦截能力分为强、中、弱。

（3）设置各网络节点的条件概率分布、先验概率分布以及威胁状态转移概率分布。

根据军事专家的经验知识设置各网络节点间的条件概率分布，包括：目标火力与目标作战能力的条件概率分布 $P(IF\,|\,CE)$，目标机动性与目标作战能力的条件概率分布 $P(IM\,|\,CE)$，目标航路捷径与目标威胁意图的条件概率分布 $P(L\,|\,IN)$，目标进入角与目标威胁意图的条件概率分布 $P(C\,|\,IN)$，目标电子干扰能力与目标威胁意图的条件概率分布 $P(J\,|\,IN)$，我方反应时间与我方处置能力的条件概率分布 $P(T\,|\,DC)$，我方拦截能力与我方处置能力的条件概率分布 $P(S\,|\,DC)$，目标作战能力与目标威胁的条件概率分布 $P(CE\,|\,TH_b)$，目标类型与目标威胁的条件概率分布 $P(ID\,|\,TH_b)$，目标威胁意图与目标威胁的条件概率分布 $P(IN\,|\,TH_b)$，我方处置能力与目标威胁的条件概率分布，以及目标威胁的先验概率分布 $P_f(TH_b)$，目标威胁取值"高""较高""中"或"低"，$P_f(TH_b)$ 设置为等概率分布；根据军事专家的先验知识，设置威胁的状态转移矩阵 $P(TH_b^k\,|\,TH_b^{k+1})$，其中下标 f 表示先验概率分布，k 为当前时刻，$k+1$ 为下一时刻；表 7.6～表 7.11 为状态转移矩阵以及条件概率分布。

表 7.6 动态贝叶斯网络威胁状态转移矩阵

(T+1)/T	H	E	G	L
H	0.5	0.3	0.1	0.1
E	0.3	0.35	0.3	0.2
G	0.15	0.15	0.4	0.3
L	0.1	0.2	0.3	0.4

表 7.7 威胁程度评估条件概率

TH	CE			ID		IN				S		
	[S	M	W]	[F	M]	[A	S	T	C]	[S	M	W]
H	0.85	0.15	0	0.7	0.3	0.85	0.05	0.1	0	0.1	0.3	0.6
E	0.3	0.6	0.1	0.6	0.4	0.3	0.5	0.2	0	0.2	0.3	0.5
G	0.2	0.4	0.4	0.5	0.5	0.1	0.3	0.6	0	0.2	0.5	0.3
L	0.05	0.15	0.8	0.3	0.7	0	0.1	0.2	0.7	0.4	0.4	0.2

表 7.8 目标的作战能力评估条件概率

CE	IF			IM		
	[S	M	W]	[S	M	W]
S	0.7	0.2	0.1	0.7	0.3	0
M	0.3	0.5	0.2	0.3	0.5	0.2
W	0.1	0.1	0.8	0.1	0.3	0.6

表 7.9 目标威胁意图评估条件概率

IN	L			C		J		
	[I	E	O]	[E	L]	[S	M	W]
A	0.8	0.2	0	0.7	0.3	0.7	0.3	0
S	0.6	0.4	0	0.6	0.4	0.5	0.4	0.1
T	0.6	0.3	0.1	0.8	0.2	0.4	0.4	0.2
C	0.1	0.4	0.5	0.5	0.5	0.1	0.3	0.6

表 7.10　我方处置能力评估条件概率

A	S			T		
	[S	M	W]	[F	M	S]
S	0.5	0.3	0.2	0.5	0.3	0.2
M	0.3	0.4	0.3	0.4	0.5	0.1
W	0.2	0.3	0.5	0.1	0.3	0.6

表 7.11　各个目标不同时刻威胁的模糊概率

T	目标 1	目标 2	目标 3
1	(0.13，0.24，0.42，0.21)	(0.13，0.24，0.42，0.21)	(0.15，0.27，0.48，0.10)
2	(0.10，0.17，0.49，0.24)	(0.10，0.17，0.49，0.24)	(0.53，0.25，0.21，0.01)
3	(0.09，0.15，0.51.0.25)	(0.33，0.32，0.33，0.02)	(0.65，0.24，0.10，0.01)
4	(0.33，0.31，0.34，0.02)	(0.43，0.36，0.20，0.01)	(0.78，0.17，0.05，0)
5	(0.42，0.36，0.21，0，01)	(0.58，0.29，0.12，0.01)	(0.79，0.17，0.04，0)

条件概率矩阵一般是军事专家根据经验知识得出的，不排除主观影响。为提高样本的正确性，可对样本数据进行多次调试，适当调整矩阵中的数据。

3）输入当前时刻动态贝叶斯网络的证据节点内容，利用联结树算法推出目标威胁的后验概率分布

4）利用当前时刻目标威胁的后验概率计算威胁值

计算定性因素的威胁值 TH_b。设定威胁度从高到低四个等级的期望值分别为 0.9、0.7、0.5、0.1，则 TH_b 为

$$TH_b = P_u(th = high)\times 0.9 + P_u(th = higher)\times 0.7 + P_u(th = middle)\times 0.5 + P_u(th = low)\times 0.1 \tag{7.45}$$

5）基于马尔科夫性，利用状态转移矩阵革新下一时刻目标威胁的先验概率分布

$$P_f(TH_b^{k+1}) = P_u(TH_b^k) \tag{7.46}$$

式中，下标 f 代表威胁的先验概率分布；下标 u 代表威胁的后验概率分布；k 为当前时刻；$k+1$ 为后一时刻。

结合定量因素与定性因素的威胁值，得到综合威胁值 TH 为

$$TH = \varepsilon TH_s + (1-\varepsilon)TH_b \tag{7.47}$$

式中，ε 为权重因子，代表定量因素与定性因素之间的比重，ε 取值 [0 1] 区间，

具体取值视实际情况而定。

7.4.5　复合拦截问题

1. 问题概述

目前，针对“低慢小”目标的处置手段主要有传统火力拦截、激光拦截、无线电干扰和网式拦截等。防空导弹主要用于武力威慑，其杀伤破片对地面人群、建筑极易造成二次毁伤，且效费比很低，高射机枪（炮）的精准度很差，且流弹对地面人群、建筑都可能造成二次毁伤；因此传统火力拦截不适合处置“低慢小”目标。近年来，激光拦截技术得到迅猛发展，国内外多家军工企业研制出多款针对无人机的激光拦截武器，但是利用激光武器对“低慢小”目标进行处置拦截还存在一些缺点或不足，主要表现在：①激光在大气中传输容易衰减，其射程受大气的影响，不具备全天候作战能力，一旦遇到浓云雨雾、雷电雪霾等恶劣天气，光束质量变差，难以发挥应用的威力；②跟踪瞄准难度大，在拦截目标时，如遇到视线有阻挡或目标高机动运动，其跟踪瞄准要达到理想的精度，是一个尚在解决的问题；③随着射程的增加，光束在目标上形成的光斑逐步增大，导致激光的功率密度随之降低；④能量转换效率低，激光武器系统体积和质量较大，机动性不高。无线电干扰设备通过发射无线电波束干扰无人机的控制信号和 GPS 导航信号，但其处置对象单一，极易影响其他正常民生活动，并且由于无人机的程序预先设定模式不同，会出现坠落、悬停或返航的不可预估后果。网式软杀伤拦截技术是一种新型拦截技术，其能在三四百米距离内对可疑目标实施高精度网式拦截，但拦截范围较小，且柔性网拦截精度受风的影响较大。

由此可见，针对不同的应用场景，单一体制的拦截手段无法满足无人机防控需求，需要重点开展多体制拦截手段综合集成技术研究。利用多种拦截武器的协同合作，对来袭目标实施有效拦截的方法。

如何集成柔性网、激光、定向电子干扰等多种单体制拦截技术，对具有典型威胁模式的“低慢小”目标制定复合拦截策略，提高目标拦截概率和拦截装备的作战效能，是非常具有现实意义的。来袭“低慢小”目标和拦截武器的数量及状态都不是一成不变的，火力分配应随着目标及拦截武器的变化而动态调整，并且应当考虑前一次分配方案对后一次分配方案产生的影响。在复合拦截过程中，根据拦截武器及来袭“低慢小”目标的状态变化，将其分阶段进行研究。当拦截武器完成一次拦截或有新目标进入防区需要对其进行火力分配开始，复合拦截过程进入一个新的阶段，依次可以将整个复合拦截过程分为不确定的

T 个阶段。在此针对开阔环境，探讨复合拦截方案。

2. 模型

1） 基本假设

（1）同一时刻，单个拦截武器只能拦截一个目标。

（2）假设每个目标最多只能由每种拦截武器的一个设备拦截。

（3）假设“低慢小”目标是以多波次的方式来袭的。

2） 基本模型

（1）动态火力分配模型。设有 m 个拦截武器，在考虑动态的火力分配决策过程中，空中来袭目标是变量，设某一阶段目标数量为 n 个，e_{ij} 为第 i 个拦截武器拦截第 j 个来袭目标的概率，$\mu_j(t)$ 为 t 阶段第 j 个来袭目标的威胁值，令 $q_{ij}(t)$ 表示 t 阶段时第 i 个拦截武器拦截给第 j 个来袭目标的拦截适宜性系数。

令 $x_{ij}(t)$ 表示 t 阶段时第 i 个拦截武器是否拦截第 j 个来袭目标，若取值为 1，则代表拦截；若取值为 0，则代表不拦截，即可以表示为

$$x_{ij}(t)=\begin{cases}1 & 第i个拦截武器拦截第j个来袭目标\\ 0 & 否则\end{cases} \tag{7.48}$$

因此，第 t 阶段时武器拦截目标的决策矩阵为

$$\boldsymbol{X}(t)=\begin{bmatrix} x_{11}(t) & x_{12}(t) & \cdots & x_{1n}(t)\\ x_{21}(t) & x_{22}(t) & \cdots & x_{2n}(t)\\ \vdots & \vdots & & \vdots\\ x_{m1}(t) & x_{m2}(t) & \cdots & x_{mn}(t)\end{bmatrix} \tag{7.49}$$

则 t 阶段时，第 i 个拦截武器拦截第 j 个来袭目标成功的概率为

$$p_{ij}(t)=1-(1-q_{ij}(t)e_{ij})^{x_{ij}(t)} \tag{7.50}$$

则 t 阶段第 j 个来袭目标被复合拦截成功的概率为

$$P_j(t)=1-\prod_{i=1}^{m}(1-q_{ij}(t)e_{ij})^{x_{ij}(t)} \tag{7.51}$$

因此，t 阶段成功拦截全部目标的概率为

$$P(t)=\prod_{j=1}^{n}P_j(t)=\prod_{j=1}^{n}\left[1-\prod_{i=1}^{m}(1-q_{ij}(t)e_{ij})^{x_{ij}(t)}\right] \tag{7.52}$$

则 t 阶段的毁伤价值目标优化函数为

$$TW(t)=\sum_{j=1}^{n}\mu_j(t)P_j(t)=\sum_{j=1}^{n}\mu_j(t)\left[1-\prod_{i=1}^{m}(1-q_{ij}(t)e_{ij})^{x_{ij}(t)}\right] \tag{7.53}$$

在多阶段武器目标动态分配模型中，下一阶段的火力分配方案受以前阶段火力分配方案和目标状态的影响，则到第 t 阶段时综合毁伤价值目标优化函数为

$$W(t)=\sum_{l=1}^{t-1}TW(X(l))+\sum_{j=1}^{n}\mu_j(t)P_j(t) \tag{7.54}$$

式中，$X(l)$ 为第 l 阶段的火力分配方案。

根据以上分析，建立动态火力分配模型如下：

$$\max W(t)=\max\left\{\sum_{l=1}^{t-1}TW(X(l))+\sum_{j=1}^{n}\mu_j(t)P_j(t)\right\} \tag{7.55}$$

$$\text{s.t.}\begin{cases}0\leqslant\sum_{i=1}^{m}x_{ij}(t)\leqslant 1\\0\leqslant\sum_{j=1}^{n}x_{ij}(t)\leqslant 1\\x_{ij}(t)=\{0,1\}\\q_{ij}(t)=\{0,1\}\\\mu_i(t)\in[0,1]\\e_{ij}\in[0,1]\end{cases},t=1,2,\cdots,T \tag{7.56}$$

约束条件说明：

① $0\leqslant\sum_{i=1}^{m}x_{ij}(t)\leqslant 1$，$\forall j=1,2,\cdots n$；每个目标最多分配一个拦截武器；

② $0\leqslant\sum_{j=1}^{n}x_{ij}(t)\leqslant 1$，$\forall i=1,2,\cdots m$；每个武器最多拦截一个目标；

③整数约束，x_{ij} 为大于等于零的整数，取值 0 或 1；

④ $q_{ij}(t)=\{0,1\}$；t 阶段，武器的拦截适宜性系数。

（2）目标状态转移模型。对来袭“低慢小”目标实施复合拦截过程中，“低慢小”目标的数量可能会因新目标出现以及目标被损坏而产生变化，因此目标的数量及状态是不断变化的。根据拦截武器及来袭“低慢小”目标的状态变化，将复合拦截过程分阶段进行研究。当拦截武器完成一次拦截或有新目标进入防区需要对其进行火力分配开始，复合拦截过程进入一个新的阶段，依次可以将整个复合拦截过程分为不确定的 T 个阶段。以 $n(t)$ 表示第 t 个阶段时防区的“低慢小”目标数量，以 $n(t)$ 维向量 $\boldsymbol{u}(t)$ 表示 t 阶段时“低慢小”目标的状态，$\boldsymbol{u}(t)$ 的取值见式（7.57）。

$$\boldsymbol{u}(t)_j=\begin{cases}1 & t\text{阶段开始时目标}j\text{未毁伤}\\0 & t\text{阶段开始时目标}j\text{已毁伤}\end{cases} \tag{7.57}$$

由于来袭目标数量是不断变化的，为保证目标向量与目标相对应，当有新目标出现时，对 $n(t)$ 进行叠加，向量 $\boldsymbol{u}(t)$ 的维数也随之增加，当来袭目标被击毁或远离防区时，保留目标在向量中的位置并永久置为 0。因此可以得到 $n(t) \geqslant n(t-1)$，$t=1,2,\cdots,T$，$n(T)$ 即为复合拦截过程中进入防控区域内的目标总量。

以上描述了目标的状态表达以及出现新目标的解决方法，复合拦截过程中对“低慢小”目标的毁伤不是确定的，而是以概率表示的，以下研究确定目标在哪一阶段被击毁。

由于拦截武器与来袭“低慢小”目标的状态在每一阶段都是不同的，在新目标加入或拦截武器完成一次拦截后，应对目标与武器进行分配。

假设 $\boldsymbol{X}(t)=(x_{t-ij})_{m\times n(t)}$ 表示 t 阶段武器—目标决策矩阵，$\boldsymbol{X}(t+1)=(x_{(t+1)-ij})_{m\times n(t+1)}$ 表示 $t+1$ 阶段武器—目标决策矩阵，$\boldsymbol{X}'(t+1)=(x'_{ij}(t+1))_{m\times n(t+1)}$ 表示 t 阶段到 $t+1$ 阶段武器目标决策矩阵的状态转移情况，则 $x_{ij}(t)$、$x'_{ij}(t+1)$ 和 $x_{ij}(t+1)$ 的定义如下：

$$x_{ij}(t)=\begin{cases}1 & \text{第}i\text{个拦截武器分配给目标}j\\0 & \text{否则}\end{cases} \tag{7.58}$$

$$x'_{ij}(t+1)=\begin{cases}1 & t+1\text{阶段将目标}j\text{分配到武器}i\\0 & t+1\text{阶段武器}i\text{的分配情况未变化}\end{cases} \tag{7.59}$$

$$x_{ij}(t+1)=\begin{cases}x_{ij}(t) & x'_{ij}(t+1)=0\\1 & x'_{ij}(t+1)=1\end{cases} \tag{7.60}$$

本书以 $p_{ij}(t)$ 表示 t 阶段武器 i 对目标 j 的毁伤概率，则根据初始阶段武器—目标决策矩阵及各阶段武器目标决策矩阵的状态转移情况，目标向量状态的概率函数可表示为

$$\begin{aligned}\Pr(u(t)_j=k)=&k\cdot\prod_{i=1}^{m}(1-p_{ij}(t))^{x_{ij}(0)}\cdot\prod_{l=1}^{t}\prod_{i=1}^{m}(1-p_{ij}(t))^{x'_{ij}(l)}+\\&(1-k)\left(1-\prod_{i=1}^{m}(1-p_{ij}(t))^{x_{ij}(0)}\right)\cdot\left(1-\prod_{l=1}^{t}\prod_{i=1}^{m}(1-p_{ij}(t))^{x'_{ij}(l)}\right)\end{aligned} \tag{7.61}$$

式中，$\Pr(x)$ 表示 x 成立的概率函数；$j=1,2,\cdots,n(t)$。$\Pr(u(t)_j=k)$ 中 k 的取值如下：

$$k=\begin{cases}0 & t\text{阶段目标}j\text{被击毁的概率}\\1 & t\text{阶段目标}i\text{未被击毁的概率}\end{cases} \tag{7.62}$$

假设 $\Pr(u(t)_j=0)$ 大于某一个值时目标确认为被击毁，否则目标仍存在并转至下一阶段等待继续分配。

（3）拦截武器状态转移模型。与目标状态向量相似，拦截武器的状态向量可用 M 维向量 $\boldsymbol{\omega}(t)$ 表示，初始阶段拦截武器的状态向量可由 0 阶段的武器—目标分配决策矩阵得

$$\boldsymbol{\omega}(0)_i = \sum_{j=1}^{n(0)} x_{ij}(0) \tag{7.63}$$

式中，$\boldsymbol{\omega}(t)_i$ 的含义如下：

$$\boldsymbol{\omega}(t)_i = \begin{cases} 0 & t\text{阶段时拦截武器}i\text{空闲} \\ 1 & t\text{阶段时拦截武器}i\text{占用} \end{cases} \tag{7.64}$$

设在任意阶段 t，火力单元 k 完成拦截，即时间满足 $t = t_y + t_f + t_l + t_z$（$t_y$ 表示进行武器分配所需时间，t_f 表示拦截武器从接受目标分配都实施拦截打击的时间延迟，t_l 表示实施拦截开始到拦截结束的时间，t_z 表示拦截武器拦截当前目标到转火拦截下一目标所需的时间），则该拦截武器完成一次拦截，转入空闲状态，武器—目标决策矩阵进入 $t+1$ 待分配阶段，$t+1$ 阶段分配前的武器状态向量为

$$\boldsymbol{\omega}(t+1)_i = \begin{cases} \boldsymbol{\omega}(t)_i & i \neq k \\ 0 & i = k \end{cases} \tag{7.65}$$

经过 $t+1$ 阶段的武器—目标决策矩阵更新后，$t+1$ 阶段分配后的武器状态向量为

$$\boldsymbol{\omega}(t+1)_i = \begin{cases} \boldsymbol{\omega}(t)_i & x'_{ij}(t+1) = 0 \\ 0 & x'_{ij}(t+1) = 1 \end{cases} \tag{7.66}$$

式中，$x'_{ij}(t+1)$ 的含义同上文。

（4）拦截适宜性检验。拦截武器在复合拦截过程中受技术性能设计指标的约束，如武器自身性能以及目标的距离、速度、航向捷径等。为描述使用拦截武器的约束条件和协调武器分配方案，本书引入武器拦截适宜性系数 $q_{ij}(l)$，用于描述第 l 阶段拦截武器 i 对目标 j 的拦截适宜性。拦截适宜性系数定义如下：

$$q_{(K_{ij}^d, K_{ij}^r, K_{ij}^t, K_{ij}^s)}(l) = \begin{cases} 1 & \text{适宜} \\ 0 & \text{否则} \end{cases} \tag{7.67}$$

拦截适宜性系数的确定需要综合考虑目标的运动规律和位置参数、拦截武器的技术性能限制等。因此，将对拦截适宜性的分析抽象为转火约束系数、资源约束系数、时间约束系数以及空间约束系数。

步骤 1：转火约束系数（K_{ij}^d）求解。

火力转火约束是拦截武器对一个来袭目标完成拦截后，转向下一个目标实

施拦截所必须满足的时间关系；假设第 i 个拦截武器对第 j 个来袭目标进行拦截的时刻为 t_{ij}，准备对第 k 个目标进行拦截的时刻为 t_{ik}，则转火约束关系为

$$t_{ij}-t_{ik}\geqslant t_{fi}+t_{zi}+t_{ni} \tag{7.68}$$

式中，t_{fi} 为第 i 个拦截武器系统反应时间；t_{zi} 为第 i 个拦截武器二次拦截间隔时间；t_{ni} 为第 i 个拦截武器执行拦截的持续时间；若拦截武器为激光武器，则 t_{ni} 为 7 秒，否则 t_{ni} 为 2 秒。若式（7.68）成立，表示来袭目标适宜拦截，则 $K_{ij}^{d}=1$；反之，表示来袭目标不适合拦截，则 $K_{ij}^{d}=0$。

步骤 2：资源约束系数（K_{ij}^{r}）求解。

拦截设备的资源约束主要是判断武器是否可以实施拦截，首先检测各个装备的可用性，其次检验各个装备可否实施拦截任务。针对柔性网拦截设备的性能，每套柔性网可以发射 4 枚。因此到 t 阶段时，柔性网拦截设备的资源约束可表示为

$$\sum_{l=1}^{t}\sum_{j=1}^{m}x_{ij}\leqslant 4 \tag{7.69}$$

针对激光武器，资源约束主要是指武器的剩余时间是否可以实施一次拦截任务。若各个拦截武器满足资源约束，则 $K_{ij}^{r}=1$；反之，表示来袭无人机不适宜拦截，则 $K_{ij}^{r}=0$。

步骤 3：时间约束系数（K_{ij}^{t}）求解。

时间约束主要考虑来袭目标 j 在拦截武器 i 的威力范围内的逗留时间是否满足武器拦截需要。设第 i 个拦截武器对第 j 个来袭目标进行拦截的时刻为 t_{ij}，t_{sij} 为第 j 个来袭目标在第 i 个拦截武器的威力范围内逗留的时间，t_{fij} 为第 j 个来袭目标到第 i 个拦截武器最远射程的时刻，则时间约束条件可描述为

$$t_{fij}\leqslant t_{ij}+t_{ni}\leqslant t_{sij}+t_{fij} \tag{7.70}$$

若式（7.70）成立，表示来袭目标适宜拦截，则 $K_{ij}^{t}=1$；反之，表示来袭目标不适宜拦截，则 $K_{ij}^{t}=0$。

步骤 4：空间约束系数（K_{ij}^{s}）求解。

空间约束主要是考虑拦截武器在空间上是否具备拦截来袭目标的条件，主要考虑来袭目标是否在拦截武器的威力范围内，设 d_{ij} 为第 j 个来袭目标至第 i 个拦截武器的距离，$h_{i\min}$、$h_{i\max}$ 为第 i 个拦截武器的最近射程和最远射程，则空间约束可描述为

$$h_{i\min}\leqslant d_{ij}\leqslant h_{i\max} \tag{7.71}$$

若式（7.71）成立，表示来袭目标适宜拦截，则 $K_{ij}^{s}=1$；反之，表示来袭目标不适宜拦截，则 $K_{ij}^{s}=0$。

经过上述分析，第 l 阶段武器 i 拦截目标 j 的拦截适宜性系数 $q_{ij}(l)$ 定义如下：

$$q_{(K_{ij}^d,K_{ij}^r,K_{ij}^t,K_{ij}^s)}(l)=\begin{cases}1 & K_{ij}^d=K_{ij}^r=K_{ij}^t=K_{ij}^s=1\\0 & \text{否则}\end{cases} \tag{7.72}$$

即只有同时满足 $K_{ij}^d=K_{ij}^r=K_{ij}^t=K_{ij}^s=1$ 时，$q_{(K_{ij}^d,K_{ij}^r,K_{ij}^t,K_{ij}^s)}(l)=1$，武器适宜拦截。

综上所述，开阔环境下多波次目标的整个拦截过程如图 7.46 所示。

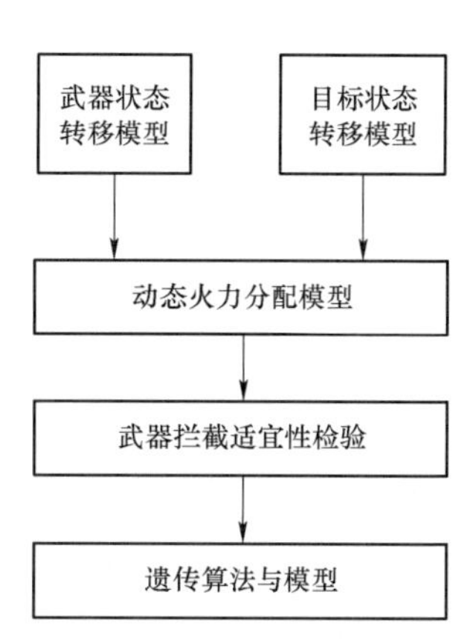

图 7.46 拦截方案基本流程

3. 应用说明

设我方阵地分别部署激光设备 1 套（W_1）、无线电设备 1 套（W_2）、柔性网设备 2 套（W_3、W_4）共 4 套拦截武器用于抵御“低慢小”目标袭击，各武器的剩余弹量充足。某日监测到 4 个“低慢小”目标情报，需对其进行打击。武器信息、目标信息及拦截概率矩阵分别如表 7.12～表 7.14 所示。其中，W_2 和 W_4 武器受该位置天气因素的影响，作战性能分别下降至 0.7。

表 7.12 部署武器信息

设备	作战性能	响应时间/s	部署位置	拦截下限/m	拦截上限/m
W_1	1	6	（564.9，521.2，598.1）	400	1 500
W_2	0.7	10	（521.5，500.3，597.9）	0	2 000
W_3	1	2	（583.2，518.3，560.3）	50	500
W_4	0.7	3	（600.2，710.3，711.1）	50	500

表 7.13 来袭目标信息

时刻	部署位置	威胁值	速度/（$m\cdot s^{-1}$）
T_1	（839.8，1114.6，750.9）	0.72	60
T_2	（804.3，157.7，736.5）	0.79	60
T_3	（650.2，760.3，711.1）	0.82	90
T_4	（799.3，729.1，878.3）	0.53	60

表 7.14　武器目标拦截概率

设备	T_1	T_2	T_3	T_4
W_1	0.639	0.604	0.732	0.599
W_2	0.581	0.646	0.562	0.735
W_3	0.826	0.832	0.632	0.641
W_4	0.625	0.551	0.888	0.762

根据前文理论，对现有武器目标信息建立模型并使用遗传算法进行求解，得到的分配方案为：武器 W_1 拦截目标 T_1，武器 W_3 拦截目标 T_2，武器 W_2 拦截目标 T_3，武器 W_4 拦截目标 T_4。

7.4.6　效能评估问题

1. 概述

美国《陆军武器系统分析》对武器系统效能的定义为：预期一个系统满足一组特定任务的程度的量度；我国对它的定义为：在规定的环境条件下和规定的时间内完成规定任务的程度或满足作战要求的概率。由此可见，系统效能是系统综合性能的反映，是系统的整体属性，可以通过概率进行定量描述。效能通常分为单项效能、系统效能和作战效能，单项效能指武器装备完成单一使用目标所能达到的程度，是从某一个方面来考察武器装备；系统效能是预期一个系统满足一组特定任务要求的程度的量度，考察系统的综合性能；作战效能是指武器系统在执行作战任务中所达到预期目标的程度，需要考虑人的因素，是效能评估的终极目标。常见的系统效能评估方法有主观评估法（专家评定法、德菲尔法、层次分析法）、客观评估法（加权分析法、回归分析法、粗糙集法）、定性与定量相结合的评估方法（模糊综合评定法、灰色关联分析法、SEA 法）。

城市环境下“低慢小”威胁目标防控平台主要包括指控系统、探测系统和拦截系统，为描述防控平台对任务的完成程度，可通过开展城市环境下的防控平台的效能分析来实现。围绕“低慢小”目标的防控效能研究，谢永亮等对雷达装备的防控效能进行了数学建模，通过评估分析了组网雷达的反低空作战的效能。刘万祥等通过采用改进的 AHP 和熵权法对新型雷达的作战效能进行了评估。焦士俊等基于 ADC 方法开展了防控无人目标的拦截系统级的效能研究，评估了各防控方案的优劣。现阶段尚未有针对“低慢小”目标防控平台全系统的效能评估研究，同时针对城市环境下的防控效能的分析，不同于传统的防控需求，在分析时需要考虑城市环境的气候、天候、遮挡效应以及二次伤害等因素对防控效能的影响。本书基于上述分析，结合现有成熟的 ADC 与 AHP 分析方法，开展考城市环境因素的“低慢小”防控平台的防控效能分析。

2. 基本原理

1）评估对象

评估对象为城市环境下部署的“低慢小”威胁目标防控平台，平台组成包括指控系统、探测系统和拦截系统。现有平台的探测系统和拦截系统通过集成现有的探测和拦截手段，取长补短，通过协同探测、复合拦截等技术手段实现城市环境下“低慢小”威胁目标的有效处置。为对各种平台的配置方案进行评价，以平台的协同防控效能作为综合评价指标。同时假定平均无故障时间（MTBF）、平均修理时间（MTTR）、任务持续时间、机动能力都为定量。

2）评估 ADC 模型

现有的系统效能评估模型已经比较成熟，ADC 模型是目前最具有代表性的效能评估模型。该模型考虑武器系统工作的初始状态、工作中可能出现的状态以及最后状态对应的工作能力，ADC 模型表述为

$$E=A\cdot D\cdot C \tag{7.73}$$

式中，E 为作战效能；A 为可用度；D 为可信度；C 为防控能力。

（1）可用度 A。对防控平台整体而言，只有可用与不可用两个状态。令 a 为平台在开始执行任务的任一时刻处于可以工作的概率，A 为平台开始执行任务后的任一时刻无法工作的概率，则有

$$a=\frac{\text{MTBF}}{\text{MTBF}+\text{MTBR}},b=1-a=\frac{\text{MTBF}}{\text{MTBF}+\text{MTBR}} \tag{7.74}$$

式中，MTBF 为平台平均无故障工作时间；MTBR 为平台平均修理时间。这样平台的可用度状态矩阵可以表示为

$$\boldsymbol{A}=[a,1-a] \tag{7.75}$$

（2）可信度 D。可信度表征的是系统在执行任务过程中的状态转变，该矩阵以系统的初始工作状态为标准，以系统在任务中可能出现的其他状态为转移对象。基于平台的可用度状态矩阵，由于平台只存在“正常”和“故障”两种工作状态，则可信度矩阵可以表示为

$$\boldsymbol{D}=\begin{bmatrix} d_{00} & d_{01} \\ d_{10} & d_{11} \end{bmatrix} \tag{7.76}$$

式中，d_{00} 任务开始执行瞬间和结束时，系统都处于正常状态的概率；d_{01} 任务

开始执行瞬间和结束时，系统分别处于正常状态和故障状态的概率；d_{10} 任务开始执行瞬间和结束时，平台分别处于故障状态和正常状态的概率；d_{11} 任务开始执行瞬间和结束时，平台都处于故障状态的概率。

（3）防控能力 C。能力矩阵或能力向量仅仅取决于平台执行任务的最后工作状态或最终的平台能力。根据平台的状态，能力向量可以表示为

$$\boldsymbol{C}=[c,0] \tag{7.77}$$

能力向量依赖于平台属性和任务需求，通过构建评估指标体系，选择相关的计算方法可对平台的综合能力进行计算。

3）能力计算

对能力矩阵的计算，取决于平台实现防控任务的品质（性能）因素。品质因素可对平台的能力从各个方面表征，其权重自然也各不相同。平台由三个系统构成，可假设各个系统之间功能状态假定相互独立，平台的品质因素也就是各系统联通后的综合性能，即平台固有能力量化值为综合性能指标在附加权重后的品质因素之和（不考虑人员因素）：

$$C_j=\sum_{j=1}^{m}w_j\mu_j \tag{7.78}$$

式中，w_j 为系统 j 的权重；w_j 为系统 j 的品质因素。权重可以通过层次分析法进行确定。

平台的品质因素取决于下层的技术指标。由于技术指标的表征方法不一样，可以采用品质效用函数的方法，对各个指标进行归一化的无量纲化处理。若系统 j 具有 nj 个技术指标，则有

$$\mu_j=\sum_{k=1}^{nj}a_{jk}\eta_{jk} \tag{7.79}$$

式中，a_{jk} 为系统 j 的第 k 个指标的权重；η_{jk} 为系统 j 的第 k 个指标的效用函数值；权重可以通过层次分析法进行确定。综上，能力矩阵中元素可以表示为

$$C_j=\sum_{j=1}^{m}w_j\left(\sum_{k=1}^{nj}a_{jk}\eta_{jk}\right) \tag{7.80}$$

4）效能计算

通过上述对平台的可用度 A、可信度 D 和防控能力 C 的分析，平台的效能可以表示为

$$E=A\bullet D\bullet C=[a,1-a]\bullet\begin{bmatrix}d_{00} & d_{01}\\ d_{10} & d_{11}\end{bmatrix}\bullet[c,0]=c[ad_{00}+(1-a)d_{01}] \tag{7.81}$$

需要指出的是，平台可用度的简化，是基于平台由拦截系统、探测系统和

指控系统组成划分形成的，三个系统任何一个出现问题，系统都不能正常工作。效能的计算结果可以评估平台在不同的配置下，各个分系统所形成的综合能力，作为各种平台部署配置方案的选择依据。

3. 分析流程

基于 ADC“低慢小”防控平台的基本流程如图 7.47 所示。

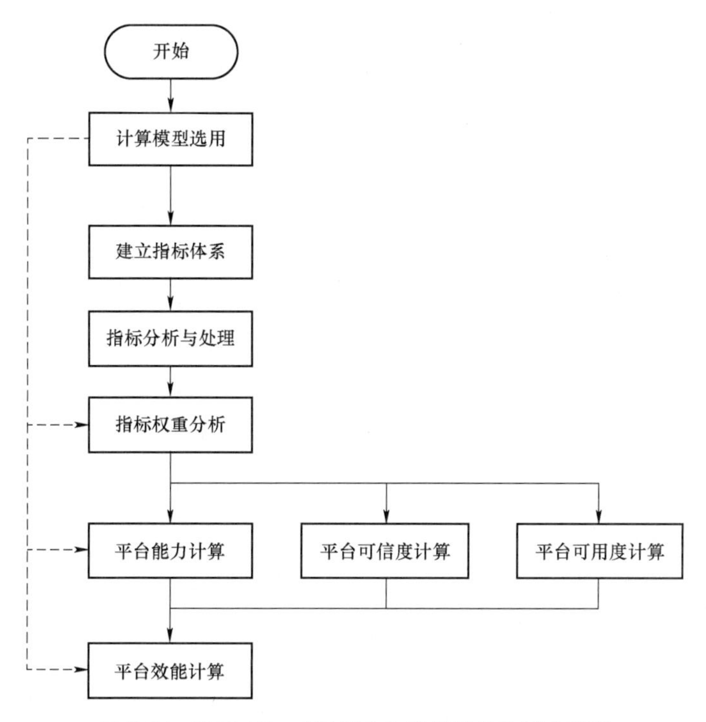

图 7.47 基于 ADC“低慢小”防控平台的基本流程

首先，选用效能评估的计算模型，根据效能场景选用相关的计算模型。常规的效能计算模型有三个层次：作战流程级效能，用于评估单次作战，系统所体现的防控效能；装备级效能，单个装备指标体系所能体现的其综合作战能力；平台级效能，全系统综合能力的一种表征。

其次，通过对平台的综合能力指标进行评估，对各个分系统综合能力以及协同能力进行分析，构建平台的综合能力指标体系；并开展指标的分析与处理，形成归一化的指标体系。

再次，选用适当的计算模型对指标权重进行分析计算，权重计算从底层指标开始，逐步向顶层指标分析，形成各层级指标对效能的权重。

又次，根据计算模型。对平台的能力、可行度和可用度进行计算。

最后，根据计算模型，对平台的效能进行计算。

4. 应用说明

1）指标体系

城市环境“低慢小”威胁目标防控平台系统指标体系如图 7.48 所示。系统防控能力从探测系统、拦截系统、指控系统和平台适应性四个维度进行描述。探测系统包括空间覆盖率、空域内识别概率、空域内探测概率、同时发现目标数、同时处理目标数和同时跟踪目标数 6 个指标。拦截系统包括空间覆盖

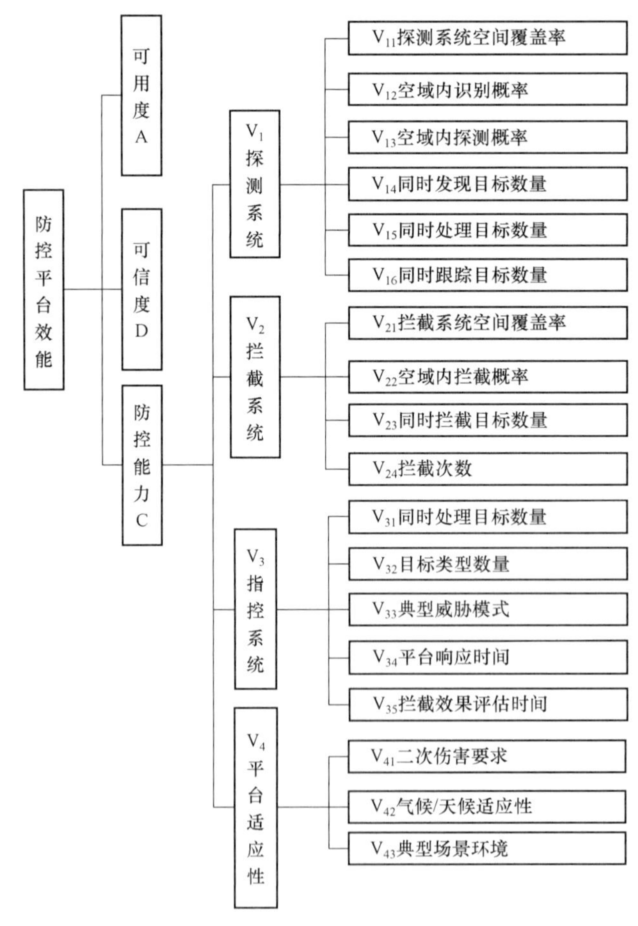

图 7.48　城市环境“低慢小”威胁目标防控平台系统指标体系

率、空域内拦截概率、同时拦截目标数、拦截次数4个指标。指控系统包括同时处理目标数量、目标类型数量、典型威胁模式、平台响应时间、拦截效果评估时间5个指标。平台适应性包括二次伤害要求、气候/天候适应性、典型场景环境3个指标。考虑到平台的通用性和拓展性，平台综合能力指标体系中不涉及单装战技指标。指标体系除了表征指控系统、探测系统、拦截系统集成后的综合能力外，还对平台在城市环境中的适应性能力也做了具体要求。

2）指标描述与归一化处理

（1）探测系统空间覆盖率。城市环境下探测装备围绕被防护对象进行部署，探测系统的空间覆盖率为各探测装备在区域内的交集与区域空间大小的比值，覆盖率为 P_{TV} 。

（2）空域内识别概率。空域内识别概率为各探测装备在防控区域内空间点的综合识别概率，该概率值与装备的性能、空间点坐标以及目标特性相关。可通过装备数量、部署方式、装备类型对空域内的平台识别概率进行设计。空域内识别概率为区间值，表达如下：

$$P_{TI}=[p_{TIL},p_{TIH}] \tag{7.82}$$

空域内识别概率归一化值为

$$\hat{P}_{TI}=\begin{cases}P_{TI}/p_{TIL} & P_{TI}<p_{TIL}\\ 1 & P_{TI}\in[p_{TIL},p_{TIH}]\\ 1+(p_{TIH}-P_{TI})/p_{TIH} & P_{TI}>p_{TIH}\end{cases} \tag{7.83}$$

（3）空域内探测概率。空域内探测概率与空域内识别概率类似，与装备性能、空间点位置以及目标特性相关，空域内探测概率为

$$P_{TT}=[p_{TTL},p_{TTH}] \tag{7.84}$$

空域内探测概率归一化值为

$$\hat{P}_{LT}=\begin{cases}P_{LT}/p_{LTL} & P_{LT}<p_{LTL}\\ 1 & P_{LT}\in[p_{LTL},p_{LTH}]\\ 1+(p_{LTH}-P_{LT})/p_{LTH} & P_{LT}>p_{LTH}\end{cases} \tag{7.85}$$

（4）同时发现目标数量。发现目标数量是探测系统在指定的空域中同一时刻可发现目标的数量，发现目标越多，表示防控平台对威胁目标的处理能力越强。“低慢小”协同防控平台同时发现目标数为

$$N_{TO}\geqslant 10 \tag{7.86}$$

同时发现目标数量归一化值为

$$\hat{N}_{TO}=\begin{cases}N_{TO}/10 & N_{TO}<10\\ 1 & N_{TO}\geqslant 10\end{cases} \tag{7.87}$$

（5）同时处理目标数量。同时处理目标数量是防控平台探测系统对搜索装备报送来的目标信息进行数据处理并给出编号的数量，指示目标数量越多，说明探测系统搜索装备处理目标数据的能力越强，“低慢小”协同防控平台同时处理目标数为

$$N_{TH} \geqslant 8 \tag{7.88}$$

同时处理目标数量归一化值为

$$\hat{N}_{TH} = \begin{cases} N_{TH}/8 & N_{TH} < 8 \\ 1 & N_{TH} \geqslant 8 \end{cases} \tag{7.89}$$

（6）同时跟踪目标数量。防控平台探测系统跟踪方式有两种，即雷达探测跟踪和光电探测跟踪，通常以雷达跟踪为主，光电跟踪为辅。在城市环境中使用，雷达容易受到外来电磁的干扰，光电设备仅在目标与环境背景区别明显的条件下使用。防控平台探测系统有雷达和光电两种设备，故而其同时跟踪目标数量取决于雷达和光电的部署数量。

$$N_{TG} \geqslant 2 \tag{7.90}$$

同时跟踪目标数量归一化值为

$$\hat{N}_{TC} = \begin{cases} N_{TC}/2 & N_{TC} < 2 \\ 1 & N_{TC} \geqslant 2 \end{cases} \tag{7.91}$$

（7）拦截系统空间覆盖率。其含义同探测系统空间覆盖率定义，拦截系统的空间覆盖率为各拦截装备在区域内的交集与区域空间大小的比值，覆盖率为 P_{LU}。

（8）空域内拦截概率。空域内拦截概率为各拦截装备在防控区域内空间点的综合拦截概率，该概率值与装备的性能、空间点坐标以及目标特性相关。可通过装备数量、部署方式、装备类型对空域内的平台在防控区域内的概率进行设计。空域内拦截概率为区间值：

$$P_{LL} = [p_{LLL}, p_{LLH}] \tag{7.92}$$

空域内拦截概率归一化值为

$$\hat{P}_{LL} = \begin{cases} P_{LL}/p_{LLL} & P_{LL} < p_{LLL} \\ 1 & P_{LL} \in [p_{LLL}, p_{LLH}] \\ 1+(p_{LLH}-P_{LL})/p_{LLH} & P_{LL} > p_{LLH} \end{cases} \tag{7.93}$$

（9）同时拦截目标数量。同时拦截目标数量与区域内部署的拦截装备数量相关，在各装备具备拦截状态的条件下，同时处置目标的数量与目标的位置，以及指控系统的协同拦截策略相关，同时拦截目标数量根据平台设计要求确定。

$$N_{LG} \geqslant 4 \tag{7.94}$$

同时拦截目标数量归一化值为

$$\hat{N}_{LG} = \begin{cases} N_{LG}/4 & N_{GO} < 4 \\ 1 & N_{LO} \geqslant 4 \end{cases} \tag{7.95}$$

（10）拦截次数。对于不同拦截体制的装备而言，装载容量取决于拦截装备的打击原理。激光、无线电、微波、声学等体制的拦截手段是将电能转化为毁伤能源，故其拦截次数不受限制。而对于弹、柔性网等手段，却受限于装备的装载容量，因此拦截次数为

$$N_{LT} = \begin{cases} \infty, \text{有电能输入拦截装备} \\ n, \text{无电能输入拦截装备} \end{cases} \tag{7.96}$$

拦截次数归一化值为

$$\hat{N}_{LT} = 1 - 1/\mathrm{e}^{n} \tag{7.97}$$

（11）同时处理目标数量。防控平台指控系统同时处理目标数量指协同防控平台指控系统在态势显示、协同探测、复合拦截等模块的信息融合、协同算法设计时在时延指标约束下同一时刻所能处理的目标数量的最大值。

$$N_{LO} \geqslant 4 \tag{7.98}$$

目标类型数量归一化值为

$$\hat{N}_{LO} = \begin{cases} N_{LO}/4 & N_{LO} < 4 \\ 1 & N_{LO} \geqslant 4 \end{cases} \tag{7.99}$$

（12）目标类型数量。防控平台所能处理的目标类型，不仅取决于探测系统可探测、可识别，拦截系统可处置，还需要指控系统可分析和可协同。针对的目标类型可以是固定翼、多旋翼、气球、无人机等。

$$N_{LX} \geqslant 2 \tag{7.100}$$

目标类型数量归一化值为

$$\hat{N}_{LX} = \begin{cases} 0 & N_{LX} < 2 \\ 1 & T_{LX} \geqslant 2 \end{cases} \tag{7.101}$$

（13）典型威胁模式。城市复杂环境中的单个“低慢小”威胁目标的威胁态势分为防区外来袭和防区内来袭。对区域内来袭目标，进行发现、拦截，并将信息上报指控中心；对区域外目标，进行发现、上报、上级确认、拦截、结果上报。对多目标而言，威胁模式或更为复杂，平台结合具体的防控需求进行典型威胁模式的设计，指标值为

$$N_{LM} \geqslant 2 \tag{7.102}$$

典型威胁模式归一化值为

$$\hat{N}_{LM} = \begin{cases} N_{LM}/2 & N_{LM} \leqslant 2 \\ 1 & N_{LM} > 2 \end{cases} \tag{7.103}$$

（14）平台响应时间。平台响应时间指从探测系统发现目标时刻到指控系统的拦截方案下发时刻的时间跨度。该指标决定了平台指控系统对城市环境下的防控信息综合处理、防控决策解算的能力。平台指标为

$$T_{LA} \leqslant 6 \tag{7.104}$$

平台响应时间归一化值为

$$\hat{T}_{LA} = \begin{cases} 6/T_{LA} & T_{LA} > 6 \\ 1 & T_{LA} \leqslant 6 \end{cases} \tag{7.105}$$

（15）拦截效果评估时间。拦截效果评估时间指指控系统下发作战方案后，拦截系统对目标进行处置后，指控系统根据处置后的目标状态，对处置结果进行评估所需要的时间。该时间涉及指控系统与探测系统对拦截系统的结果进行处置的协同能力，指标值为

$$T_{LP} \leqslant 2 \tag{7.106}$$

拦截效果评估时间归一化值为

$$\hat{T}_{LP} = \begin{cases} 2/T_{LP} & T_{LP} > 2 \\ 1 & T_{LP} \leqslant 2 \end{cases} \tag{7.107}$$

（16）二次伤害要求。探测/拦截系统采用不同的拦截手段对威胁目标进行处置时，不能安全排除对周围的人文环境、设备仪器、建筑产生零影响。需要结合防控对象和场景环境对防控过程的不同形式二次伤害（声、光、磁、动能）进行控制。

基于平台在设计时是否考虑二次伤害的需求，该指标归一化值为

$$P_{sh} = \begin{cases} 0, & \text{未考虑} \\ 1, & \text{考虑} \end{cases} \tag{7.108}$$

（17）天候/气候适应性。根据被防护对象的任务需求，需要在城市环境中形成考虑天候/气候的防控能力，使探测系统和拦截系统以及指控系统能够在时间空间上满足任务需求。

基于平台设计时是否有考虑天候/气候的适应性，该指标的归一化值为

$$P_{syx} = \begin{cases} 0, & \text{未考虑} \\ 1, & \text{考虑} \end{cases} \tag{7.109}$$

（18）典型场景环境。典型场景环境指防控平台防护对象以及对象周边的环境，需要结合具体的场景环境进行设计。防护对象的状态会直接影响到场景环境的复杂度，如大型赛事前期、进行中的各个环节、结束等各个阶段的环境复杂度差异明显。平台设计时需要有针对性地进行设计考虑。

基于平台设计时考虑典型场景环境和未考虑典型场景环境两种条件，该指标归一化值为

$$P_{\text{hj}} = \begin{cases} 0, & \text{未考虑} \\ 1, & \text{考虑} \end{cases} \tag{7.110}$$

3）指标权重分析

采用层次分析法对准则层与指标层分别进行权重分析。一般步骤为先采用 1–9 标度法构建两两指标之间的判断矩阵，然后计算被比较元素对于上层准则的相对权重，最后再对计算结果进行一致性检验。

（1）准则层权重分析。根据指标体系分析，请平台专家对准则层的四类指标（V_1 为探测系统，V_2 为拦截系统，V_3 为指控系统，V_4 为平台适应性）进行评价。按 1-9 标度法构建准则层各要素的判断矩阵，见表 7.15。

表 7.15　准则层判断矩阵

V	V_1	V_2	V_3	V_4
V_1	1	1	1/3	2
V_2	1	1	1	4
V_3	3	1	1	6
V_4	1/2	1/4	1/6	1

矩阵的最大特征值为 $\lambda_{\max} = 4.117\,9$，相对应的特征向量经过归一化处理求得权重向量 $\vec{V}_{\lambda_{\max}}$。对结果进行一致性检验：

$$\begin{aligned} & C.I. = \frac{\lambda_{\max} - n}{n-1} = 0.1179/3 = 0.039\,3 \\ & R.I. = 0.89 \quad (n=4) \\ & C.R. = C.I./R.I. = 0.044 < 0.1 \end{aligned} \tag{7.111}$$

故准则层判断矩阵具有一致性，准则层变量权重系数见表 7.16。

表 7.16　准则层变量权重系数

变量	V_1	V_2	V_3	V_4
系数	0.115 9	0.282 1	0.582 9	0.02

（2）指标层权重分析。探测系统包括空间覆盖率（V_{11}）、空域内识别概率（V_{12}）、空域内探测概率（V_{13}）、同时发现目标数量（V_{14}）、同时处理目标数量（V_{15}）和同时跟踪目标数量（V_{16}）6 个指标。按 1-9 标度法构建准则层各要素的判断矩阵，见表 7.17。

表 7.17　探测系统指标判断矩阵

V	V_{11}	V_{12}	V_{13}	V_{14}	V_{15}	V_{16}
V_{11}	1	2	2	4	5	5
V_{12}	1/2	1	1	2	2	2
V_{13}	1/2	1	1	2	2	2
V_{14}	1/4	1/2	1/2	1	1/3	1/3
V_{15}	1/5	1/2	1/2	3	1	1
V_{16}	1/5	1/2	1/2	3	1	1

矩阵的最大特征值为 $\lambda_{\max}=6.245\,3$，相对应的特征向量经过归一化处理求得权重向量 $\vec{V}_{\lambda_{\max}}$。对结果进行一致性检验：

$$
\begin{aligned}
&C.I.=\frac{\lambda_{\max}-n}{n-1}=0.245\,3/5=0.049\,06\\
&R.I.=1.23\quad(n=6)\\
&C.R.=C.I./R.I.=0.039<0.1
\end{aligned}
\tag{7.112}
$$

故探测系统指标判断矩阵具有一致性，各指标的权重系数见表 7.18。

表 7.18　探测系统指标权重系数

变量	V_{11}	V_{12}	V_{13}	V_{14}	V_{15}	V_{16}
系数	0.62	0.13	0.018	0.013	0.051	0.051

拦截系统包括空间覆盖率（V_{21}）、空域内拦截概率（V_{22}）、同时打击目标数（V_{23}）、拦截次数（V_{24}）4 个指标，按 1-9 标度法构建准则层各要素的判断矩阵，见表 7.19。

表 7.19　拦截系统指标判断矩阵

V	V_{21}	V_{22}	V_{23}	V_{24}
V_{21}	1	1/3	1/2	1
V_{22}	3	1	3	4

续表

V	V$_{21}$	V$_{22}$	V$_{23}$	V$_{24}$
V$_{23}$	2	1/3	1	1
V$_{24}$	1	1/4	1	1

矩阵的最大特征值为 $\lambda_{\max}=4.071$，相对应的特征向量经过归一化处理求得权重向量 $\vec{V}_{\lambda_{\max}}$ 。对结果进行一致性检验：

$$
\begin{aligned}
&C.I.=\frac{\lambda_{\max}-n}{n-1}=0.071/3=0.024\\
&R.I.=0.89\ \ (n=4)\\
&C.R.=C.I./R.I.=0.027<0.1
\end{aligned}
\tag{7.113}
$$

拦截系统指标判断矩阵具有一致性，各指标的权重系数见表 7.20。

表 7.20　拦截系统指标权重系数

变量	V$_{21}$	V$_{22}$	V$_{23}$	V$_{24}$
系数	0.05	0.77	0.11	0.07

指控系统包括同时处理目标数量（V$_{31}$）、目标类型数量（V$_{32}$）、、典型威胁模式（V$_{33}$）、平台响应时间（V$_{34}$）、拦截效果评估时间（V$_{35}$）5 个指标，按 1-9 标度法构建准则层各要素的判断矩阵，见表 7.21。

表 7.21　指控系统指标判断矩阵

V	V$_{31}$	V$_{32}$	V$_{33}$	V$_{34}$	V$_{35}$
V$_{31}$	1	2	1/2	1/2	1/5
V$_{32}$	1/2	1	1/3	1/3	1/4
V$_{33}$	2	3	1	1	2
V$_{34}$	2	3	1	1	2
V$_{35}$	5	4	1/2	1/2	1

矩阵的最大特征值为 $\lambda_{\max}=5.34$，相对应的特征向量经过归一化处理求得权重向量 $\vec{V}_{\lambda_{\max}}$ 。对结果进行一致性检验：

$$C.I.=\frac{\lambda_{\max}-n}{n-1}=0.34/4=0.085$$
$$R.I.=1.12\quad(n=5)\tag{7.114}$$
$$C.R.=C.I./R.I.=0.075<0.1$$

故探测系统指标判断矩阵具有一致性，各指标的权重系数见表 7.22。

表 7.22　指控系统指标权重系数

变量	V_{31}	V_{232}	V_{33}	V_{34}	V_{35}
系数	0.049	0.021	0.33	0.33	0.27

平台适应性包括二次伤害要求（V_{41}）、气候/天候适应性（V_{42}）、典型威景环境（V_{43}）3 个指标。按 1-9 标度法构建准则层各要素的判断矩阵，见表 7.23。

表 7.23　平台适应性指标判断矩阵

V	V_{41}	V_{42}	V_{43}
V_{41}	1	2	3
V_{42}	1/2	1	2/3
V_{43}	1/3	3/2	1

矩阵的最大特征值为 $\lambda_{\max}=3.07$，相对应的特征向量经过归一化处理求得权重向量 $\vec{V}_{\lambda_{\max}}$。对结果进行一致性检验：

$$C.I.=\frac{\lambda_{\max}-n}{n-1}=0.07/2=0.035$$
$$R.I.=0.52\quad(n=3)\tag{7.115}$$
$$C.R.=C.I./R.I.=0.067<0.1$$

故探测系统指标判断矩阵具有一致性，各指标的权重系数见表 7.24。

表 7.24　指控系统指标权重系数

变量	V_{41}	V_{42}	V_{43}
系数	0.75	0.1	0.15

4）能力评价

为评估不同平台功能性能指标配置下方案的优劣。本小节对平台指标层设计三种指标配置，具体见表 7.25。

表 7.25 平台指标配置方案对比

变量	权重	方案 1	方案 2	方案 3
C		0.81	0.80	0.70
V_1	0.115 9	0.67	0.58	0.43
V_2	0.282 1	0.81	0.99	1.09
V_3	0.582 9	0.84	0.78	0.59
V_4	0.02	0.90	0.15	0.10
V_{11}	0.62	0.7	0.6	0.4
V_{12}	0.13	0.8	0.85	0.6
V_{13}	0.018	0.9	0.85	0.7
V_{14}	0.013	0.8	1	0.8
V_{15}	0.051	1	0.8	0.7
V_{16}	0.051	1	0.5	0.8
V_{21}	0.05	0.8	0.7	0.9
V_{22}	0.77	0.8	1	1.2
V_{23}	0.11	0.8	1	0.5
V_{24}	0.07	1	1	1
V_{31}	0.049	1	1	1
V_{32}	0.021	1	1	1
V_{33}	0.33	1	0.75	0.5
V_{34}	0.33	0.5	1	0.25
V_{35}	0.27	1	0.5	1
V_{41}	0.75	1	0	0
V_{42}	0.1	0	0	1
V_{43}	0.15	1	1	0

首先通过指标层的权重系数以及方案配置的指标值，计算各系统的指标值；其次通过各系统的指标值和权重值，计算平台的能力值。得到三种方案的能力矩阵值分别为 0.81、0.8 和 0.7，故基于指标设计的平台防控能力方案 1 较高。

5）效能评估

基于系统效能计算公式，对三种方案的平台效能进行计算。假设三种方案

中的 a 、d_{00} 和 d_{01} 的值见表 7.26。

表 7.26 平台故障维护参数

变量	方案 1	方案 2	方案 3
a	0.98	0.95	1
d_{00}	0.90	0.98	1
d_{01}	0.05	0.01	0

将表 7.26 中参数代入公式（7.81），计算城市复杂环境“低慢小”威胁目标防控平台效能，三种方案的防控效能分别为 0.715 2、0.745 2 和 0.7，即方案 2 的防控效能较优。分析能力评价结果和效能评估结果，平台的可用度和可信度设计对于平台综合效能有一定的影响，在平台顶层设计时，需要对可用性和可信性进行深入的考虑。

该方法可以对单个或多个平台配置方案的能力和效能进行综合评定。需要指出的是，基于此工作，可以多平台指标体系中的指标敏感性开展分析，以提升平台的综合效能。

第 8 章

“低慢小”航空器协同防控平台通信网络

| 8.1 现代通信技术 |

通信作为现代信息社会中包括能源、交通、通信等在内的三大基础结构之一，是现代信息社会运行体的神经系统。无论是通信系统还是通信网络，抛开其特有的业务功能，从其核心看，通信系统的基本模型是一致的，如图 8.1 所示。它由信源、发送设备、信道、接收设备和信宿五部分组成。其中信源和信宿统称为终端设备，发送设备与接收设备统称为通信设备。信源的作用是将原始信号转换为电信号，即基带信号发送设备将该信号进行调制或放大等方法处理，使其适合在信道中传输信道是信号传输的通道，在这个通道中信号以电流、电磁波或光波的形式传播到接收端接收设备，是将收到的高频信号或光信号经过放大、滤波选择和解调后恢复原来的基带信号。信宿是将来自接收设备的基带信号恢复成原始信号。

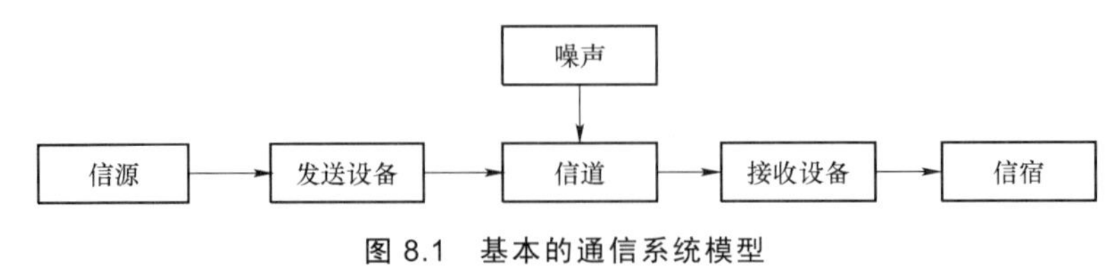

图 8.1　基本的通信系统模型

现代通信系统的分类多种多样，按信道具体形式可分为有线通信和无线通信。有线通信主要包括架空明线、双绞线、同轴电缆、光纤通信等，无线通信主要包括短波、微波、卫星、散射、移动通信等。

现代通信技术是分布式系统的基础支持技术。分布式系统利用现代网络技术实现各子系统之间的相互感知与协同。现代通信采用标准协议或“事实上”标准协议实现数字通信，保证系统数据高速、低延迟且可靠传输，同时实现系统的开放性和可扩展性。

“低小慢”航空器区域防控系统的网络支持系统是一个局域网系统，采用有线、无线相结合的形式。

8.1.1 有线通信

有线通信是应用最早、应用最广的通信方式，如现代通信中的有线电话、电视、电报等。有线通信传输时延小、实时性强，尤其是光纤技术和交换技术的革新应用，更为有线通信注入活力。

有线通信的通信介质（通信媒介）使用金属导线、光纤等有形媒质传送信息的方式。有线通信的优点是：高速、可靠；安全性好；缺点是地域分布限制。

有线通信网络用于局域网（LAN）以及 Internet 骨干网络。网络通信介质通常为光纤、通信电缆，光纤可提供更高的传输带宽和更低的传输延时。

有线网络中通信通常采用 C/S 结构，如图 8.2 所示。客户端（C）向服务器（S）发出请求；服务器在处理请求后做出响应。

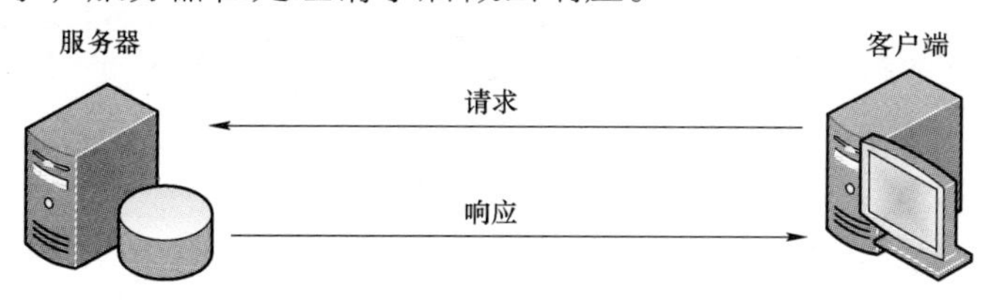

图 8.2 C/S 结构

有线网络的高传输、低延时，为有线通信协议的选择提供了较强的灵活性，有线通信协议结构如图 8.3 所示。

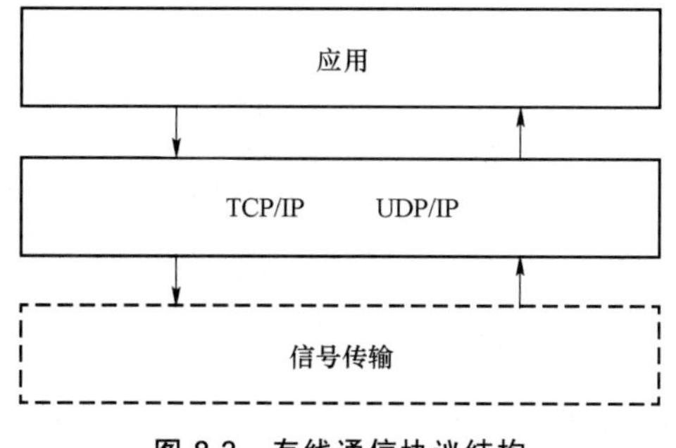

图 8.3 有线通信协议结构

8.1.2 无线通信

无线通信的通信媒介为电磁波，它可以在多个节点间不经由导体或缆线传播进行远距离传输通信。其优点是：设备布设简单；不受地域发布限制，布设方便；缺点是：与有线传输相比，传输速率低；公开的通信信道带来安全问题。

基于移动网络的无线通信是一个经典的无线通信系统。基于移动网络的无线通信系统一般用于广域网（WAN），采用 B/S 模式以及基于 HTTP（HTTPS）的 C/S 模式。无线通信体系结构如图 8.4 所示。

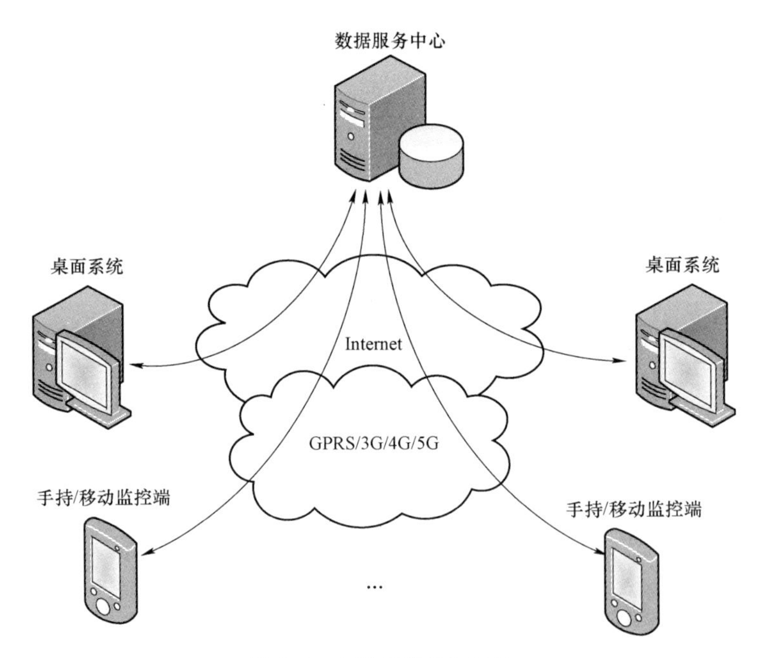

图 8.4　无线通信体系结构

基于移动的无线通信系统由移动终端、桌面系统（Windows 或 Linux）以及服务器（数据中心）组成。移动终端通过 GPRS/3G/4G/5G 连接到蜂窝移动网络，经过移动服务提供商的网关连入 Internet，与服务器（数据中心）进行交互；桌面系统直接提供 Internet 与数据服务器中心交互。基于移动网络的无线通信通常采用 HTTP/HTTPS 协议通信，如图 8.5 所示。

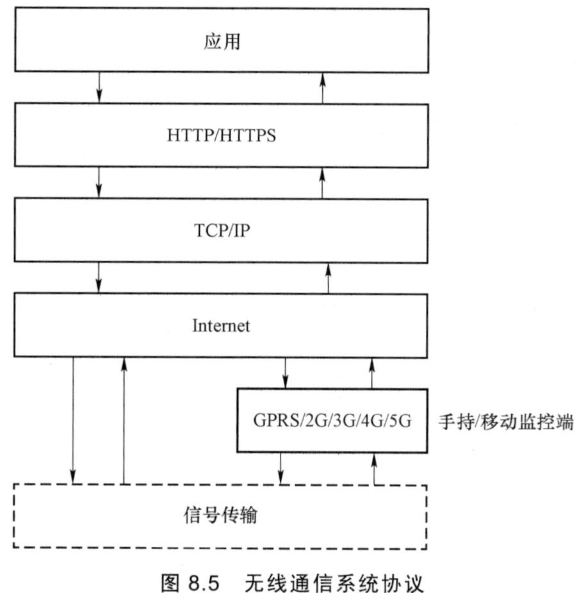

图 8.5 无线通信系统协议

8.2 现代通信网络

通信网络有多种划分方法，按网络覆盖的区域可分为局域网和广域网，按照拓扑结构形式可分为总线型、环型、星型。

8.2.1 通信网络组成与基本拓扑结构

现代通信网络的组成与拓扑结构依赖于 ISO/OSI 模型的物理层和数据链路层。由于物理层和数据链路层的协议与技术规范已经标准化，所以，网络的组成与拓扑结构由物理层和数据链路层采用的协议决定。

当前，物理层和数据链路层主流的协议与技术规范为 IEEE802 系列标准。IEEE802 又称 LMSC（LAN/MAN Standards Committee，局域网/城域网标准委员会），致力于研究局域网和城域网的物理层和 MAC 层中定义的服务与协议，对应 OSI 网络参考模型的最低两层（即物理层和数据链路层）。

IEEE802 系列所定义的网络拓扑结构包含总线型（IEEE802.3 以太网）、环型（IEEE802.4/5）。目前，总线型 IEEE802.3 得到了广泛的应用，而环型拓扑结构逐渐退出了历史舞台。

8.2.2 主要通信协议

从应用角度，通信协议可分为应用协议和基础支持协议。应用协议是指用户为了实现特定功能而自定义的协议；基础支持协议是为应用协议提供支持的底层协议，如图 8.6 所示。

图 8.6 应用协议与基础支持协议

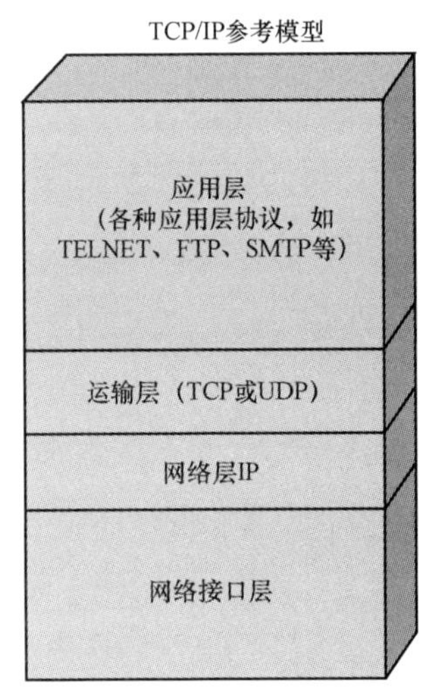

图 8.7 TCP/IP 模型

目前，世界上主流的基础支持协议是 TCP/IP 协议模型，如图 8.7 所示。按 TCP/IP 参考模型，应用协议相当于应用层的协议，由用户根据程序的功能自行定义。

应用层协议数据经过传输层，被 UDP 或 TCP 打包进 Segment（TCP 或 UDP 协议头+应用协议数据），然后经过网络层以 Packet（包）为单位，发送到网络接口；接收过程与上述相反，网络层读取来自网络接口的数据后构成 Packet，传输层读取网络层 Packet 组成 Segment，然后去掉 UDP 或 TCP 协议头，将用户协议数据送入应用层。

值得注意的是，在 TCP/IP 参考模型中，网络接口层采用 IEEE802 协议体系。这意味着 TCP/IP 协议簇与网络拓扑结构无关。作为基础支持协议，TCP/IP 的传输层与应用程序之间交互。TCP 协议在传输层提供了两种协议：TCP 和 UDP。TCP 协议是一种有连接的可靠传输协议，其连接建立、数据交互过程如图 8.8 所示。从图 8.8 可见，采用 TCP 协议隐含表示通信双方建立 C/S 约束关系，而这种约束关系为系统设计带来不便。UDP 是一种无连接通信协议。UDP 与 TCP 最显著的区别在于 UDP 不需要通信双方建立连接。这意味着通信双方之间的关系完全由用户协议确定。

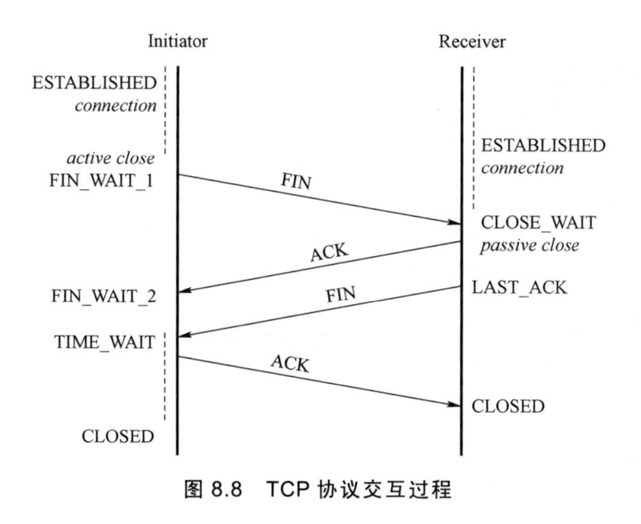

图 8.8　TCP 协议交互过程

8.3　“低慢小”航空器协同防控平台通信网络

“低慢小”航空器协同防控平台主要由光纤通信子系统和无线数据传输子系统组成。为了提高区域防控网络的可靠性，系统采用双交换机之间的光纤连接实现互备。同时，根据区分防控系统的地理环境特定，可将两个交互机安装到合适的位置后，利用光纤将两个交互快捷连接。区域防控系统战术要求，系统中某些装备的布设可能距离交互较远，导致网线布设困难或者根本无法布设网线。这时，可采用无线传输方式将设备连入系统网络。

8.3.1　功能

防控平台网络主要用于“低慢小”航空器防控体系各装备之间数据传输服务，主要功能如下。

（1）为区域指控与探测装备、拦截装备提供数据传输服务。

（2）为中心指控台与多台区域指控提供数据传输服务。

（3）管理区域指控与探测装备、拦截装备间，区域指控与中心指控间数据传输服务协议。

（4）提供网络数据监控服务，能够监听、记录、查看所有防控平台网络数据传输内容和数据传输状态。

8.3.2 网络架构与拓扑

“低慢小”防控平台是一个基于网络的平台，平台各个功能设备通过网络交换信息，实现各个功能设备协同工作。“低慢小”防控平台的网络架构如图 8.9 所示。网络基础结构为防控平台提供信息交换基础支撑。平台应用只需调用网络基础结构提供的服务实现信息交换。

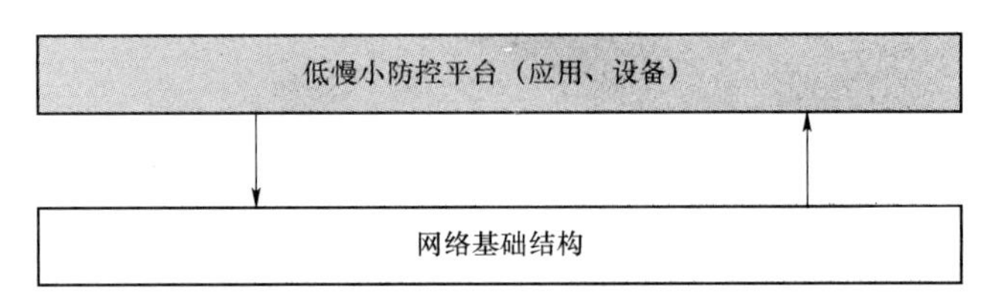

图 8.9 “低慢小”防控平台的网络架构

由于定义了明确的功能边界，开发人员可以专注于系统功能的实现；网络维护人员专注于网络功能的实现，因此该网络架构具备明确的功能边界，同时当出现问题时，借助体系结构图，可以明确定位问题是属于“应用”层还是属于“网络”层，有利于运行维护。

网络的拓扑结构如图 8.10 所示，防控平台网络由网络交换设备、有线传输中继设备、无线传输中继设备、传输监控设备及传输服务管理软件组成。

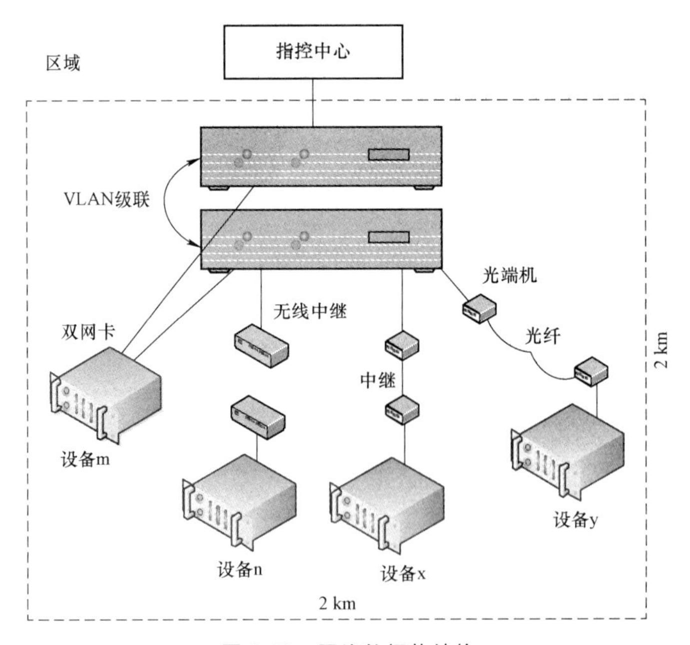

图 8.10 网络的拓扑结构

拓扑结构中给出了设备与网络连接的四种基本方式：网线直接连接、带中继网线连接、无线连接和光纤连接。在实施过程中，可根据展开区域地理环境特性，选用合适的连接方式，该拓扑结构具备以下特点。

1. 双冗余交换机

交换机构成了防控平台星型网络的核心。交换机的可靠性决定了平台网络的可靠性。采用两台三层交换机相互热备方式工作，其中一台出现故障，不会影响整个网络的工作。

2. 设备双网卡

对于高可靠性要求的设备可以采用双网卡方式通信。一个设备安装两个网卡，分别连接到双冗余交换机。当一个网卡发生故障时，可以迅速切换到另一个网卡。

3. 无线中继

当设备地理位置不适合有线（网线或光纤）连接时，采用无线中继方式，实现设备与交换机的连接。无线中继在数据链路层实现有线—无线—有线的转换。

4. 有线中继

当有线非光纤连接的设备与交换机距离超过规范规定的距离时，需要采用有线中继实现对信号的再生与重整。有线中继实现在数据链路层的信号重整。有线中继可以用光纤传输设备代替。

8.3.3 组网方案

针对具体的“低慢小”防控场景，根据具体的防控区域范围，防控区域的网络拓扑可以有以下几种形式（图 8.11～图 8.13），或者为几种形式的组合。

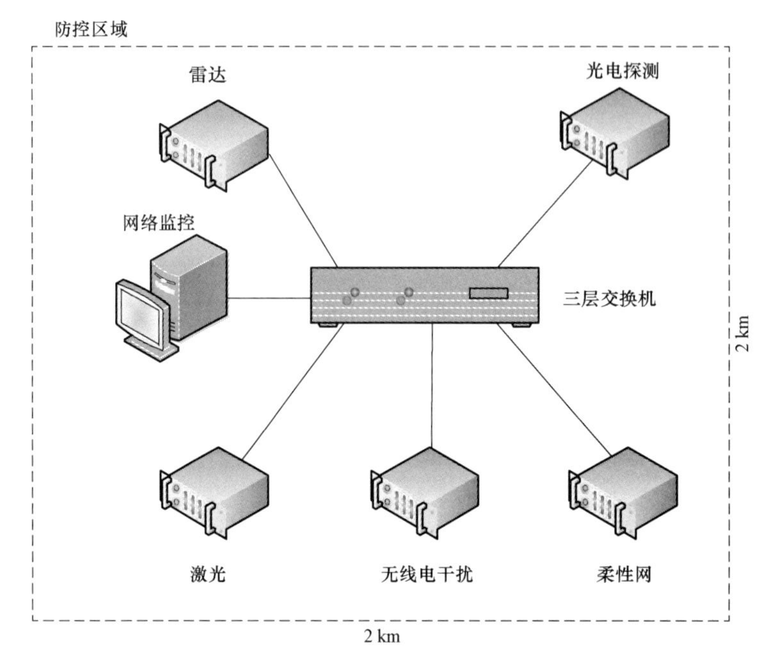

图 8.11　区域网络拓扑方案 1

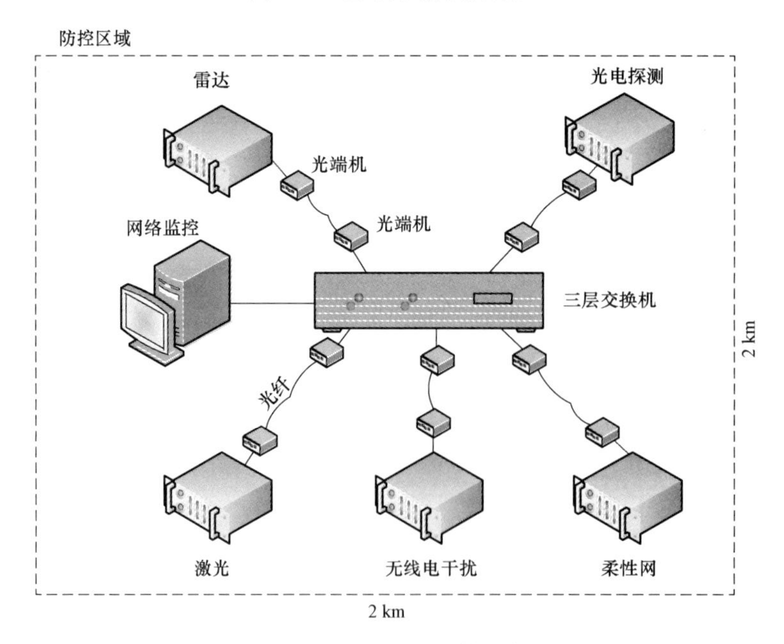

图 8.12　区域网络拓扑方案 2

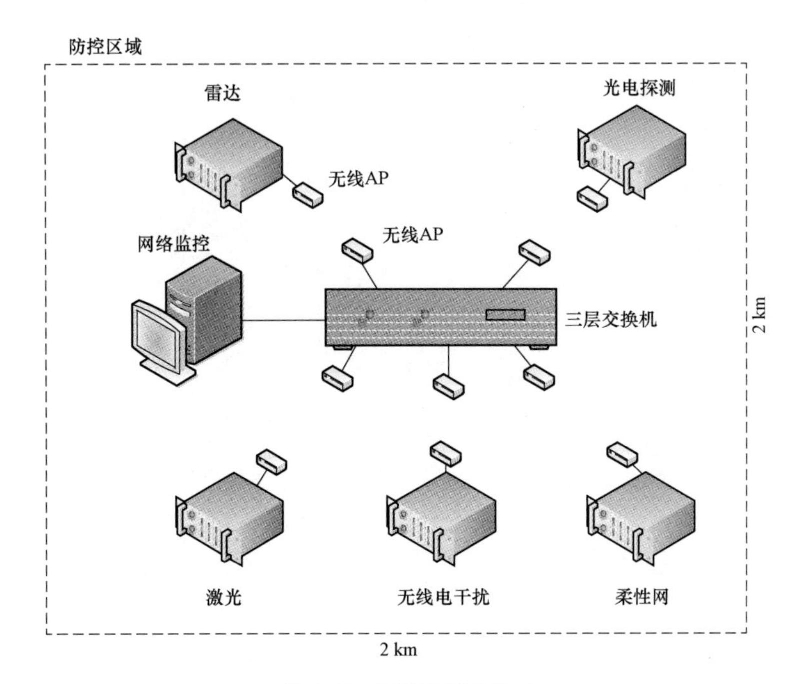

图 8.13　区域网络拓扑 3

参考文献

[1] 罗宏伟. 试论大型活动安保工作中“低慢小”目标的防范与处置 [J]. 武警学院学报，2015，31（9）：27-30.

[2] 张建伟，郭会明. 低空慢速小目标拦截系统研究 [J]. 计算机工程与设计，2012（7）：2874-2878.

[3] 张颖达. 千米以下低空开放即将全国推开 [J]. 农机市场，2015（1）：5.

[4] 李明明，卞伟伟，甄亚欣. “低慢小”航空器防控装备发展现状与问题分析 [J]. 飞航导弹，2017，（1）：62-70.

[5] 牛庆功. 美军无人机的发展以及在亚太地区的空中部署 [J]. 科技资讯，2011（18）：8-9.

[6] 张静，张科，王靖宇，等. 低空反无人机技术现状与发展趋势 [J]. 航空工程进展，2018，9（1）：1-8.

[7] 李明明，卞伟伟，甄亚欣. 国外“低慢小”航空器防控装备发展现状分析 [J]. 飞航导弹，2017（1）：62-70.

[8] 韩锋，陈岗，陈观生. 沿海要地“低慢小”目标防御对策 [C] //第三届中国指挥控制大会论文集 [下册]. 北京，中国指挥与控制学会，2015：505-508.

[9] 刘超峰. 反微型无人机技术方案调研 [J]. 现代防御技术，2017，45（4）：17-23.

[10] 冯卉，刘付显，毛红保. 基于遗传算法的防空部署优化方法 [J]. 空军工程大学学报（自然科学版），2006，7（4）：32-35.

[11] 耿振余，毕义明. 并行基因组合型遗传算法求解防空部署优化问题研究 [J]. 现代防御技术，2007，35（3）：21-24.

[12] 赵鹏蛟，李建国. 基于排队论的防空兵力部署优化模型[J]. 火力与指挥控制，2017，42(11)：38－42.

[13] 陈杰，陈晨，张娟，等. 基于Memetic算法的要地防空优化部署方[J]. 自动化学报，2010，36(2)：242－248.

[14] 刘瑶，张占月，黄梓宸，等. 基于拦截纵深的中段反导武器部署研究[J]. 指挥与控制学报，2017，3(2)：119－126.

[15] 陈晨，陈杰，辛斌. 网络化火控系统动态部署的混合优化[J]. 系统工程与电子技术(英文版)，2013，24(6)：954－961.

[16] 吴家明，乔士东，黄金才. 基于NSCA-II的防空部署优化研究[J]. 火力与指挥控制，2011，36(3)：57－61.

[17] 刘文涛，单兆春，李红涛，等. 弹炮结合目标防空部署方案优化评估[J]. 火力与指挥控制，2016，31(10)：58－61.

[18] 王超东，李勇，柏波. 基于复合防空效能的防空兵群兵力部署优化[J]. 兵工自动化，2009，28(9)：93－94.

[19] 刘立佳，李相民，颜骥. 基于高维多目标多约束分组优化的要地防空扇形优化部署[J]. 系统工程与电子技术，2013，35(12)：2513－2520.

[20] 张肃，王颖龙，曹泽阳. 地面防空战斗部署方案评估模型[J]. 火力与指挥控制，2005，30(5)：15－18.

[21] 窦丽华，王高鹏，张娟. 高炮对巡航导弹毁伤概率仿真[J]. 火力与指挥控制，2007，32(12)：49－51.

[22] 任子元，李强. 基于排列法的低空慢速小目标威胁评估[J]. 微计算机信息，2009，25(22)：238－240.

[23] 付涛，王军. 防空系统中空中目标威胁评估方法研究[J]. 指挥控制与仿真，2016，38(3)：63－69.

[24] 康长青，郭立红，罗艳春，等. 基于模糊贝叶斯网络的态势威胁评估模型[J]. 光电工程，2008，35(5)：1－5.

[25] 纪军，田淑荣，马培蓓. 基于动态贝叶斯网络的防空作战态势分析[J]. 海军航空工程学院学报，2013，28(6)：679－683.

[26] 程天发，葛泉波，陈哨东，等. 基于改进空战威胁评估模型的权重计算方法比较[J]. 火力与指挥控制，2016，41(1)：32－36.

[27] 王忠，马妍，王莲荣. 防空作战中“低慢小”目标威胁度评估[J]. 舰船电子对抗，2013，36(6)：103－105.

[28] 郭溪溪. 低空慢速小目标检测识别与威胁度评估[D]. 北京：中国科学院大学，2016.

[29] 卞泓斐，杨根源．基于动态贝叶斯网络的舰艇防空作战威胁评估研究［J］．兵工自动化，2015，34（6）：14－19.
[30] 刘庆，崔浩林，毛厚晨．防空作战中异常空情威胁等级评估［J］．指挥控制与仿真，2017，39（4）：69－74.
[31] 林烨，王公宝，武从猛，等．水面舰艇编队对空防御目标威胁评估分析［J］．舰船电子工程，2016，36（10）：16－18.
[32] 韩城，杨海燕，沈从亮．空中对来袭目标威胁评估仿真研究［J］．计算机仿真，2017，34（8）：54－58.
[33] 孙海文，谢晓芳，孙涛，等．基于 DDBN-Cloud 的舰艇编队防空目标威胁评估方法［J］．系统工程与电子技术，2018，40（11）：2466－2475.
[34] 杨海燕，韩城，张帅文．基于 FDBN 的空中目标威胁评估方法［J］．火力指挥与控制，2019，44（1）：29－33.
[35] 肖金科，李为民，潘帅，等．区域反导威胁评估建模分析［J］．指挥与控制学报，2017，3（1）：27－32.
[36] 王小龙，宋裕农，李晓丹．基于贝叶斯网络的编队对潜威胁估计方法［J］．舰船科学技术，2013，35（10）：134－137.
[37] 史文雷．区间数互补判断矩阵的理论问题研究［D］．南宁：广西大学，2007.
[38] 李玲娟，豆坤．层次分析法中判断矩阵的一致性研究［J］．计算机技术与发展，2009，19（10）：131－133.
[39] 周源，燕军，孙媛，等．基于贝叶斯网络的要地防空目标威胁评估模型［J］．海军航空工程学院学报，2015，30（5）：467－472.
[40] 甄涛，王平均，张新民．地地导弹武器作战效能评估方法［M］．北京：国防工业出版社，2005.
[41] 徐培德，谭东风．武器系统分析［M］．长沙：国防科技大学出版社，2001.
[42] 马庆跃，武器装备体系作战效能综合评估技术研究［D］．哈尔滨：哈尔滨工业大学，2015.
[43] 郑光明．舰载反舰导弹武器系统作战效能评估［J］．情报指挥控制系统与仿真技术，2002（3）：10－12.
[44] 蔡延曦，孙琰，张卓．武器装备体系作战效能评估方法分析［J］．先进制造与管理，2008，27（10）：24－26.
[45] 时俊红．武器系统效能评估方法浅论［J］．火控雷达技术，2003，32：47－50.
[46] H.Tang，J.Zhang.A Framework of Intelligent Decision Support System of

Military Communication Network Effectiveness Evaluation [C]. Fifth International Conference on Fuzzy Systems and Knowledge Discovery, 2008：518－521.

[47] Y.Y.Huang.A methodology of simulation and evaluation on the operational effectiveness of weapon equipment [C]. 2009 Chinese Control and Decision Conference，2009：131－136.

[48] 谢永亮，胡辉，刘尚富. 组网雷达反低空突防效能分析 [J]. 雷达科学与技术，2016（6）：574－578.

[49] 刘万祥，滕文志，杨玉剑，等. 基于改进 AHP 和熵权法的新型雷达作战效能评估 [J]. 空军预警学院学报. 2020，34（1）. 27－30.

[50] 辛振芳，黄魁华，何晶晶，等. 基于贝叶斯网络的“低慢小”目标威胁评估方法 [J]. 指挥与控制学报，2019，5（4）：288－294.

[51] 卞伟伟，邱旭阳，辛振芳，等. 基于多特征的 BP 神经网络 LSS 目标识别方法 [J]. 计算机仿真，2021，38（4）：338－342.

[52] 董建超，彭丽，辛振芳，等. “低慢小”目标协同防控指挥控制系统研究 [J]. 航天电子对抗，2021，37（3）：10－12，40.

[53] 卞伟伟，吕鑫，刘蝉，等. 低慢小目标复合拦截任务规划仿真分析 [J]. 现代防御技术，2021，49（5）：104－110，117.

[54] 刘蝉，贾彦翔，卞伟伟，等. 基于 ConvLSTM 的传感器覆盖范围预测方法 [C]. 中国指挥与控制学会. 第九届中国指挥控制大会论文集. 中国指挥与控制学会：中国指挥与控制学会，2021：605－610.

[55] 贾彦翔，卞伟伟，刘蝉，等. 一种改进的“低慢小”目标复合拦截决策算法 [C]. 中国指挥与控制学会. 第九届中国指挥控制大会论文集. 中国指挥与控制学会：中国指挥与控制学会，2021：242－250.

[56] 卞伟伟，贾彦翔，刘蝉，等. “低慢小”目标协同探测要点分析及流程设计 [C]. 中国指挥与控制学会. 第九届中国指挥控制大会论文集. 中国指挥与控制学会：中国指挥与控制学会，2021：296－301.

[57] 卞伟伟，邱旭阳，申研. 基于神经网络结构搜索的目标识别方法 [J]. 空军工程大学学报（自然科学版），2020，21（4）：88－92.

[58] 卞伟伟，邱旭阳，王飞，等. 一种改进的多元传感器协同探测粒子群算法 [J]. 指挥控制与仿真，2020，42（1）：29－33.

[59] 苑文楠，贾彦翔，侯师. 城市环境下低慢小目标动态火力分配模型 [C]. 中国指挥与控制学会. 第九届中国指挥控制大会论文集. 中国指挥与控制学会：中国指挥与控制学会，2021：268－274.

彩　插

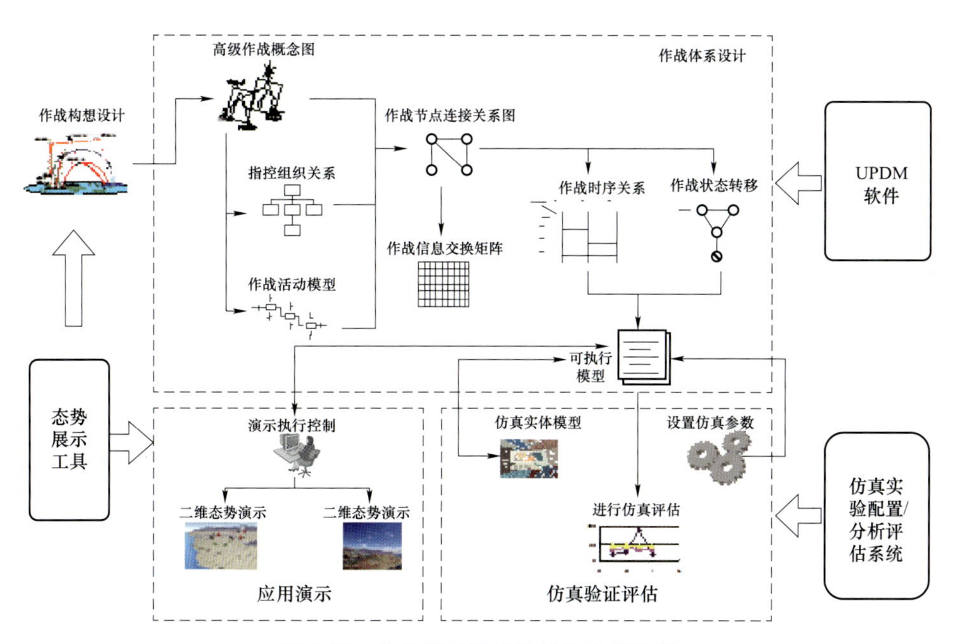

图 3.10　软件设计开发的总体技术思路

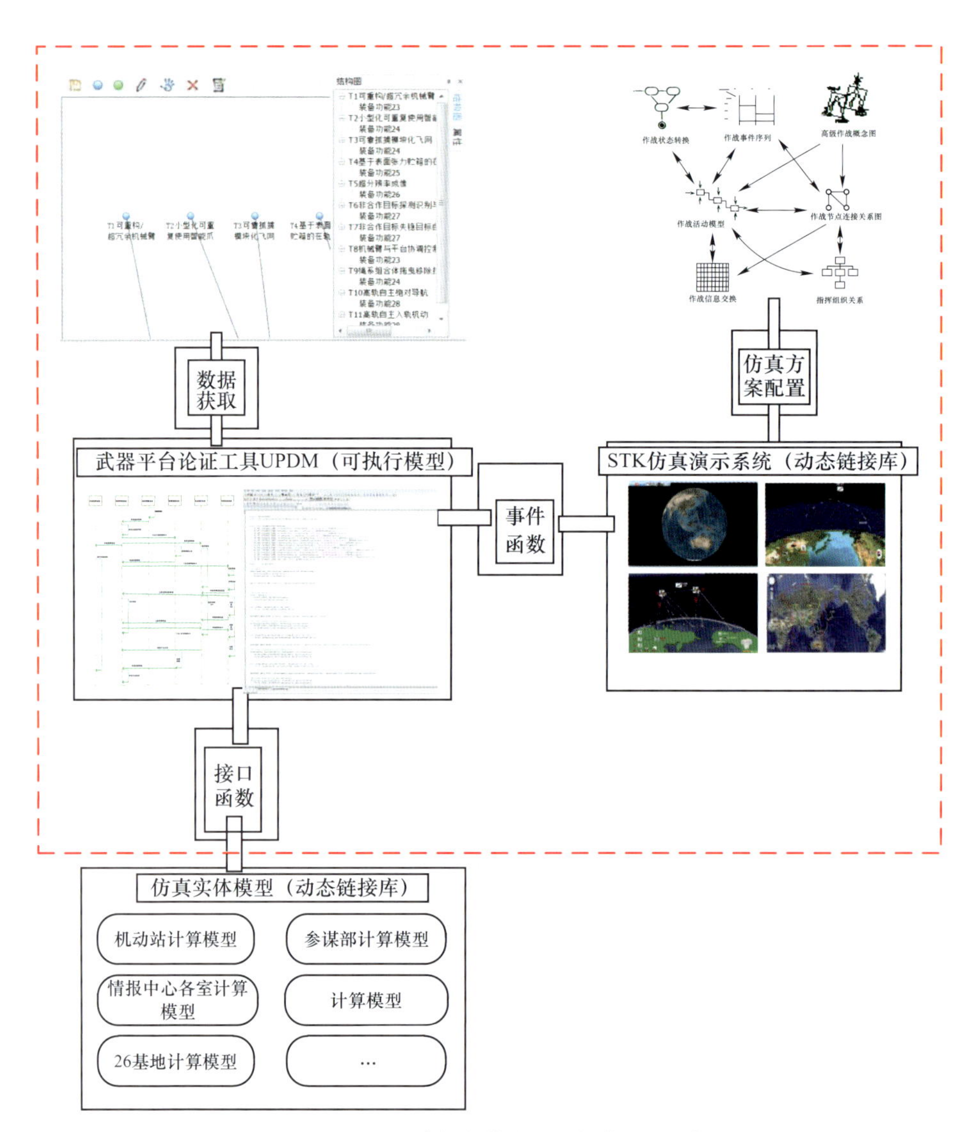

图 3.11　体系建模与效能评估软件设计框架

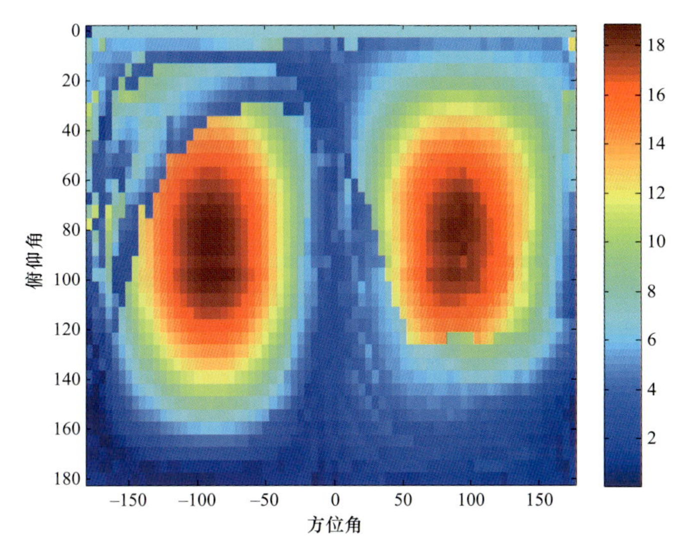

图 5.7　四旋翼阳光俯仰角 30°，方位角 0°入射光学特性仿真结果

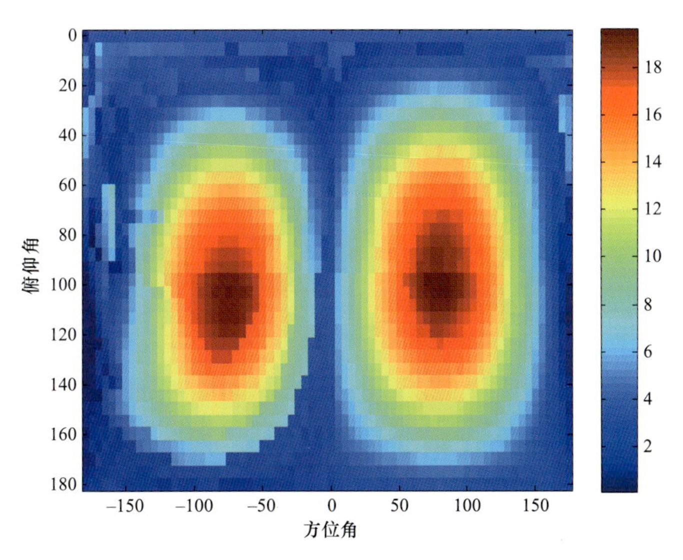

图 5.8　四旋翼阳光俯仰角 30°，方位角 60°入射光学特性仿真结果

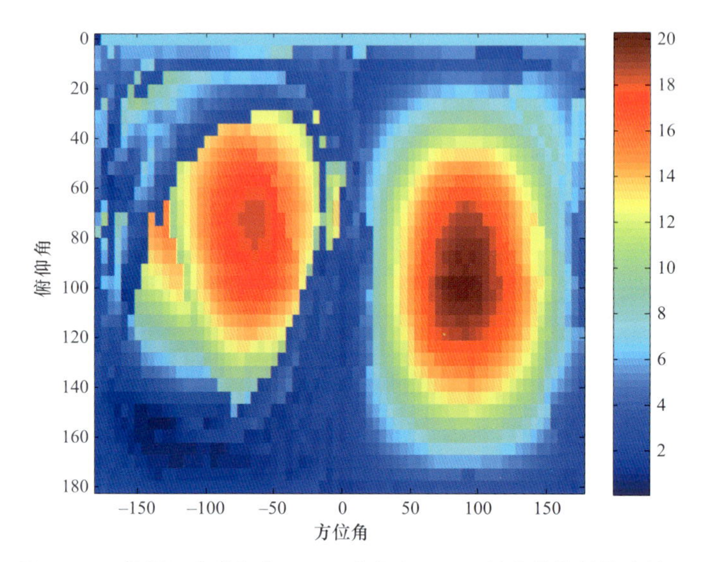

图 5.9 四旋翼阳光俯仰角 30°，方位角 45°入射光学特性仿真结果

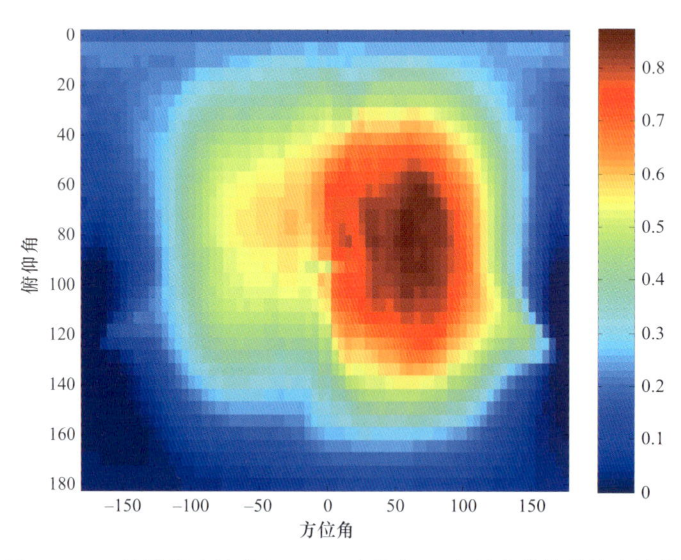

图 5.10 四旋翼阳光俯仰角 60°，方位角 0°入射光学特性仿真结果

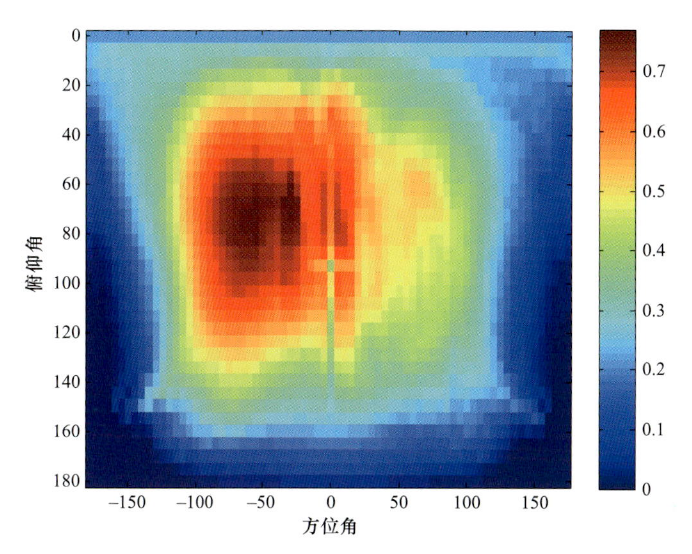

图 5.11　四旋翼阳光俯仰角 30°，方位角 0°入射光学特性仿真结果

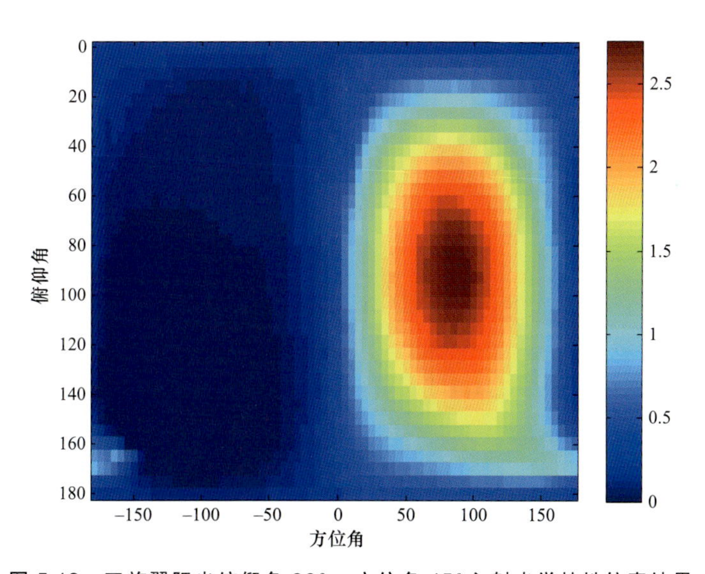

图 5.12　四旋翼阳光俯仰角 30°，方位角 45°入射光学特性仿真结果

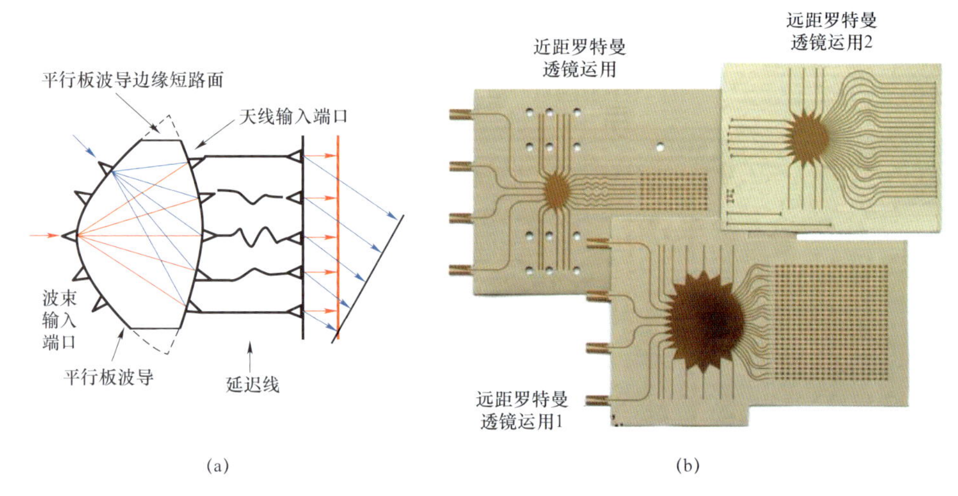

图 5.15　罗曼透镜原理和毫米波罗曼馈电天线（汽车雷达用）
（a）罗曼透镜原理；（b）毫米波罗曼馈电天线（汽车雷达用）

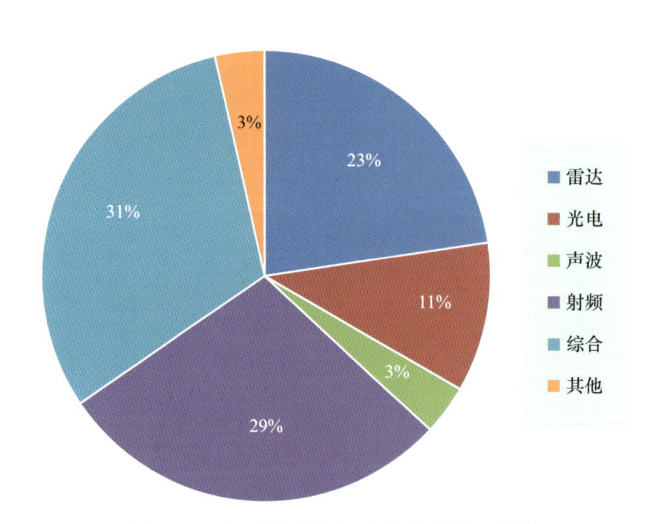

图 5.38　探测技术市场应用整体情况统计

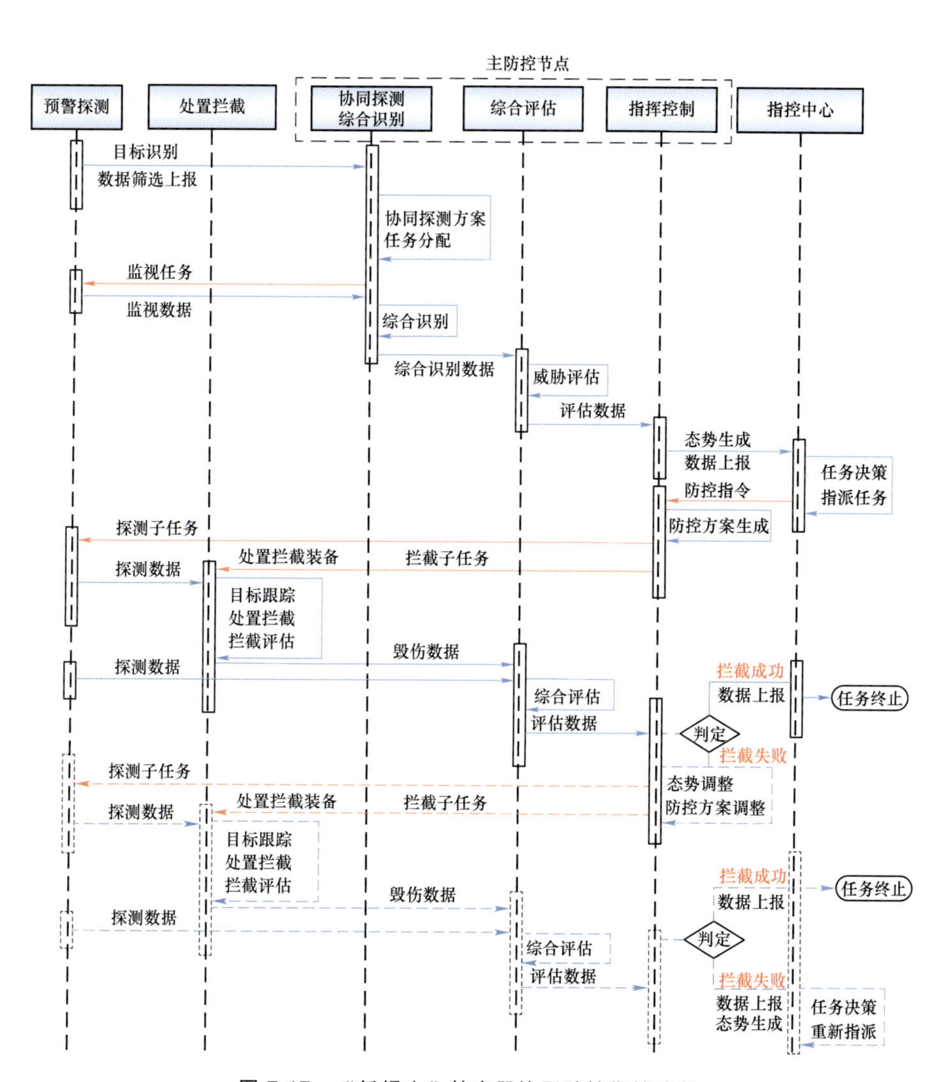

图 7.17 “低慢小”航空器协同防控指控流程

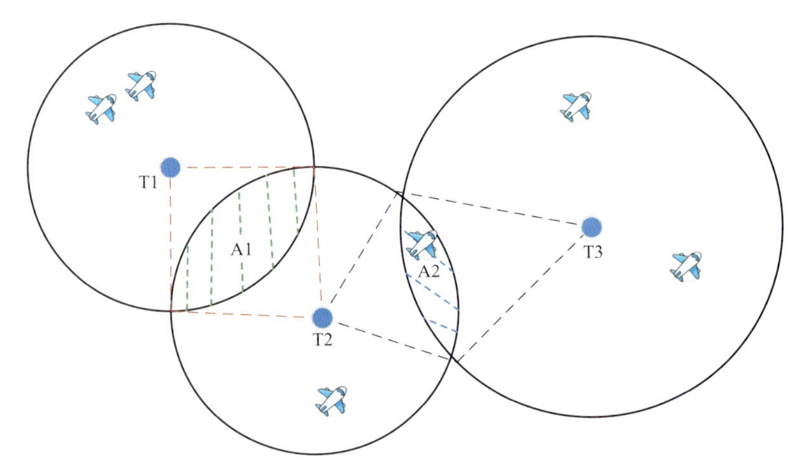

图 7.24　探测设备展示图

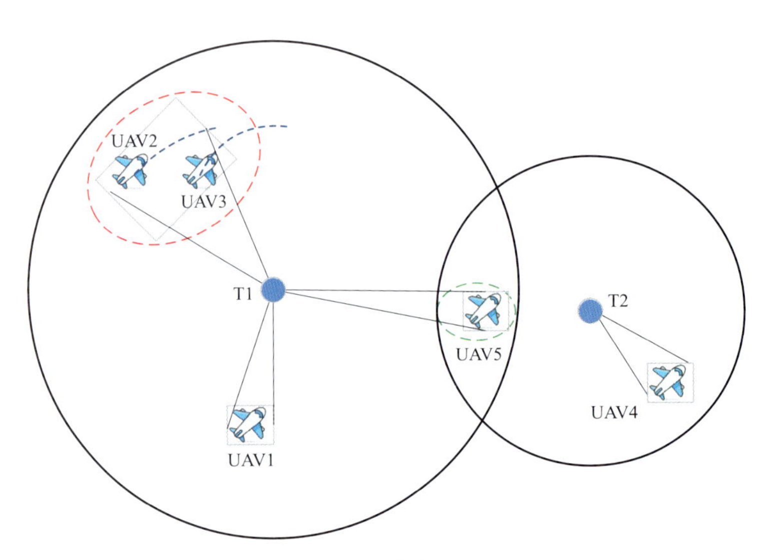

图 7.25　探测过程展示图

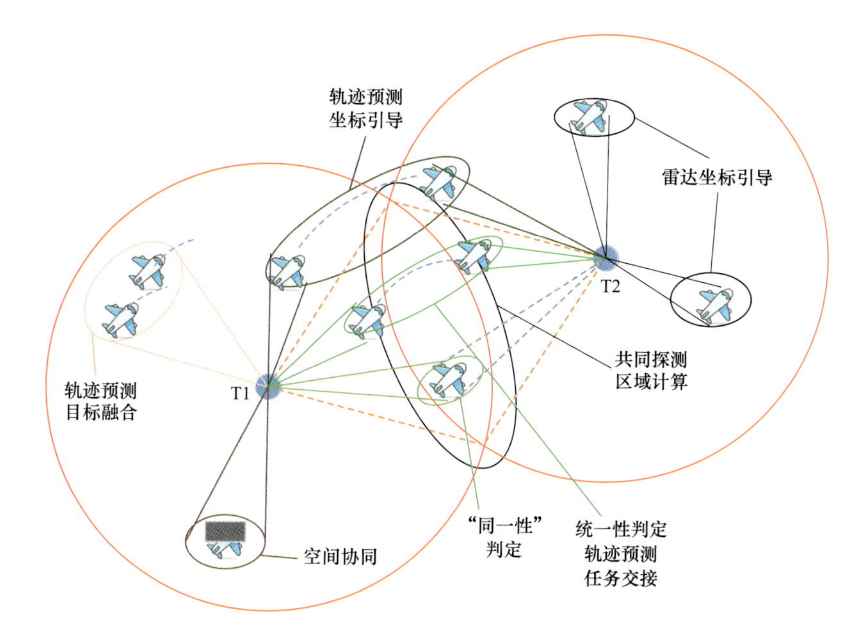

图 7.28 “低慢小”航空器多元传感器协同探测要点

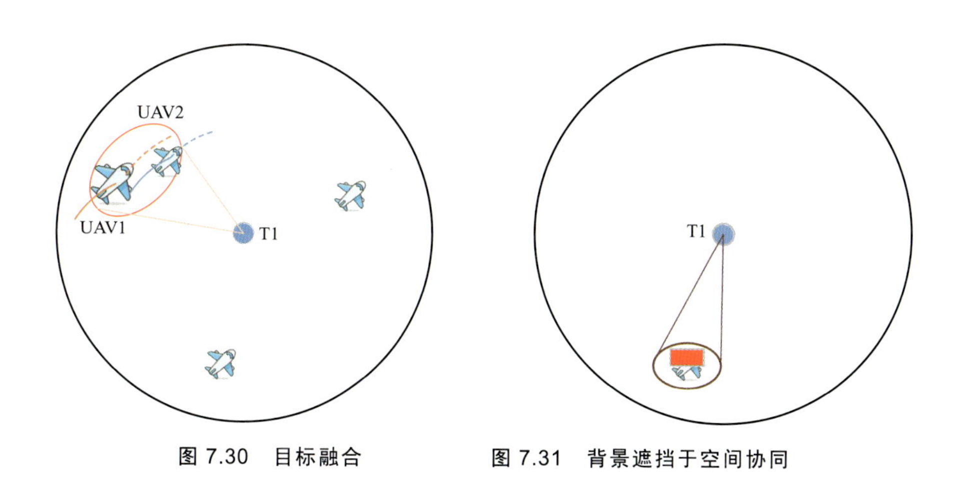

图 7.30 目标融合

图 7.31 背景遮挡于空间协同

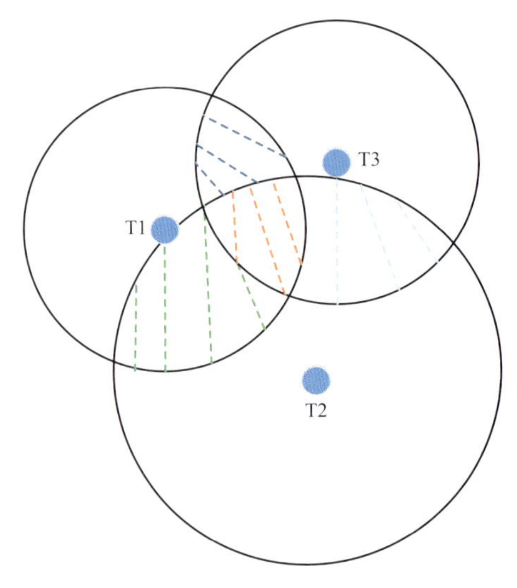

图 7.32　共同探测区域计算

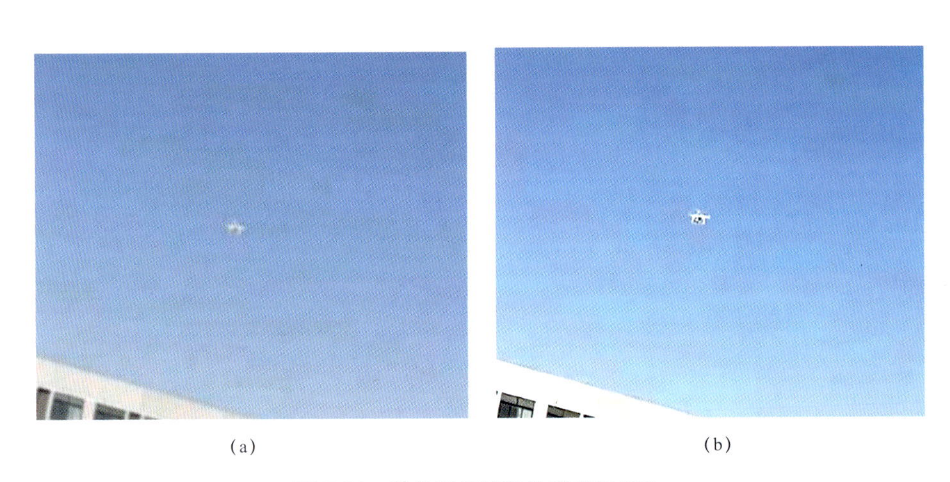

图 7.38　影像目标增强处理前后对比

（a）目标增强处理前；（b）目标增强处理后

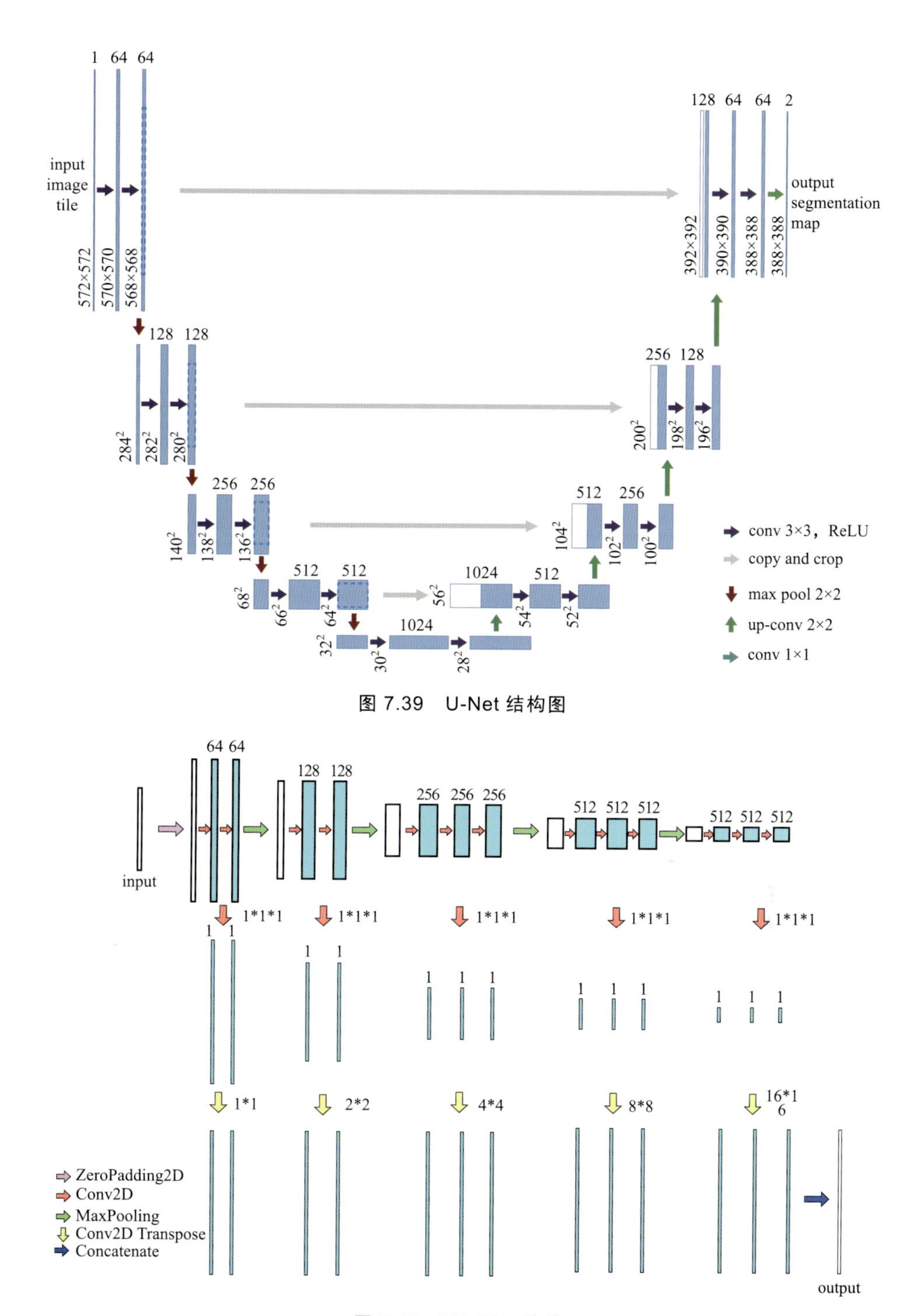

图 7.39　U-Net 结构图

图 7.40　HF-FCN 结构